Dem Spiel auf der Spur
Mythos Modelleisenbahn
Die Geschichte des Hauses Märklin von 1859 bis heute

Dem Spiel auf der Spur
Mythos Modelleisenbahn

Impressum

Diese Publikation erscheint anlässlich der Ausstellung
Dem Spiel auf der Spur — Mythos Modelleisenbahn
Kunsthalle Tübingen 15.11.2003 — 15.02.2004

Herausgeber: Götz Adriani, Roland Gaugele

Autoren: Hans Zschaler mit Torsten Berndt, Ilona Eckert, Thomas Hornung, Thomas Rietig, Christian Zellweger

Umschlagabbildungen: Jörg Chocholaty, Andreas Stirl

Modellbahnbau: Jörg Chocholaty, Klaus Eckert, Team Eichholz, Georg Kerber, Tayfun Kes, Elvis Müller, Roland Schum, Michael Siemens

Fotografie: Rainer Albrecht, Jörg Chocholaty, Klaus Eckert, Christian Fricke, Michael Siemens, Andreas Stirl, Markus Tiedtke, Dr. Väterlein, Sammlung Märklin, Sammlung Zschaler

Konzeption und Gestaltung: Klaus Eckert

Reproduktion: Fotolito Varesco, Südtirol

Gesamtherstellung: Dr. Cantz'sche Druckerei, Ostfildern-Ruit

© 2003 Hatje Cantz Verlag, Ostfildern-Ruit, Herausgeber und Autoren

Originalausgabe
Alle Rechte vorbehalten

Erschienen im
Hatje Cantz Verlag
Senefelderstr. 12
73760 Ostfildern-Ruit
Tel. 07 11/44 05-0
Fax 07 11/44 05-220

Printed in Germany
ISBN 3-7757-9183-3

Inhalt

Vorwort	6
Die mühevollen Jahre	18
Die erste Systemeisenbahn	24
Normung der Spurweiten	38
Dampfmaschinen – Vorbild und Modell	44
Das Sortiment der Märklin-Spielwaren	50
Die Liliput-Eisenbahn	56
Vom Musterzimmer zum Märklin-Museum	58
Die Märklin-Kataloge	68
Die projektierte 1 : 70-Bahn	78
Die Miniatur-Tischbahn	80
Geschichte des Märklin-Metallbaukastens	104
Der „Stuttgarter"	110
Federwerk-Antriebe	112
Kompetenz und Erfahrung	114
Unikate der Mustermacherei	116
Gefahrloser Spielbetrieb	124
„Grand Prix" von Paris 1937	126
Miniatur-Autos aus Göppingen	128
Besuch aus der Schweiz	134
Neubeginn nach 1945	138
Der Weg zum Punktkontakt	148
Die Wirtschaftswunderzeit	158
Die 60er und 70er Jahre	168
Die 80er und 90er Jahre	176
Rückkehr der Königsspur: Die Neue 1 bei Märklin	188
Auf schmaler Spur: Minex	202
Rekordhalterin seit über 30 Jahren: die Mini-Club	204
Märklin auf der Straße	232
Unendliche Geschichte: Das Märklin Digital-System	238
Der Schienengigant Goliath	258
Insider, Profis und Fans	264
Trix kommt zu Märklin	272
Die Märklin-Replikate	290
Wege in die Zukunft	294
Viele Blickwinkel	306
Glossar	318
Register	320

Vorwort

Alles, was die Kunst hervorbringt, das Heiterste wie das Ernsteste, entsteht aus Spieltrieb.

Sigmund Graff

Wir dürfen Sie zu einer ungewöhnlichen Kombination einladen: Eisenbahnen in der Tübinger Kunsthalle! Auf den ersten Blick scheint diese Verbindung nicht nahe zu liegen — aber schaut man einmal hinter Blech oder Zinkdruckguss, hinter Dampf, Tender und Pantograph, so findet man manches, das in Kunst und künstlerischem Verständnis wurzelt.

Das beginnt bei dem zutiefst menschlichen Trieb, die Welt spielend zu erfahren und zu ergründen, den der deutsche Schriftsteller und Aphoristiker Sigmund Graff in dem obigen Zitat nennt als den Boden, aus dem Kunst wächst. Ob Maler oder Eisenbahnliebhaber, beide spielen mit Möglichkeiten, mit Welten, mit Entwürfen der Realität. Beide brauchen Fantasie und Kreativität, um ihren Ideen Form zu geben. In jedem Modelleisenbahner steckt letztendlich ein Stück Künstler, der sich mit der Gestaltung von Welt und mit der Umsetzung seiner Träume auseinander setzt. Außerdem braucht man sich die Modelleisenbahnen nur anzusehen: jede Lok, jeder Zug ist ein perfektes kleines Objekt, schön, emotional faszinierend. Damit fangen sie die Fantasie des Beschauers, des Benutzers und ziehen ihn in Bann, eine Fähigkeit, die jedes Kunstwerk haben sollte. Künstlerische Fähigkeiten waren auch gefragt, als Märklin 1859 als „Fabrik feiner Blechspielwaren" die ersten Spielzeuge umsetzte. Die technischen Möglichkeiten waren noch so gering, dass nicht einfach 1 : 1 umgesetzt werden konnte. Es musste eine kongeniale Nachbildung geschaffen werden — eine sehr kreative Aufgabe.

Alte Kalenderblätter zeigen ebenfalls, welches Faszinosum das technische Spielzeug von Märklin schon damals gewesen ist. Sie wurden sehr künstlerisch gestaltet, zum Teil sogar handkoloriert. Nicht zufällig fand die Eisenbahn damals auch ihren Weg in die große Kunst; der Expressionismus wählt das dampfende Stahlross immer wieder als Motiv. Diese überwältigende Kraft, diese Demonstration von technischer Errungenschaft hat eine Ästhetik, der man sich schwer entziehen kann. Bis heute ist ein Zug in voller Fahrt etwas, das aller Augen auf sich zieht: „Und dann kam er angedonnert. Er raste brüllend vorbei, und der ganze Bahnhof bebte. Die Leute wichen zurück wie eine Welle, und das Erstaunliche war, dass sie sich gegenseitig anlachten. Ich weiß nicht warum, aber der Express hatte so etwas Sieghaftes, etwas fabelhaft Aufregendes, als ob er in diesem Wahnsinnstempo zu völlig neuen Welten auf dem Weg war" (Barbara Vine). So ist auch die Modelleisenbahn immer noch ein Symbol für Kraft, für Unterwegssein, ein Element, das einen wesentlichen Teil ihrer Anziehungskraft ausmacht.

Den Mythos Dampflok komplettiert Märklin heute mit hochmodernen Zügen, in die allerfeinste Technik einfließt. 1984 revolutionierte die Digitalisierung den gesamten Modellbahnbetrieb und machte aus einer Modellbauanlage ein elektronisches Spielfeld. Seit 1999 erlaubt der wartungsfreie C-Sinus-Motor noch echteres, noch überzeugenderes Spielen. So bleibt Märklin ständig unterwegs, damit auch die Loks und Wagen unterwegs bleiben können: ein Angebot an den spielenden, den gestaltenden Menschen, seine Kreativität stets aufs Neue auszuschöpfen an diesem hochemotionalen und gleichzeitig hochtechnologischen Produkt.

Deshalb möchten wir Sie auffordern: Bleiben Sie ebenfalls unterwegs, genießen Sie unsere Exponate, lassen Sie die breite Palette der Märklin-Modellbahnen auf sich wirken. Wir sind sicher, dass auch Sie unsere langerprobte Kombination aus Schönheit, Kraft und Technik spannend finden werden.

Paul Adams
Vorsitzender der Geschäftsführung
Gebrüder Märklin & Cie. GmbH

Oben: Paul Adams präsentiert das H0-Modell einer Rheingold-Lok der Baureihe S 3/6 vor dem großen Vorbild. Modell und Original faszinieren den Betrachter jedes auf seine Weise.

Rechte Seite: Dem Mythos Dampflok kann in den Bildern von Josef Danilowatz gut nachgespürt werden.

Krokodil mit Frachtzug in passender, hochgebirgsartiger Gegend auf einer großen Schauanlage in Hamburg. Die Faszination, die von diesem Märklin-Traditionsmodell ausgeht, ist nach wie vor ungebrochen. Im Laufe der Märklin-Firmengeschichte wurde die urige Schweizer Gelenklokomotive mehrere Male in verschiedenen Baugrößen aufgelegt.

Sie verdient ihren Namen mit Sicherheit, die „Schöne Württembergerin", wie sie unter Eisenbahnern und vielen Modellbahnfreunden oft genannt wird. Offiziell handelt es sich um die Württemberger C. Vor dem Bahnhof „Göppingen" hält sie mit ihren Schnellzug-Plattformwagen der Königlich Württembergischen Staatseisenbahnen.

Zwei Exemplare der US-amerikanischen Schleoftenderlok „Big Boy" ziehen einen schweren Güterzug über das weite Land. Das Modell in 1:87 gibt die Proportionen des Schienengiganten ausgezeichnet wieder. Die im Jahr 2000 für die Mitglieder des Märklin-Insider-Clubs produzierte Maschine ist 45,6 Zentimeter lang und kann dank diverser Geräuschmodule den echten Dampfloksound, Glockengeläute und die Pfeife erklingen lassen.

Auch die moderne Bahn hat ihre Reize. Mit den formschönen Hochleistungslokomotiven der Baureihe 182, genannt „Taurus", bespannt die DB schwere Güterzüge. Daher verwundert es nicht, dass diese Maschine auch im Modellprogramm von Märklin Aufnahme gefunden hat und mittlerweile viele Anlagen bereichert.

Gemächlich zuckelt die Dampflok der Baureihe 55 mit einem gemischten Güterzug durch eine zauberhafte Winterlandschaft. Auf faszinierende Weise harmonieren hier das fein detaillierte Modell und das perfekt gestaltete Anlagenambiente.

Die mühevollen Jahre

Märklin — ein Name, ein Mythos, der nicht von selbst entstand, sondern in 144 Jahren immer wieder neu erarbeitet werden musste von Menschen, die ihre Schaffenskraft, nicht selten ein ganzes Berufsleben lang, in das Unternehmen eingebracht haben.

Jenen tatkräftigen Menschen und den zahlreichen Märklin-Freunden in aller Welt möchte der Autor diese Schrift widmen. Einige derer, die in leitender Position erfolgreich Einfluss auf die Entwicklung des Unternehmens ausgeübt haben, werden stellvertretend für die anderen an gegebener Stelle gewürdigt. Repräsentativen Charakter haben auch die Aufnahmen aus dem Firmenarchiv, von denen einige in diesem Buch zu sehen sind. Sie zeigen Menschen, die mit fleißigen Händen Produkte geschaffen haben, welche weltweit Begeisterung auslösten.

■ Der Flaschnermeister

Flaschner ist eine typisch schwäbische Berufsbezeichnung und gleichbedeutend mit Klempner. Der Flaschner bringt nicht nur Regenrinnen an und verkleidet Dächer. Zum Berufsbild gehörte schon immer auch die handwerkliche Fertigung von Metallspielwaren. Eben mit einem solchen Flaschnermeister, mit Theodor Friedrich Wilhelm Märklin beginnt die Geschichte der Firma Märklin. Er hatte sich 1840 in der Königlich Württembergischen Oberamtsstadt Göppingen angesiedelt, um bei einem ortsansässigen Unternehmen seinen Beruf auszuüben.

Das Jahr 1859 bringt für ihn eine entscheidende Wende. Er erhält die Bürgerrechte der Stadt und heiratet in zweiter Ehe, seine erste Frau war verstorben, Caroline Hettich, eine Verwandte des Nationalökonomen Friedrich List (1789 — 1846). Dieser hatte nach seiner Rückkehr aus den USA im Jahr 1832 für sein Konzept eines zusammenhängenden deutschen Eisenbahnnetzes geworben, leider vergeblich. Er war seiner Zeit weit voraus gewesen. Ebenfalls im Jahr 1859 gründet Theodor Friedrich Wilhelm Märklin einen Betrieb zur Herstellung von Gütern des täglichen Bedarfs und Puppenküchenzubehör. Seine Ehefrau schenkt vier Kindern das Leben. Sie ist die eigentliche treibende Kraft in der Firma,

Caroline Märklin (1826 -1893). Nach dem frühen Tod ihres Mannes, des Flaschnermeisters Theodor Friedrich Wilhelm Märklin, führte sie den Betrieb couragiert weiter.

besitzt Ausdauer und Organisationstalent und ist — so würde man es heute nennen — eine gute Verkaufsstrategin.

■ Eine tatkräftige Frau

Diese Talente kommen Caroline Märklin zugute, als ihr Ehemann nach nur sieben Jahren Gemeinsamkeit an den Folgen eines Unfalls verstirbt. Sie ist nun auf sich allein gestellt, was den Betrieb und die Erziehung der Kinder anbelangt. Sie heiratet nochmals, bekommt aber von ihrem zweiten Mann keine große Hilfe bei der Führung und Weiterentwicklung des Betriebes. Als auch ihr zweiter Mann stirbt, nimmt sie weitere Belastungen auf sich, um den Betrieb für ihre Söhne zu erhalten. Als verkaufsgewandte Frau, sie ist wohl der erste weibliche Vertreter überhaupt gewesen, bereist sie mit zwei Koffern bepackt die südlichen Teile Deutschlands, zu einer Zeit, als die ersten Eisenbahnen gerade das Fahren gelernt hatten. Zu ihrem Kummer zeigten ihre Söhne anfangs kein Interesse an dem mütterlichen Betrieb. Sie hatten anderweitig ihr gutes berufliches Auskommen. Erst als die Firma am Ende zu sein schien, entschlossen sich die Söhne, Eugen und Carl Märklin, zum Handeln. Sie gründeten am 1. März 1888 unter der Firmierung Gebrüder Märklin eine offene Handelsgesellschaft.

Besonders Eugen Märklin ist es zu verdanken, dass die Firma allmählich wieder eine Überlebenschance hatte. Spielwaren verkauften sich hauptsächlich in den beiden letzten Monaten eines Jahres und so musste Eugen Märklin vermehrt Haushaltsartikel ins Programm neh-

Oben links und rechts: Das Ehepaar Eugen und Berta Märklin. Während ihr Mann in den Anfangsjahren viele Geschäftsreisen unternahm, um die Märklin-Produkte bekannt zu machen, vertrat ihn Berta Märklin im Betrieb.

1859

Diese Kreidelithographie zeigt eine Ansicht der Stadt Göppingen um 1850.

Oben: Gebrauchsgegenstände, wie diese Handpflugschar, gehörten in den Anfangsjahren zum Märklin-Sortiment.

men, was ihm offenkundig wenig behagte. Eine große Stütze war ihm bei der Führung des Unternehmens seine Frau Berta, die er 1889 geheiratet hatte und die ihn, wo es möglich war, entlastete, damit er seine Reisetätigkeiten weiter ausdehnen und die Märklin-Produkte einem größeren Händlerkreis bekannt machen konnte. ▲

Unten: Einladung zur Leipziger Frühjahrsmesse 1900. Zu sehen sind neben dem Fabrikgebäude auch die Porträts der beiden Firmeninhaber Eugen Märklin und Emil Friz, integriert in den Führerstand einer Dampflok.

| 1930 | 1940 | 1950 | 1960 | 1970 | 1980 | 1990 | 2000 |

Oben: Kinderkochherd aus den 30er Jahren. Für die damalige Zeit dürfte es sich um ein modernes Design gehandelt haben.

Unten: Ebenfalls zur Kategorie der Gebrauchsgegenstände gehörten die so genannten Botanisiertrommeln, Blechdosen, die vielfältige Verwendung fanden.

23

Die erste Systembahn

Das Jahr 1891 brachte der noch jungen Firma der Gebrüder Märklin die entscheidende Wende. Eugen Märklin hatte den Vertrieb der Produkte der Ellwanger Firma Ludwig Lutz übernommen. Lutz produzierte überwiegend technische Spielwaren. Eugen Märklin konnte aus dem Lutz'schen Sortiment auf der Leipziger Frühjahrsmesse, damals noch Ostermesse genannt, eine Eisenbahn vorstellen, die außer Lokomotiven und Wagen auch Gleise in Form eines Ovals oder einer Acht beinhaltete. Die erste in sich geschlossene Systembahn war geboren. Bisher beschränkten sich Hersteller in der Regel auf die Produktion so genannter Bodenläufer, Züge mit spurkranzlosen Rädern, welche die Kinder an einer Schnur hinter sich herziehen konnten — eine bestenfalls für Kleinkinder geeignete Variante des Eisenbahnspiels. Im Sommer des gleichen Jahres wollte Ludwig Lutz seinen Betrieb aus Altersgründen verkaufen. Eugen Märklin nahm die Chance wahr und erwarb die Fertigungsein-

Postwagen aus dem Angebotszeitraum 1898 bis 1903 in der Nenngröße II (Katalog-Nummer 1802/II).

| 1930 | 1940 | 1950 | 1960 | 1970 | 1980 | 1990 | 2000 |

Oben: Central-Bahnhof (Katalog-Nummer 1940) aus den Jahren 1898 - 1903 in der Baugröße 0/I.

Unten: Abteilwagen der 2. Klasse (1306/II) in der Nenngröße II. Dieses Fahrzeug war von 1898 bis 1906 im Märklin-Sortiment.

25

richtungen des Lutz'schen Unternehmens. Den in Ellwangen ansässigen Facharbeitern bot er eine Übersiedlungsmöglichkeit nach Göppingen an.

■ Rasche Expansion

Die schnelle Expansion des Unternehmens machte es nötig, 1892 einen weiteren Teilhaber hineinzunehmen. Der neue Kompagnon, Emil Friz aus Plochingen, zeichnete nun zusammen mit Eugen Märklin als Inhaber.

Friz hatte den Ehrgeiz, Märklin zur „ersten und größten Spielwarenfabrik der Welt" zu machen. Das Unternehmen nannte sich jetzt „Gebr. Märklin u. Co". Die Produktionsräume in der Innenstadt von Göppingen waren längst zu klein geworden, sodass man im Nordwesten der Stadt an der Stuttgarter Straße einen Neubau von 6000 Quadratmetern in Shedbauweise errichtete. Die damit verbundene Produktionssteigerung machte eine Kapitalaufstockung erforderlich. Mit Richard Safft kam 1907 ein dritter Teilhaber hinzu. Safft war auch Teilhaber der Württem-

Abteilwagen der 1. Klasse (1806/1) aus den Jahren 1898 - 1906 in der Nenngröße I.

1930　　　1940　　　1950　　　1960　　　1970　　　1980　　　1990　　　2000

Oben: Anfang des 20. Jahrhunderts erschien dieser Überladebockkran in der Nenngröße I.

Unten: Spielbahn vom Anfang des 20. Jahrhunderts in der Nenngröße I mit Einsteigehalle.

| 1850 | 1860 | 1870 | 1880 | 1890 | **1907** | 1910 | 1920 |

Oben: Spielanlage in der Nenngröße I aus den ersten Jahren des 20. Jahrhunderts mit Drehscheibe.

Rechte Seite: Wichtiges Zubehör für die Spielbahn: ein Länderbahn-Flügelsignal und ein Fahrtrichtungsanzeiger (Anfang des 20. Jahrhunderts).

Unten: Frühe Spielbahn in der Nenngröße I vom Anfang des 20. Jahrhunderts, hier aus der Vogelperspektive gesehen.

| 1930 | 1940 | 1950 | 1960 | 1970 | 1980 | 1990 | 2000 |

| 1850 | 1860 | 1870 | 1880 | 1890 | **1908** | 1910 | 1920 |

bergischen Metallwaren Fabrik (WMF) in Geislingen. Ab 1908 firmierte man nun als „Gebr. Märklin u. Cie." Aus diesen drei Familienstämmen, Märklin, Friz und Safft, setzt sich auch heute noch – jeweils zu gleichen Anteilen – die Eignergemeinschaft zusammen. Als zunächst krönender Abschluss wurde 1911 das damals 110 Meter lange Hauptgebäude vor die bisherige Werkhallen gesetzt. Es gehört auch heute noch – mittlerweile verlängert – zu den eindrucksvollsten Industriegebäuden Göppingens.

Neben vielen neuen allgemeinen Spielwaren, die Eingang ins Sortiment fanden, wurde das Eisenbahnangebot ständig ausgebaut und mit neuen Ideen belebt. Was draußen auf den Gleisen der Vorbilder neu war, hatte Chancen, en miniature realisiert zu werden. So entstanden Stellwerke, deren Signale und Weichen mittels Druckluft, oder solche, die etwas bescheidener mit Schwachstrom und Elementen (Batterien) als Energiequelle betrieben wurden. In jener Zeit erschienen auch große, reich verzierte, bunte „Central-Bahnhöfe" und in verschiedenen Preisklassen gestaltete Bahnfahrzeuge. Die einfachen Lokomotiven mit der Achsfolge A1 und fest montiertem Stütztender waren längst zweiachsigen Fahrzeugen und solchen mit den Achsfolgen 1'B, B1', 2'B und 2'B1' gewichen, aus denen später die legendären 2'C1'-Lokomotiven wurden.

Den ersten noch mit Federwerk angetriebe-

Speisewagen in der Nenngröße 0, gebaut in den Jahren 1902 bis 1914 (1842/0).

nen Lokomotiven folgten ab 1897 solche mit Starkstrom- und Dampfantrieb. Zwecks Stromzuführung erhielten die Gleise eine Mittelschiene, die Stromrückführung erfolgte über die beiden Fahrschienen. Ein bewährtes und kontaktsicheres System, das bei Märklin H0 im Prinzip noch heute angewandt wird, auch wenn die Mittelschiene vor nunmehr 50 Jahren durch ein Punktkontakt-System ersetzt wurde.

■ Der erste „Grand Prix"

Auf der Weltausstellung von 1910 in Brüssel beteiligte sich Märklin mit einem Anlagen-Schaustück und erhielt dafür einen „Grand Prix". Den zweiten Grand Prix bekam Märklin 27 Jahre später auf der Weltausstellung von 1937 in Paris. Nachfolgend eine Originalbeschreibung der Brüsseler Schauanlage von Märklin:

Einstieghalle (2060/38) aus den Jahren 1902 bis 1927 in der Nenngröße 0/I.

31

| 1850 | 1860 | 1870 | 1880 | 1890 | 1900 | **1910** | 1920 |

Schienentransportwagen, beladen, in der Nenngröße I aus den Jahren 1906 - 1920 (1896 A).

„Dem Schaustück ist die Idee zu Grunde gelegt, dass die verschiedenen, von uns fabrizierten Verkehrsmittel: Eisenbahn, Schiffe, Luftschiffe etc. gleich in ihren natürlichen Anwendungsgebieten, einem Gebirgsabschnitt, Seehafen, Gebäude etc. dargestellt sind. Eine gemauerte Galerie, wie sie zum Schutz gegen Schneelawinen in Gebirgen angewendet wird, bildet die Hauptpartie für die Eisenbahn-Ausstellung. Gleichsam einen Durchblick in eine weiter entfernt liegende besondere Landschaft gestattend, eröffnet sich hier eine in kleinem Maßstabe gehaltene Anlage, auf welcher die verschiedenen Bahnen mit elektrischem Betrieb und elektrischer Beleuchtung zirkulieren. Bahnhöfe, Gärten, Ausstellung landwirtschaftlicher Modelle mit der nötigen Ausschmückung vervollständigen dieses reizende Bild. Der für die Flotte bestimmte Teil einer Meeresbucht ist überbrückt und auf der Brücke befinden sich marschierende Truppen. Verschiedene Felsnischen flankieren sowohl die Straßen, die Bahnen, als die See und sind deshalb mit Kanonen armiert, welch letztere durch automatisches Aufblitzen im Inneren der Kanonenrohre befindlicher elektrischer Lämpchen das Feuern markieren. Eine Höhle mit prachtvoll schimmernder Beleuchtung ist ebenfalls vorhanden. Die teils plastisch, teils als Gemälde ausgeführte Anlage bildet eine äußerst wirkungsvolle und natürliche Dekoration für die zahlreichen und mannigfaltigen Miniatur-Spiele.
Die Fabrik, welche den Abschluß nach der linken Seite hin bildet, enthält zwei Räume für die Kraftanlagen (Dampf und Elektrizität),

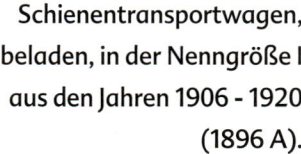

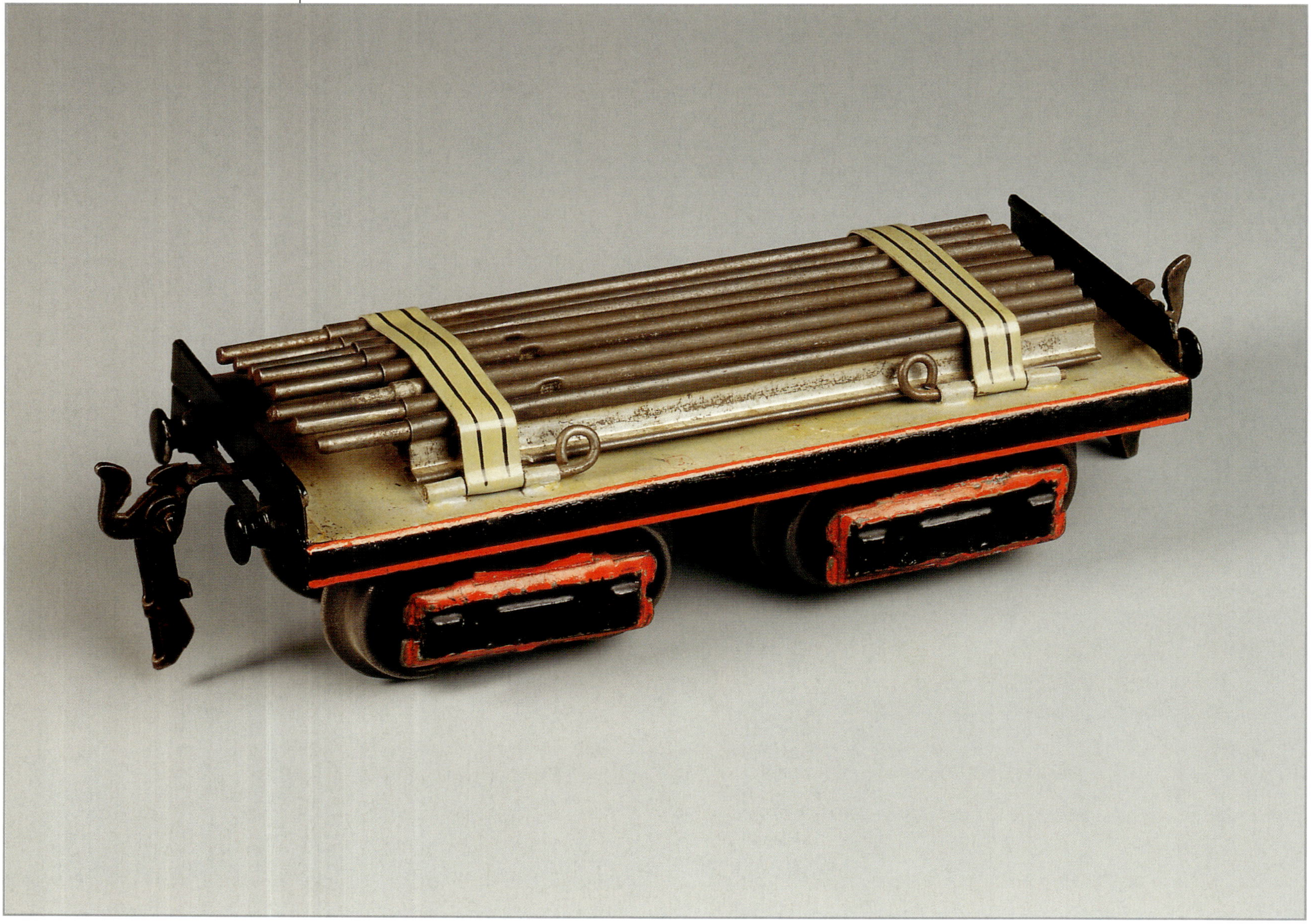

| 1930 | 1940 | 1950 | 1960 | 1970 | 1980 | 1990 | 2000 |

3 Werkstätten, teils mit gebrauchsfähigen Maschinen für Holz- und Metallbearbeitung, teils mit kleinen Modellen, die mehr für Spielzwecke geeignet sind. Das obere Stockwerk dieses Gebäudes ist als vollständige Wohnung eingerichtet. Es enthält eine Küche, ein Badezimmer, ein Kinderzimmer mit ebenfalls gelungener Wiedergabe der Einrichtungen im Großen. Das Ausstellungsstück ist in allen Teilen aus unseren eigenen Werkstätten hervorgegangen.

Der „Grand Prix" wurde auch der mit uns ausstellenden Firma Margarete Steiff GmbH, Giengen a. Brenz, welche die zahlreichen auf der Landschaft befindlichen Filzfiguren lieferte, zuerkannt." —

Das Schaustück, von dem leider keine brauchbare Abbildung vorliegt, wies verschiedene Maßstäbe auf. Gegenüber den Eisenbahnen und Schiffen war das minutiös eingerichtete Gebäude verständlicherweise zu groß. Die an bestimmten Stellen des Schaustücks eingefügten Filzfiguren konnten natürlich auch nur bis zu einem gewissen Maß verkleinert werden und überragten demzufolge die Modellanlage. Trotzdem muss das Schaustück einen

Central-Bahnhof (2004/1) aus den Jahren 1909 bis 1914 in der Baugröße 0/1.

| 1850 | 1860 | 1870 | 1880 | 1890 | 1900 | **1913** | 1920 |

Oben: Schwellentransportwagen, beladen, in der Nenngröße I von 1906 - 1920 (1896 B).

Unten: Amerikanischer Kühlwagen in der Nenngröße 0, gebaut 1912 - 1914 (2935/0).

nicht unwesentlichen Reiz auf die Betrachter ausgeübt haben, was letztlich zur Verleihung des „Großen Preises" geführt hat.

■ Vom Guten das Beste

Unter dieses Leitmotiv stellten die Eigner ihre Produkte — und sie haben nicht übertrieben. Allein der Katalog von 1913 für den englischen Markt versetzt den Betrachter in Erstaunen: Lokomotiven, Wagen und komplette Züge in einer großen Typenauswahl, genau nach englischen Vorbildern ausgewählt. Prunkstück unter Lokomotiven war die Pazifik der Great Western Railway (GWR) mit dem typisch britischen, geschwungenen Namensschild über der mittleren Treibachse: „The great bear". Selbst die zahlreichen Bahnhofsgebäude sind den englischen Vorbildern nachempfunden und nicht einfach deutsche Gebäude mit englischen Stationsnamen. Ähnlich beeindruckend sind auch die Kataloge für die Vereinigten Staaten. Sie zeigen typisch amerikanische Lokomotiven mit Cowcatcher und großen Stirnscheinwerfern. Die unterschiedlichsten US-amerikanischen, vierachsigen Güterwagen, die Reefes, Box und Hopper Cars, die Single Dome Tack Cars und, nicht zu vergessen, die obligatorischen Cabooses — sie alle sind heute Prunkstücke so mancher wertvollen Märklin-Sammlung. Ein klein wenig bescheidener zeigt sich der französische Katalog von 1911/12 aus dem einstigen Pariser Fachge-

Güterschuppen (2105/1) aus den Jahren 1913 - 1915 in der Nenngröße 0/I.

| 1850 | 1860 | 1870 | 1880 | 1890 | 1900 | 1910 | **1923** |

schäft von Dr. Carl Ehmann. Im Katalog findet man neben französischen Modellen plötzlich auch Lokomotiven nach englischen und amerikanischen Vorbildern für die von Märklin produzierten Gleise mit einer Spurweitenangabe von 67 Millimetern (ca. 2 1/2 Zoll). Neben zwei verschiedenen Schlepptender-Lokomotiven mit der englischen Achsfolge 4-4-2 und dreiachsigem Tender ist als dritte die 4-6-2-Pazifik, „The great Bear" vertreten. Ob sie eventuell auch von Märklin angefertigt oder aus Großbritannien importiert wurden, ließ sich bis jetzt nicht klären.

Der Erste Weltkrieg und die Zeit danach machten die ganze positive Entwicklung zuerst einmal zunichte. Produkte deutscher Firmen wurden im Ausland boykottiert. Man vermied es, deutsche Firmennamen in Druckschriften zu erwähnen. In Göppingen musste man sich daher eine Zeit lang weitgehend auf den inländischen Markt beschränken. Nach der Inflation von 1923, also etwa ab Mitte der 20er Jahre, konnte dann wieder von einer Aufwärtsentwicklung gesprochen werden, die in eine Neuausrichtung des Sortiments einmündete. ▲

Central-Bahnhof (2012), gefertigt in den Jahren 1919 - 1924 in der Baugröße 0/I.

| 1930 | 1940 | 1950 | 1960 | 1970 | 1980 | 1990 | 2000 |

Oben: Für den Export wurde dieses englische Bahnhofsgebäude (284E) von 1913 - 1923 gefertigt.

Unten: Schmuckstücke in der Baugröße I (von oben nach unten): Bierwagen (gebaut 1909) und Personenwagen (1906), Spur-I-Uhrwerklok (um 1895) mit Tender (1906), Personenwagen (1906) und Sand-Kippwagen (1895). Bahnschranke (um 1919) mit Kurbelantrieb und Bahnwärterhaus (um 1900).

Normung der Spurweiten

Die Spurweite der ersten von Märklin herausgebrachten Systembahn betrug — von Mitte zu Mitte des Schienenkopfes gemessen — 48 Millimeter. In Anbetracht des Wunsches, noch größere Bahnen fertigen zu wollen, legte Eugen Märklin ein eigenes Spurweiten-Schema fest. Der Bahn mit 48 Millimetern Spurweite gab er die römische Ziffer I. Die nächsten Baugrößen erhielten die Zahlen II (54 Millimeter) und III (75 Millimeter). Von Innenkante zu Innenkante gemessen, ergab dies Spurweiten von 51 und 72 Millimetern.

Im Zeitraum von 1904 bis 1912 produzierte Märklin auch Gleise mit einer Spurweite von ca. 63,5 Millimetern. Sie hieß zuerst „Spur 8", später „2-1/2-Zoll-Spur". Da es dazu keine Fahrzeuge von Märklin gab, kann angenommen werden, dass es sich hierbei um Sonderanfertigungen für den angelsächsischen Markt gehandelt haben muss. Darüber hinaus wurde in wenigen Exemplaren auch eine dampfbetriebene Bahn mit einer Spurweite von 120 Millimetern gefertigt. Einem im Firmenbesitz befindlichen Zug mit Wagen und

Rungenwagen mit Stammholzbeladung in Baugröße 0 aus den Jahren 1925 bis 1931 (Katalog-Nummer 1838/0).

| 1930 | 1940 | 1950 | 1960 | 1970 | 1980 | 1990 | 2000 |

Kohlentender fehlt leider die zu ihm gehörende Lokomotive. Sie ging auf dem Weg zur Brüsseler Weltausstellung 1910 verloren und soll sich mittlerweile in der Schweiz befinden. Eine solch große Bahn war natürlich in erster Linie etwas für Kinder von Herrscherhäusern. 1895 kam bei Märklin eine noch kleinere Bahn mit einer Spurweite von 35 Millimetern (bzw. 32 Millimetern) hinzu. Da man bei der Zählung mit I angefangen hatte, blieb nur die Null (0) als Bezeichnung übrig. Die im Jahr 1912 eingeführte Liliput-Bahn mit einer Spurweite von 26,5 Millimetern (bzw. 24 Millimetern) erhielt dann folgerichtig die Bezeichnung 00. Sieben Jahre nach der Produktionseinstellung der Liliput-Bahn, 1928, übertrug man die Baugrößenbezeichnung 00 auf die Tischbahn mit einer Spurweite von 16,5 Millimetern. Obwohl

Oben: Treibgestell mit Gleichstrom-Umschaltung (Feldwicklung und Gleichrichter/Schaltung 70) aus den Jahren 1935 bis 1937/38.

Unten: Stadtbahnhof „der kleine Leipziger" aus den Jahren 1925 - 1934 in der Baugröße 0 (2035).

| 1850 | 1860 | 1870 | 1880 | 1890 | 1900 | 1910 | 1920 |

Märklin auch für die beiden Größen II und III ein nicht unerhebliches Sortiment anbot, waren die Bahnen I und 0 die meistverkauften. Die Spur II wurde von Märklin 1920 aufgegeben, die Spur III folgte zwei Jahre später.
Da die von Märklin festgelegten Spurweiten- bzw. Baugrößenbezeichnungen von vornherein Ordnung in das System brachten, wurden sie auch von allen anderen Produzenten übernommen. Keine Rolle spielte damals der eigentlich zur Spurweitenbezeichnung gehörende Verkleinerungsmaßstab. Dieser

1930 1940 1950 1960 1970 1980 1990 2000

wurde so gewählt, dass alles optisch einigermaßen zusammenpasste. Beim Zubehör kam es oft vor, dass bestimmte Artikel für zwei Spurweiten genutzt werden konnten. In den Märklin-Katalogen wurde die richtige Spurweitenbezeichnung ab 1930 eingeführt.

■ Normen Europäischer Modellbahnen – NEM

Nachdem bereits in Amerika und England Modellbahn-Normen geschaffen worden waren, arbeitete man nach dem Zweiten Weltkrieg

Schnellzuglokomotive der PLM (64/13020) in der Nenngröße 0 aus den Jahren 1926 bis 1928.

41

| 1850 | 1860 | 1870 | 1880 | 1890 | 1900 | 1910 | 1920 |

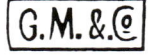       

W. Märklin.	1859 – 1888
GEBRÜDER MÄRKLIN Göppingen (Württemberg) vormals J. Eitel, Firma W. Märklin. Gegründet 1857.	1888 – 1891
GEBR. MÄRKLIN & CO	1892
Gebr. Märklin & Co., Göppingen (Inhaber: E. Märklin und E. Fritz)	1892 – 1907
Gebr. Märklin & Co.	1892 – 1907
Gebr. Märklin & Cie.	1907 – 1918
MÄRKLIN	1919 – 1946
MÄRKLIN	1947 – 1972
Märklin	1973 – 1975
märklin	1976 –

nun auch auf dem Kontinent einheitliche Grundsätze aus und schrieb sie fest. Seit 1954 gibt es hierfür den europäischen Dachverband „MOROP" (Verband der Modelleisenbahner und Eisenbahnfreunde Europas), zu dessen Mitgliedern kompetente Fachleute und Vertreter der Modellbahn-Industrie gehören. Sie haben das Normenwerk NEM (Normen Europäischer Modellbahnen) erarbeitet. Zweimal im Jahr treffen sich die Mitarbeiter der Kommission jeweils in einem anderen europäischen Land, um über neue Normenvorschläge zu beraten und abzustimmen sowie ältere Normen — falls erforderlich — einer Revision zu unterziehen. Dabei unterscheidet man zwischen verbindlichen und empfohlenen Normen. Oberstes Unterscheidungsmerkmal ist nicht mehr allein die Spurweite, sondern der Maßstab. Zu den Nenngrößen gehören heute auch die von Märklin angeregten Bezeichnungen 1, 0 und H0. Vertreter von Märklin haben in Gremien dieser Art bereits mitgearbeitet, als sie vor 1954 noch auf nationaler Ebene stattfanden. ▲

Linke Seite oben: Landbahnhof in der Nenngröße 0, gebaut in den Jahren 1938 bis 1952/53 (Katalog-Nummer 2002).

Linke Seite unten: Entwicklung des Märklin-Logos von den Anfangsjahren bis 1976. Die letzte Variante ist auch heute noch im Gebrauch.

Betankungssäule als Zubehör für die Modelleisenbahn in den 30er Jahren (2351).

| 1850 | 1860 | 1870 | 1880 | 1890 | **1907** | 1910 | 1920 |

Dampfmaschinen — Vorbild und Modell

Die Dampfmaschine war im 19. bis hinein ins 20. Jahrhundert das Antriebsaggregat schlechthin. Während der Industrialisierungsphase erfolgte der Antrieb der Maschinen über eine Vielzahl von Transmissionen (Flach- und Keilriemen). Die Energie hierfür lieferten ortsfeste Dampfmaschinen in extra dafür errichteten Kesselhäusern. Auch bei den Eisenbahnen war die Dampfmaschine in Form von Dampflokomotiven weltweit im Einsatz. Noch Ende der 30er Jahre des 20. Jahrhunderts verfügte die damalige Deutsche Reichsbahn Gesellschaft über ca. 18.000 Exemplare.

Kein Wunder, dass auch die Dampfmaschine, sei es als ortsfestes Standmodell oder als Spielzeuglokomotive, lange Zeit einen hohen Stellenwert als pädagogisches Lehrmittel besaß.

Zweizylinder-Dampfmotor mit Ventilsteuerung und Fliehkraftregler aus dem Jahr 1919. Dieses Modell war nicht zur Serienlieferung vorgesehen.

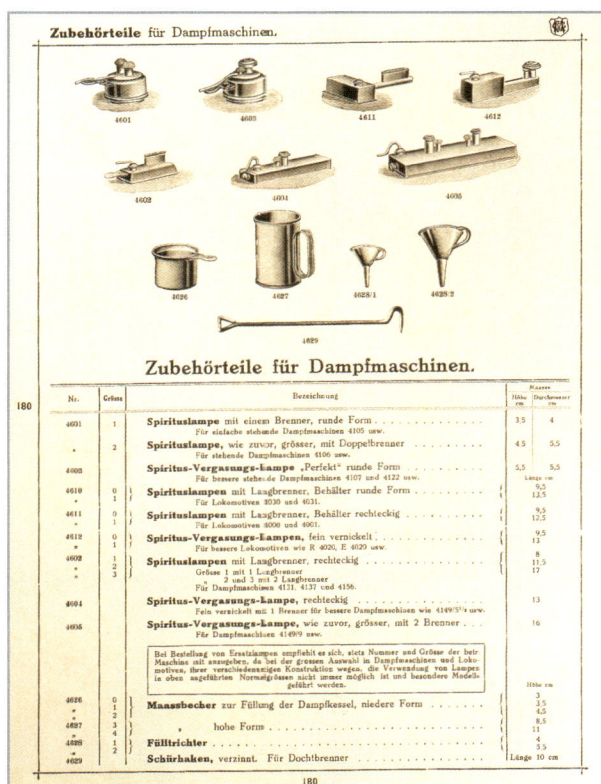

Dampfmaschinen als Lehrmittel

Mit ortsfesten Dampfmaschinen, wie sie Märklin noch bis in die 50er Jahre in verschiedenen Größen und Preislagen produzierte, konnte man dem Spielenden die Wirkungsweise der Dampferzeugung für feste und mobile Einsatzzwecke gut verständlich machen. Über Transmissionen konnten — wie seinerzeit in der Wirklichkeit — so genannte Betriebsmodelle, wie Dreh- und Bohrmaschinen oder andere Bewegungsmodelle vom Schöpf-

rad bis zum Farbspiel, angetrieben werden. Wurde ein Dynamo nachgeschaltet, so gewann man spielerisch Energie für entsprechende Lichtquellen, wie zum Beispiel die Bogenlampen der Spielzeugeisenbahnen.

Dampfloks für den Spielbetrieb

Mit dem Auslaufen der Nenngröße I Ende der 30er Jahre endete zeitgleich auch der Abschnitt der mittels „Echtdampf" angetriebenen Spielzeuglokomotiven in den Nenngrößen 0 und I. Anstatt Kohle oder später Heizöl als Brennmaterial wurde in der Regel Brennspiritus verwendet. Natürlich konnte man bei den Lokomotiv-Modellen in den Nenngrößen von 0 aufwärts die Armaturen nicht maßstabsge-

Oben links: Auszug aus einem frühen Katalog für Händler mit diversem Dampfmaschinen-Zubehör.

Oben rechts: Vierzylinder-Dampfmotor mit achtpoligem Alternator. Diese Maschine diente nicht als Antrieb für Betriebsmodelle, sondern einzig zur Stromerzeugung.

Unten links: Anfang der 30er Jahre entstand dieses Handmuster eines Dynamos.

| 1850 | 1860 | 1870 | 1880 | 1890 | **1909** | 1910 | 1920 |

recht nachbilden. Sie mussten größer ausgeführt werden, oblagen entsprechenden Sicherheitsauflagen und füllten in der Regel das Führerhaus voll aus. Auch die außerhalb des Langkessels liegenden Aggregate konnten nur vergrößert dargestellt werden. Trotz dieser optischen Nachteile war es natürlich immer wieder beeindruckend, wenn sich eine Dampflokomotive durch eigene Kraft in Bewegung setzen konnte. Ein großer Nachteil war, dass sie nicht ohne Weiteres angehalten werden konnte. Sie kam in der Regel erst dann wieder zum Stehen, wenn der Kraftstoff — in diesem Fall der Spiritus — verbraucht war. Bei Entgleisungen oder Abkippen der Lok in der Kurve durch zu schnelles Fahren bestand die Gefahr von Bränden bzw. Brandverletzungen, wenn der Spielende unbedacht eingreifen wollte. Größere Hitzeausströmung führte zudem zu Brandschäden am lackierten Lokkessel. Der prägnante Spiritusgeruch war auch

Oben: So genannte Hammermaschine, eine Dampfmaschine mit Zwillingszylinder aus dem Jahr 1909. Die Kupplung mit dem Dynamo erfolgte durch eine Zahnung im Schwungrad.

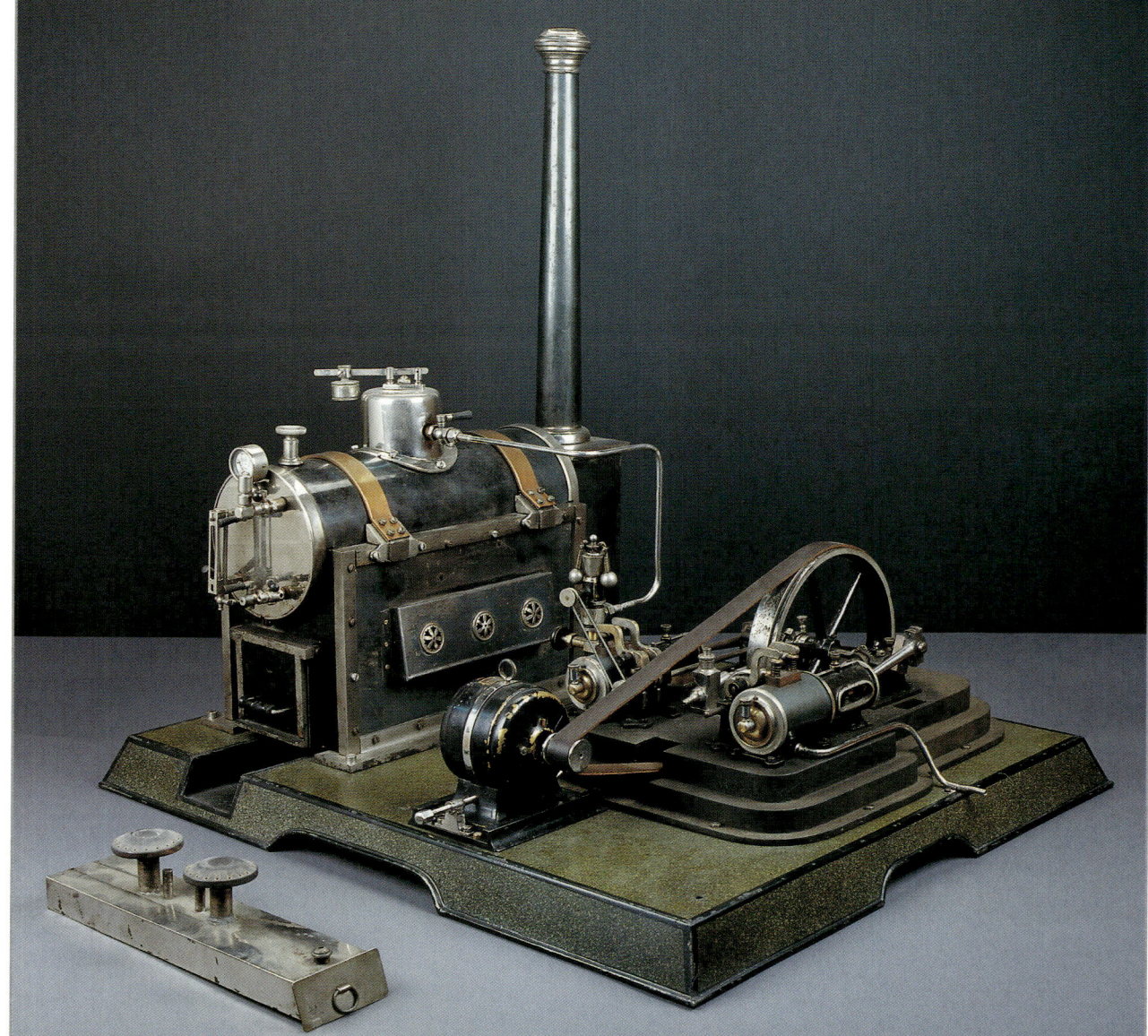

Unten: Dampfmaschine aus dem Jahr 1914 mit Dynamo. Wegen Ausbruch des Ersten Weltkriegs wurde das Modell nicht mehr produziert.

nicht jedermanns Sache. Heute kann man die Echtdampflokomotiven per Funk fernsteuern und der Spiritus hat durch Beifügen von „Geruchsvertilgern" seinen unsympathischen Duft verloren. Märklin führte 2001 ein solches Dampflokmodell, eine dreiachsige Schlepptenderlok mit Tank im Tender, für seine Maxi-Spielbahn versuchsweise im Programm.

■ Frühe dampfbetriebene Märklin-Modelle

Als größtes, jemals von Märklin gebautes Blechobjekt gilt die „Fabrikanlage mit Dampf und elektrischem Betrieb" (4284), welches die Märklin-Fabrik symbolisierend darstellt. Von dieser 1907 vorgestellten Anlage gibt es weltweit nur ein einziges bekanntes Exemplar. Sie umfasst eine Kraftstation und einen Werkstattbau, der als so genannter Shedbau ausgeführt ist: eine Eisenkonstruktion mit Wellblech und Glasbedachung. Eine stehende Dampfmaschine und ein Elektromotor betreiben jedes für sich oder gemeinschaftlich die ganze Anlage. Der Antrieb sämtlicher Maschinen erfolgt durch Transmissionen mit Hängelagern.

1909 erschien eine „Hammermaschine" (4124/14/3395) im Märklin-Programm. Dieses Modell verfügte über einen stehenden

Oben links und rechts: Verschiedene Ansichten von der „Fabrikanlage mit Dampf und elektrischem Betrieb" aus dem Jahr 1907. In einem Gebäudeteil befinden sich ein Dampferzeuger und Elektromotor, im anderen werden diverse Maschinen über Transmissionen und Hängelager angetrieben.

Unten links: Eine frühe, dampfbetriebene Lokomotive in der Nenngröße I.

| 1850 | 1860 | 1870 | 1880 | 1890 | 1900 | **1919** | 1920 |

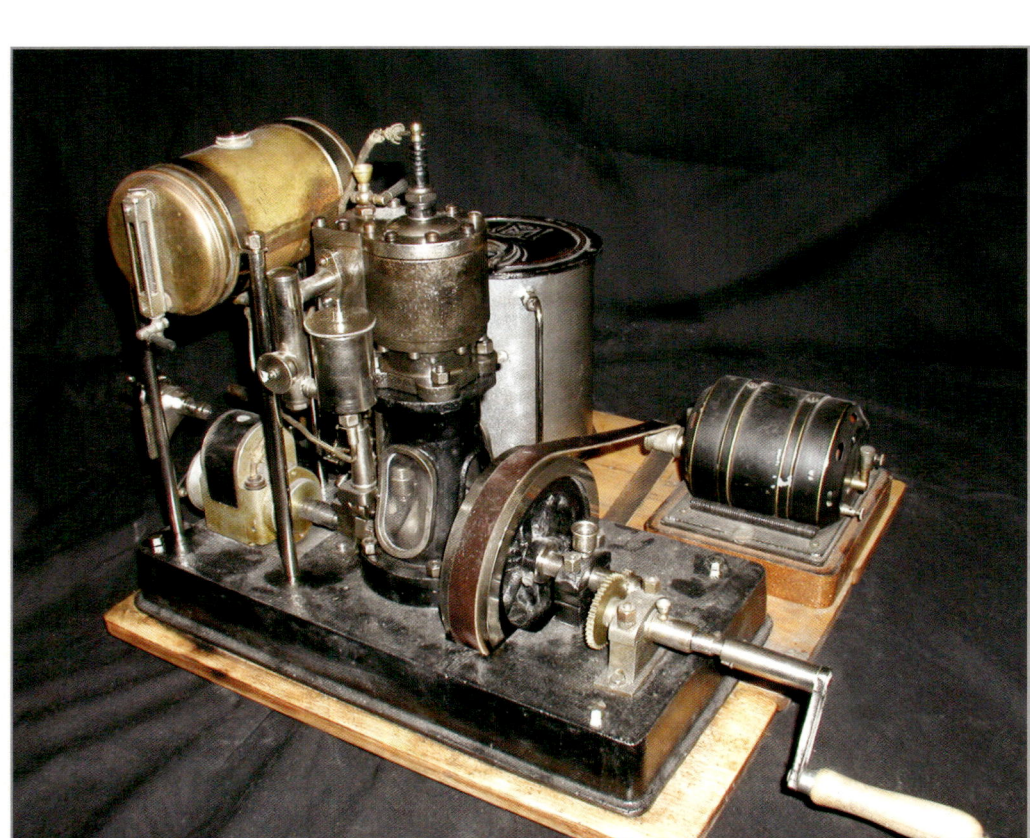

Zwillingszylinder mit Doppelschiebesteuerung. Die Kupplung zum Dynamo hin erfolgte durch eine Zahnung im Schwungrad.
Im selben Jahr brachte Märklin auch ein Kriegsschiff heraus, dessen Vorbild damals zu den mächtigsten seiner Art gehörte. Das Modell (5130/11/D) war die detailgetreue Nachbildung eines Kriegsdampfers aus der Nassau-Klasse. Es maß in der Länge 119 Zentimeter und konnte mit Echtdampf einenviertel Stunden lang betrieben werden. Auf dem Verdeck befanden sich mehrere Etagen sowie ein Brustwehr. Hinzu kamen zwei gepanzerte Masten, drehbare Panzertürme und Kanonen mit Cracker-Munition.
1914, vor Ausbruch des Ersten Weltkriegs, präsentierten die Konstrukteure des Hauses Märklin eine „Dampfmaschine mit Compound-Ventilsteuerung" (4167/11/3400). Diese Zweizylinder-Dampfmaschine mit

Oben: Benzinmotor von 1914 mit Dynamo zur Stromerzeugung, ausgeführt als Viertaktmotor mit Vergaser und Wasserkühlung.

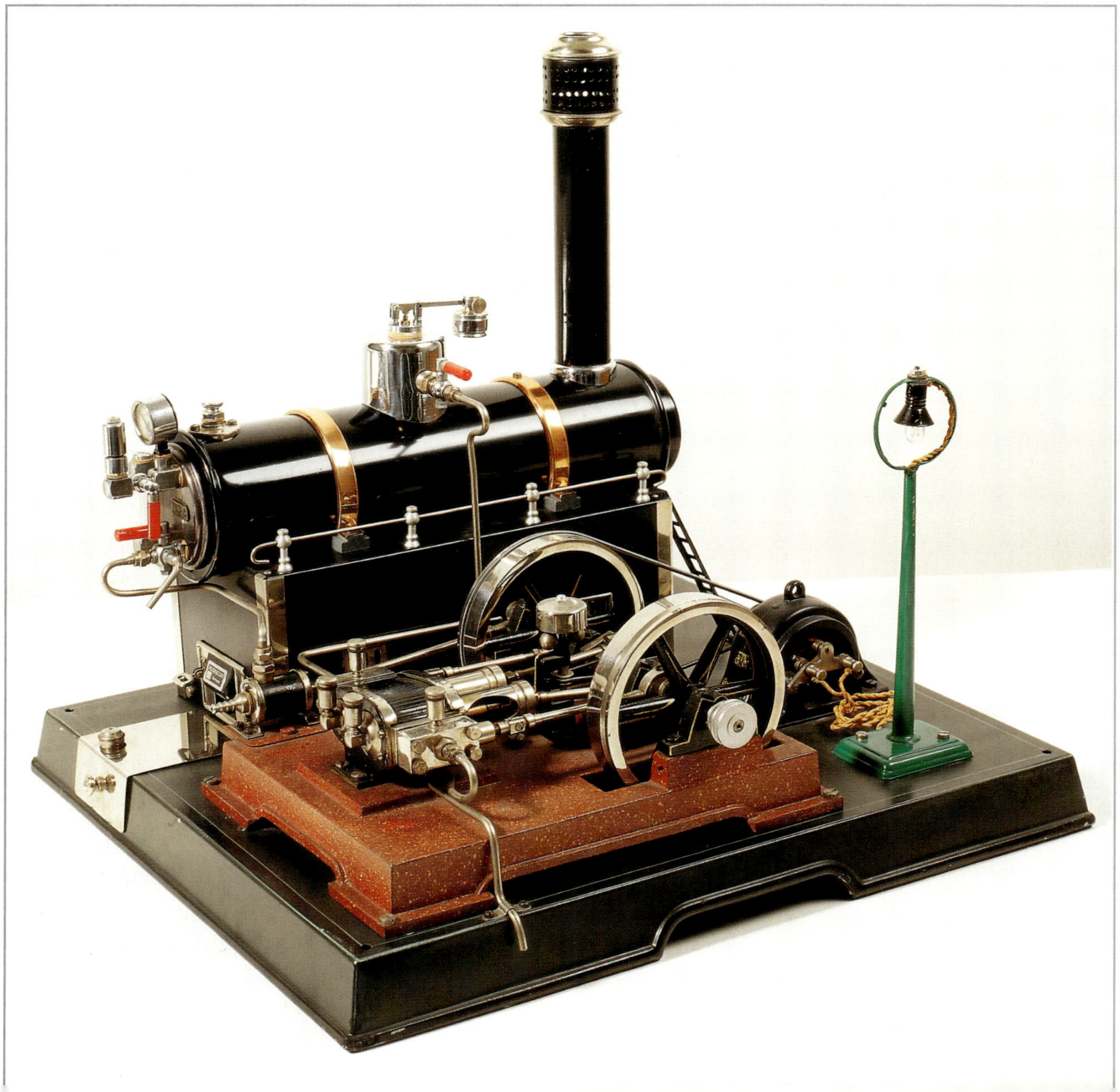

Unten: Dampfmaschine mit liegendem Doppelzylinder, Dynamo und Bogenlampe aus den 30er Jahren.

Hoch- und Niederdruckzylinder sowie einer Dynamomaschine wies eine Ventilsteuerung mit je zwei Ein- und Auslassventilen pro Zylinder auf. Insgesamt waren acht Ventile vorhanden. Zudem verfügte das Modell über einen funktionsfähigen Fliehkraftregler. Der Ausbruch des Ersten Weltkriegs vereitelte die Serienproduktion dieser Dampfmaschine.

Von 1909 bis 1925 baute Märklin eine Reihe von Benzinmotoren, sowohl mit Zündspule als auch mit Magnetzündung. Bekannt ist die Fertigung von fünf verschiedenen Varianten, die vermutlich aber nur in Einzelstückzahlen gebaut wurden. Zu ihnen zählt der „Explosionsmotor Benzin mit Magnetzündung" (4200/2) aus den Jahren 1914 und 1924. Dieser Viertaktmotor mit Vergaser, Wasserkühlung und gesteuerten Ein- und Auslassventilen treibt einen ebenfalls seltenen Dynamo zur Stromerzeugung an. Die Schmierung erfolgt über eine Ölpumpe.

Ebenfalls 1914 erschien eine Dampfmaschine, die mit zu den schönsten und stärksten gehört, die Märklin gebaut hat. Bei dieser Hoch- und Niederdruckmaschine, der „Tandem Compound Maschine mit 3-Zylinder" (4143/3274) sind die ersten beiden Zylinder vertikal angeordnet. Der Niederdruckzylinder wurde horizontal eingebaut. Die Tandem-Verbundmaschine besitzt eine Doppelschiebersteuerung sowie einen voll funktionsfähigen Ventil-Regulator. Der Kessel weist ein Fassungsvermögen von neun Litern auf und besitzt acht vertikale Heizröhren. Auch diese prächtige Maschine konnte wegen des Kriegsausbruches nicht in Serie gehen.

Im Jahr 1914, also unmittelbar vor dem Ersten Weltkrieg, bzw. 1919 schuf Märklin einen „4-Zylinder Dampfmotor" (4100G4 bzw. 4118/4) als so genannte „Lichtzentrale". Ein Exemplar dieser Maschine mit achtpoligem Alternator und Schaltstation zur Stromerzeugung zählte zu den Messeneuheiten (4117/4/L) des Jahres 1919. Die Ausführung bestand aus hängenden Ventilen und oben liegender Nockenwelle. Der Motor arbeitete nicht — wie alle anderen Dampfmaschinen — als Antrieb für Betriebsmodelle, sondern diente einzig allein zur Stromerzeugung. Damals kostete er 720,- Goldmark. Der hohe Preis war ein Grund, warum diese Maschine nicht in Produktion ging. Der Ausbruch des Krieges war der andere.

Ein weiterer „Dampf-Motor" (4117/2) kam 1919 heraus. Es war ein Zweizylindermotor mit Ventilsteuerung und Fliehkraftregler. Die Dampfzufuhr wurde selbsttätig durch Verstellen des Ventilhubs reguliert. Eine dazugehörige Dynamomaschine diente als Wechselstromgenerator. Obwohl im Katalog erschienen, war der Dampf-Motor laut damaliger Preisliste nicht für die Serienlieferung vorgesehen. ▲

Tandem-Compound-Maschine aus dem Jahr 1914 mit neun Liter fassendem Kessel. Diese Maschine gilt als die schönste und stärkste, die jemals von Märklin gefertigt wurde. Sie ging infolge des beginnenden Weltkrieges nicht in Serie.

| 1850 | 1860 | 1870 | 1880 | 1890 | 1900 | 1910 | **1920** |

Das Sortiment der Märklin-Spielwaren

Betrachtet man den Inhalt der Kataloge bis etwa 1920, so muss man feststellen, dass die Vielfalt des Sortiments an Spielwaren wohl kaum noch zu überbieten war. Es scheint in dem Segment kaum etwas gegeben zu haben, was es nicht wert war, in das Angebot aufgenommen zu werden. Allein das Puppenküchenzubehör aus Blech, sei es emailliert oder nicht, mit oder ohne Lacküberzug, war so vielseitig, dass der Betrachter einfach darüber verblüfft sein muss, was man alles an Küchenutensilien nachbildete: Vom blauen Teller bis hin zum aufwändig gestalteten Kochherd fehlte rein gar nichts.

Außer den Eisenbahnen, auf die in dieser Schrift schwerpunktmäßig eingegangen wird,

Der Kreisel war einst ein beliebtes Spielzeug. Hier ist eine Garnitur mit verschiedenen Kreiseln, darunter ein Schmetterlings- und Blumenkreisel, zu sehen.

| 1930 | 1940 | 1950 | 1960 | 1970 | 1980 | 1990 | 2000 |

sowie den Baukästen, Automobilen, Schiffen — und Dampfmaschinen, den eigentlichen, klassischen Märklin-Spielwaren —, gab es noch viele andere Themen, welche man in den so genannten frühen Jahren aufgegriffen hat. Neben Gesellschaftsspielen verschiedenster Art schenkte Märklin vor allem den Kreiselspielen ein besonderes Augenmerk. Von farbenprächtigen Schmetterlingskreiseln bis hin zu farbigen Musikkreiseln, im Volksmund oft als Brummkreisel bezeichnet, nahm dieses Spielzeug einen breiten Raum in den Katalogen ein. Seit Jahrzehnten sind sie völlig vom Markt verschwunden. Bei den Dampfmaschinen, in jeder erdenklichen Größe und Preisklasse erhältlich, überrascht die Vielzahl der Anlagen, die damit angetrieben werden konnten. Auf Wunsch konnten ganze Fabrikhallen en miniature damit bestückt werden, doch oft genügte auch ein Farbenspiel oder eine Windmühle.

Oben: Fein detaillierter Kochherd als Kinderspielzeug in einer frühen Ausführung.

Unten: Puppenwagen aus der Spielzeug-Ära der Firma Märklin. Dieses elegante Gefährt wurde als Replikat in den 90er Jahren neu aufgelegt.

| 1850 | 1860 | 1870 | 1880 | 1890 | 1900 | 1910 | 1920 |

■ Schnelldampfer und Botanisiertrommel

Ähnlich groß war die Palette der über die Jahre hinweg produzierten Schiffsmodelle. Es waren praktisch alle Klassen von Schiffen vertreten, die auf den Weltmeeren oder auf Binnengewässern unterwegs waren: von den preiswerten, einfachen Booten über die Küstenschiffe bis hin zu den damaligen „Stars", den Schnelldampfern, die wahlweise mit verschiedenen Antriebsarten bestückt werden konnten. Unterseeboote, die natürlich richtig abtauchen konnten, gehörten ebenso zum Sortiment wie Kriegsschiffe, deren Geschütze mit Hilfe von Zündplättchen realitätsgetreu feuern konnten. Die Krönung waren natürlich die prächtigen Ozeandampfer, die mit ihrer detailreichen Ausstattung nicht nur Kinderaugen zum Leuchten bringen konnten. Für den Großteil der Kunden blieben sie aber aus preislichen Gründen unerreichbar.

Das Spielzeugsortiment wurde auch durch ein großes Angebot an Jagdwaffen ergänzt, die unter dem Namen „Fidelio" zusammengefasst waren. Das kaiserliche Patentamt stellte die

Der einem Kriegsschiff nachempfundene Dampfer „Brunsvik" konnte mit reichhaltiger Ausstattung und vielen Details aufwarten.

| **1939** | 1940 | 1950 | 1960 | 1970 | 1980 | 1990 | 2000 |

Oben links und rechts: Beidemale die „Brunsvik", aus verschiedenen Blickwinkeln gesehen.

Märklin-Entwicklungen unter Schutz, die Urkunden vom Anfang des 20. Jahrhunderts sind heute noch vorhanden.

Viele Jahre lang gehörte sogar ein umfangreiches Angebot an Sandkasten- und Gartenspielzeug zum festen Bestandteil der Kataloge und fand sich demzufolge in den Regalen der Spielwarenhändler. Sandformen, Schaufeln, Eimer, Spaten und Rechen, kindgerecht verkleinert, waren verfügbar. Auch blumenbe-

Unten: Flugzeuge gehörten ebenfalls zum Spielwaren-Sortiment. Hier ein zweimotoriges Exemplar mit Federwerk-Motor von 1939 - 1939/40.

1850　　1860　　1870　　1880　　1890　　1900　　1910　　1920

Oben: Die Ankündigung des neuen Märklin-Rollers aus dem Jahr 1953.

Oben rechts: Der Märklin-Tret-Roller, eine Neuheit des Jahres 1953.

Unten: Im Märklin-Spielzeugsortiment fanden sich auch verschiedene Blechdosen, so genannte Botanisiertrommeln, die vielfältig genutzt werden konnten.

druckte Blechdosen, so genannte „Botanisiertrommeln" zum Sammeln von Blüten und Gräsern, sind aus ganz frühen Jahren bekannt. Kleine Insektenkundler konnten mit entsprechenden Fangnetzen Jagd auf Schmetterlinge machen. Als „fahrbare Untersätze" bot Märklin neben den zahlreichen Puppenwagen auch Handwagen, Bollerwagen und Tret-Roller an.

■ Der Motor der Firma — Eugen Märklin

Eugen Märklin wurde am 22. Dezember 1861 geboren. Nach dem Tod seines Stiefvaters 1886 stand die Firma Märklin kurz vor dem Ruin. Nun galt es, der Mutter zu Hilfe zu kommen. Er verließ seine gut dotierte, sichere Stellung, um sich in dem heruntergewirtschafteten Familienunternehmen zu engagieren. Zusammen mit seinem Bruder Carl übernahm er 1888 das elterliche Geschäft und gründete es unter dem Namen „Gebrüder Märklin" als offene Handelsgesellschaft neu. Obwohl Eugen Märklin nur auf seine praktischen Erfahrungen zurückgreifen konnte, die er während seiner Jugendzeit und nach der einjährigen Militärzeit in den Jahren 1881 bis 1884 im Familienunternehmen hatte sammeln können, gelang es ihm, den Betrieb trotz der ersten eher entmutigenden Geschäftsjahre zum Erfolg zu führen. Seine Ehefrau Berta war ihm eine große Stütze. Sie übernahm die Leitung des Betriebs, wenn ihr Mann als Vertreter für Haushaltsartikel und Spielwaren auf Geschäftsreisen war. 1891 übernahm Eugen Märklin den Verkauf von Spielwaren des Herstellers Ludwig Lutz aus Ellwangen. Als er sah, wie erfolgreich dessen Artikel waren, entschloss er sich zum Kauf dieser Firma. In der Folge kam ein zusätzlicher Gesellschafter hinzu: Emil Friz aus Plochingen. Ab 1895 setzte der Aufschwung ein, der 1900 den Umzug in die Stuttgarter Straße nötig machte. 1907 trat Richard Safft als weiterer Gesellschafter in die Firma ein. Eugen Märklin, der Motor der Firma, verstarb am 21. Dezember 1947. ▲

Oben: Der aus stabilem Metall gefertigte Märklin-Roller ließ sich in zwei Teile zerlegen. Lenkstange und Vollräder waren verchromt.

Unten: Eugen Märklin (1861 - 1947) führte das Familienunternehmen aus den mühevollen Anfangsjahren hin zum Erfolg.

Die Liliput-Eisenbahn

Auszug aus dem Hauptkatalog 019 von 1920. Schon damals gab es so etwas wie ein „Fertiggelände", bestehend aus einem Landbahnhof, Wohnhäusern, Bauernhöfen, einer Gartenanlage und anderen Ausstattungselementen. An den Telegrafenmasten hingen sogar feine Leitungsdrähte.

Bahnen, die kleiner als die um die Jahrhundertwende gebräuchlichsten Nenngrößen 0 und I waren, gab es in Deutschland bereits vor dem Ersten Weltkrieg. Die Firma Märklin produzierte ab 1912 unter der Bezeichnung „Liliput-Eisenbahn Spur 00" eine recht einfache Spielzeugeisenbahn mit Uhrwerk-Antrieb, die in erster Linie für einkommensschwache Käufer gedacht war. Man wollte auch den in eingeschränkten Wohnverhältnissen lebenden Kunden die Anschaffung einer Spielzeugeisenbahn ermöglichen. Diese Bahn, deren Triebfahrzeuge im Gegensatz zu denen der anderen Nenngrößen nur vorwärts fahren konnten, hatte gemäß Katalogangabe eine Spurweite von 26 Millimetern (gemessen 26,5). Da aber damals noch von Mitte zu Mitte des Schienenprofils gemessen wurde, ergab sich bei der heute richtigen Messung von Innenkante zu Innenkante der Schienenprofile eine Spurweite von 24 Millimetern bei einer Schienenkopfbreite von 2,5 Millimetern, gemessen am geraden Gleisstück. Für die Gleise wurden Hohlprofilschienen mit 7,5 Millimetern Profilhöhe der Nenngröße 0 verwendet. Auf ein 1/1-Gleisstück kamen drei Weißblechschwellen. Das Gleissortiment bestand aus geraden und gebogenen Stücken (1/1 und 1/2) sowie einer 90°-Kreuzung. Weichen gab es nicht, was den Spielwert natürlich minderte. Der Fahrzeugpark in Blech mit Chromlackierung bestand aus einer zweiachsigen Schlepptenderlok, beschriftet mit „Raylo" oder der Katalog-Nummer 930, zweiachsigen Personenwagen in zwei Farbvarianten und einem Packwagen.

■ Elektrischer Betrieb

Ab 1914 wurden — mit Unterbrechungen — auch vier verschiedene Güterwagen (Lang- und Stammholzwagen, offener Güterwagen und Gaskesselwagen) angeboten. Im gleichen Jahr wurde das Sortiment der Liliput-Eisenbahn auch auf den elektrischen Betrieb ausgedehnt mit einer Stromzuführung über die isoliert eingesetzte Mittelschiene und einer Stromrückleitung über die beiden Außenschienen. Der Kunde konnte zwischen Schwachstrombetrieb mit Vier-Volt-Akku und Starkstrom aus dem Haushaltsnetz mit zwischengeschaltetem Lampenwiderstand wählen. Während die Schwachstrombahn 1919 entfiel, wurde die Starkstrombahn mit Unterbrechung bis 1926 angeboten. Aufgrund von Bestimmungen des Verbandes Deutscher

1930 1940 1950 1960 1970 1980 1990 2000

Elektrotechniker (VDE) wurden Starkstrombahnen ab 1927 generell verboten. Märklin lieferte die elektrische Version der Liliput-Eisenbahn und natürlich auch seine anderen Bahnen ab 1927 nur noch für den gefahrlosen 20-Volt-Betrieb aus.

1915, also bereits im Ersten Weltkrieg, gab sich die Spielbahn patriotisch. Es gab nur „Züge für den Heeresdienst": einen Lazarett-Zug mit Sanitäts-Krankenwagen des Roten Kreuzes und einen „Panzerzug" mit verkleideter Tenderlok nebst so genanntem Panzer-Geschütz und Panzer-Mannschaftswagen. Bereits 1916 wurden die Züge wieder aus dem Programm genommen. Die einzelnen Wagen führte Märklin noch bis 1919 als Restbestände im Sortiment.

■ Seltene Güterwagen

Ein ganz besonderer Reiz ging von den „Landschaftsanlagen" und ihrem eigens geschaffenen Zubehör aus. Zwischen den zierlichen Telegrafenmasten waren sogar Drähte gespannt. Der Zug durchfuhr das — wie man heute sagen würde — Fertiggelände auf kurvenreich verlegten Gleisen.

Im Katalog 1928/29 wurde die Liliput-Eisenbahn letztmalig angeboten. Einzelne Restbestände, angeboten in Sonderlisten, wurden noch bis 1934 abverkauft.

Während Lokomotiven, Personenwagen und Gleisstücke hin und wieder, wenn auch selten, antiquarisch auftauchen, sind die Güterwagen sowie der Heeresdienst- und Lazarettwagen extrem selten, d. h. sie sind im Prinzip nicht beschaffbar. Auch im Firmenarchiv sind leider keine Exponate deponiert. Dies dürfte ein Indiz dafür sein, dass wahrscheinlich keine allzu großen Stückzahlen produziert wurden.

Zu den interessanten Märklin-Produkten zählt auch eine kaum bekannte Straßenbahn (Triebwagen ohne Pantograph sowie ein Beiwagen), die seinerzeit für den Betrieb auf Liliput-Gleisen hergestellt wurde. Ein Exemplar der ebenfalls sehr seltenen Garnitur befindet sich im Märklin-Fundus. Auch eine Kuriosität, die Märklin von 1913 bis 1916 im Angebot hatte, soll hier nicht unerwähnt bleiben. Es handelte sich dabei um einen Clown, der auf einem Wägelchen saß, das mit Liliput-Fahrwerk und Federwerk-Antrieb ausgestattet war. Dieses kleine Gefährt wiederum war in einen Reifen integriert, der sich durch die Vorwärtsfahrt des Vehikels fortbewegte. ▲

Oben: Personenzug aus dem Liliput-Sortiment mit elektrisch angetriebener Lokomotive. Diese Garnitur wurde in den Jahren 1914 bis 1928/29 angeboten.

Unten: Diese Seite aus dem Hauptkatalog 019 des Jahres 1920 zeigt verschiedene Fahrzeuge für die Spur-00-Bahn.

Vom Musterzimmer zum Märklin-Museum

Nach Fertigstellung des vorgesetzten Fabrikneubaus an der Stuttgarter Straße im Jahre 1910 fand sich im dahinter liegenden Gebäude, das bereits 1900 errichtet wurde, ein repräsentativer Raum für ein größeres Musterzimmer. Ein Großteil der damals produzierten Artikel konnte dort von den Firmenvertretern besichtigt und begutachtet werden. Dieser Raum war jedoch für private Besucher nicht zugänglich.

Hans Zeumer, um 1915 Privatsekretär bei einem der Gebrüder Märklin, und später ein bekannter Dresdner Spielwarenhändler, erinnerte sich: „Wenn sich um die Vorweihnachtszeit das Lager lichtete und der eine oder andere Artikel bis zum Fest nicht mehr nachproduziert werden konnte, entnahmen wir aus dem Musterzimmer schon mal das gewünschte Teil, damit es zu Heiligabend keine Enttäuschungen bei den zu Beschenkenden gab." Später richtete man für bereits produzierte Stücke und nicht produzierte Muster — die Unikate — ein Archivzimmer ein, das während des Zweiten Weltkriegs aus Sorge vor Zerstörungen durch Luftangriffe sicher eingelagert wurde. Durch die 1957 errichtete Verlängerung des Hauptgebäudes hatte man etwas mehr Raum zur Verfügung und konnte erstmals an die Einrichtung eines kleinen Werkmuseums denken. Anlass gab es für diese Überlegung genug: Schließlich würde das Unternehmen im Jahr 1959 sein 100-jähriges Bestehen feiern können. Über der damals neu eingerichteten Metallgleisfertigung, der Fertigungsstraße für das Metallgleis, fand sich ein geeigneter Raum für den beabsichtigten Zweck, der von außen über eine Freitreppe zugänglich war. Hier konnte erstmals eine

Oben: Aus dem Jahr 1910 stammt diese Ansicht des neuen, vorgesetzten Fabrikgebäudes an der Stuttgarter Straße in Göppingen.

Unten: So wurden die Modelle der Nenngrößen I und II während der 80er Jahre im Märklin-Museum präsentiert.

| 1930 | 1940 | 1950 | 1960 | 1970 | 1980 | 1990 | 2000 |

Oben: Dampffeuerspritze mit Dampfmaschine. Das Fahrzeug wurde von 1909 bis 1922 gefertigt.

Unten: Ganz im Stil der 30er Jahre zeigte sich die 1990 im Museum ausgestellte Spielanlage in der Nenngröße 0.

59

| 1850 | 1860 | 1870 | 1880 | 1890 | 1900 | 1910 | 1920 |

Oben: Im Märklin-Museum sind stets sehenswerte H0-Anlagen zu sehen. Auf Ihnen präsentieren sich die aktuellen Fahrzeuge im täglichen Dauerbetrieb.

Unten: Besonders bei den jungen Besuchern sind die Maxi-Anlagen sehr beliebt.

Auswahl besonders schöner Stücke aus dem großen Fundus ausgestellt werden, hinter Glas in Vitrinen oder auch offen. Zudem konnte ein kleiner Kinoraum eingerichtet werden, in dem ein informativer Film über Märklin gezeigt wurde.

■ In der Holzheimer Straße

Mit dem Erwerb eines zusätzlichen Grundstückes samt einem neu errichteten Verwaltungstrakt im Südosten der Stadt an der Holzheimer Straße im Jahr 1977 ergab sich dann die Möglichkeit, ein richtiges Werkmuseum einzurichten. Nun war man endlich in der Situation, im großen Rahmen die eigenen Produkte – besonders die historischen – einem interessierten Publikum werktags für eine Besichtigung zugänglich machen zu können. Außerdem bot sich in diesem Museum die Gelegenheit, auf entsprechend gestalteten Ausstellungsanlagen, den kleinen und großen Besuchern, die nicht selten mit kompletter Familie anreisten, die Produkte im Betrieb vorführen zu können. Auch hier war die Einrichtung eines separaten Kinoraumes gegeben, schließlich steckte die Videotechnik noch in den Anfängen. Heute können sich die Besucher die Märklin-Informationsfilme als Kaufvideos nach Hause mitnehmen.

1985 hatte der damalige Betreuer des Museums die Idee, dem Besucher den Erwerb eines speziellen H0-Museumswagens zu ermöglichen. Die Erstausgabe des Wagens aus dem Jahr 1985 wurde aus einem Märklin-

| 1930 | 1940 | 1950 | 1960 | **1977** | 1980 | 1990 | 2000 |

Oben: Einige Jahre stand diese Anlage, gebaut von Rainer Albrecht, als Leihgabe im Märklin-Museum. Vor allem Fahrzeuge nach Vorbildern der Deutschen Reichsbahn wurden auf der digital steuerbaren Anlage eingesetzt.

Unten: Beliebte Sammlerstücke sind die jährlich neu aufgelegten Museumswagen. Sie sind in den Nenngrößen 1, H0 und Z erhältich.

| 1850 | 1860 | 1870 | 1880 | 1890 | 1900 | 1910 | 1920 |

Privatwagen abgeleitet, der 1984 zum 125-jährigen Firmenjubiläum gefertigt worden war. Die produzierte Stückzahl war noch nicht sehr hoch, jeder einzelne Besucher konnte — und dies gilt heute noch — jeweils nur ein einziges Exemplar vom Museumswagen erwerben. Heute beträgt der Sammlerwert dieses ersten Märklin-Museumswagen ein Vielfaches seines ursprünglichen Verkaufspreises. Schnell entwickelten sich in den darauf folgenden Jahren die jährlich wechselnden Museumswagen zum beliebten Erinnerungsstück und für viele natürlich auch zum Sammelobjekt. Seit etlichen Jahren wird in der Verkaufspackung auch ein LKW-Modell — in der Regel ein historisches Fahrzeug — mitgeliefert. Auch für Märklins „Kleinste" in der Nenngröße Z und die so genannte Königsspur, die Nenngröße 1, sind entsprechende Museumswagen verfügbar. Namensgeber für die Bedruckung der Sondereditionen sind Betriebe aus der Stadt Göppingen, der Umgebung oder dem Bundesland Baden-Württemberg. Bald wurde aus dem ursprünglich kleinen Verkaufsstand ein kleiner Verkaufsshop, in dem typische Accessoires zu Märklin erhältlich sind.

■ Wechselnde Ausstellungen

Mit der Umgestaltung des Eingangsbereiches im Jahr 1995 bekam das Märklin-Museum ein repräsentatives „Portal", das in der Formgebung an eine Bahnhofshalle erinnert. Längst kann nicht mehr jedes neue Produkt, wie Loks, Wagen oder Zubehörteile, im Museum gezeigt werden. Dies ist aber auch nicht gewollt und nicht Sinn eines Werkmuseums. Auch bei der Auswahl historischer Exponate hat man sich Beschränkungen auferlegen müssen. Turnusmäßig wechselnde Sonderausstellungen sollen den Besuch des Museums immer wieder zum Erlebnis werden lassen. Zum Modellbahntreff im Jahr 2001 konnte der Museumsbereich nochmals großzügig erweitert werden. Er teilt sich nun in drei Bereiche. Im Eingangsbereich des Gebäudes sind die

Oben: Schön gestaltetes Bw, auf dessen Drehscheibe gerade eine Dampflok der Baureihe 53 gewendet wird.

Unten: Blick in die neugestalteten Ausstellungsräume des wesentlich vergrößerten Museums in der Holzheimer Straße. Der Eintritt in die ganzjährig geöffneten Schauräume ist kostenlos.

1930　　1940　　1950　　1960　　1970　　1980　　1990　　**2001**

Oben: Die markante Silhouette der legendären E 94, unterwegs auf einer Schauanlage im Märklin-Museum.

Unten: Großer Festtag in Göppingen: Im Mai 2001 öffnete das neu gestaltete Museum die Tore. Der damalige Geschäftsführer für Marketing und Vertrieb, Wolfgang Topp, sowie der Göppinger Oberbürgermeister Reinhard Frank und Landrat Franz Weber sind hier in Aktion zu sehen.

63

| 1850 | 1860 | 1870 | 1880 | 1890 | 1900 | 1910 | 1920 |

Oben: Züge aus allen Epochen dürfen auf den Schauanlagen fahren. So trifft der ICE auf einen Güterzug, bespannt mit der Baureihe 85.

Unten: Im Rahmen der SWR-Serie „Schätze des Landes" entstand ein aufwändig produzierter Film über das Märklin-Museum. Die Sendung wurde am Samstag, den 29. März 2003, um 21.50 Uhr im SWR ausgestrahlt. Die beiden Fotos unten links zeigen das SWR-Team bei der Arbeit im Hause Märklin. Das Foto unten rechts entstand bei der Filmvorstellung und -übergabe. Roland Gaugele, Leiter des Märklin-Museums (2. v. r.), empfängt die Kassette von Dr. Elisabeth Milin, der verantwortlichen Redakteurin. Links bzw. rechts im Bild sind der Kameramann Georg Steinweh und der Regisseur Christopher Paul zu sehen.

1930　　1940　　1950　　1960　　1970　　1980　　1990　　**2003**

neuesten Produkte zu bewundern. Dahinter befindet sich der Empfangsbereich für die Geschäftspartner des Unternehmens. Im ersten Bereich, wo das Museum beginnt, werden in der Regel Modelle der laufenden Produktion sowie verschiedene Schauanlagen, deren Themen von Zeit zu Zeit wechseln, gezeigt. Hier finden sich auch Spielanlagen für den Nachwuchs. Aktuelle Videos können dort ebenfalls angeschaut werden. Dahinter schließt sich der zweite, der eigentliche historische Teil mit Exponaten aus der über 140-jährigen Firmengeschichte an. Gezeigt werden auch Unikate, die nie in Serie gingen. Im dritten und letzten Bereich befindet sich ein größerer Verkaufsshop. Hier können neben den bereits erwähnten Museumswagen auch viele Souvenirs und nützliche Gebrauchsgegenstände rund um die Marke Märklin erworben werden. Ebenfalls im Shop-Sortiment: aktuelle Bücher, Bilder, Kalender und Videofilme. Zu den besonderen Angeboten zählen die Nachdrucke von alten Märklin-Katalogen längst vergangener Jahrzehnte. Aus dem Zeitraum von 1924 bis 1939 ist mittlerweile über die Hälfte als Reprint verfügbar. ▲

Oben: Im Museum begeistern nicht nur die eingesetzten Züge an sich, sondern auch ihr Umfeld. Die Märklin-Anlagenbauer legen großen Wert auf eine perfekt gestaltete Landschaft.

Die Märklin-Kataloge

Der erste nachweisliche Katalog stammt aus dem Jahr 1895. Er beinhaltet die von 1891 bis 1895 produzierten Artikel. Die Abbildungen waren von Hand gezeichnet und nachträglich von Hand koloriert worden. Die Vorlagen stammten überwiegend noch von der Firma Lutz, deren Produkte Märklin 1891 in sein Sortiment übernommen hatte. Diese Kataloge waren weder für den Handel noch für den Endverbraucher bestimmt. Sie wurden dem Spielwarenhändler von Vertretern bzw. im Stammhaus zur Ansicht und Auswahl vorgelegt. Im Jahr 1904 wurde wegen der mittlerweile zunehmenden Produktpalette eine Neueinteilung nach Buchstabengruppen vorgenommen.

Kleinstauflagen für Händler

Alle abzubildenden Produkte wurden jetzt von Zeichnern in Holzstücke eingeritzt. Anschließend legte man eine dünne Kupferfolie darüber und drückte sie in die Vertiefungen ein. Diese so genannten Druckstöcke wurden dann zu Bogenformaten zusammengestellt, mit denen eine größere Anzahl von Katalogblättern gedruckt werden konnte.

Um die Kundenwünsche im Ausland effektiver bearbeiten zu können, richtete Märklin 1910 in Großstädten wie London, Paris, Amsterdam und Moskau entsprechende Musterlager ein. Für den englischen Verkaufsagenten Herbert E. Hughes wurden, da Märklin eine ganze

RICHARD MAERKLIN TOYS
American Representatives of
MAERKLIN BROS. & CO.
Goeppingen (Germany)
235 FOURTH AVENUE
At 19th Street
NEW YORK

Oben: Seite 2 aus einem Händlerprospekt für den US-amerikanischen Markt.

Unten: Noch sehr schematisch wirkten die abgebildeten Modelle auf diesem handkolorierten Katalogblatt aus dem Jahr 1895.

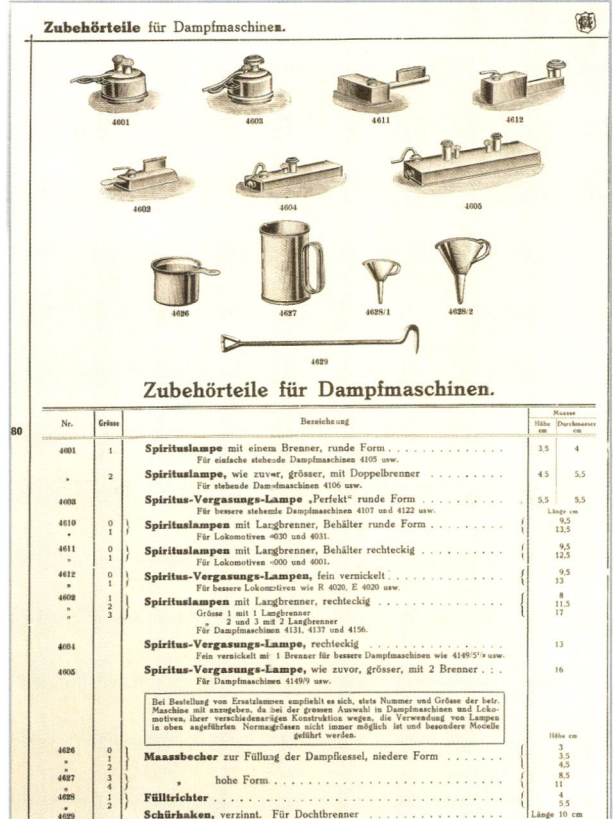

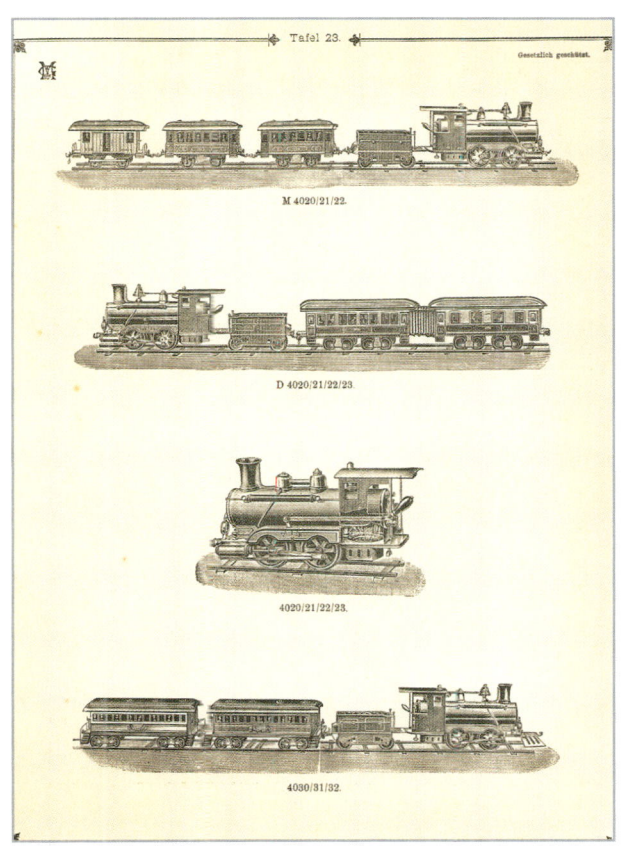

Oben links: „Bei Bestellung von Ersatzlampen empfiehlt es sich, stets Nummer und Grösse der betr. Maschine mit anzugeben ...", las man in dem Hinweiskasten auf dieser Seite des hochformatigen Katalogs aus den 20er Jahren.

Oben rechts: Diese Katalogseite — noch als „Tafel" bezeichnet — zeigt verschiedene Wagen und eine Schlepptender-Dampflok mit den dazugehörigen Artikelnummern.

Reihe Artikel nach englischen Eisenbahn-Vorbildern fertigte, kleine Kataloge etwa im Format DIN A5-quer aufgelegt. In Hughes´ „London Show Rooms" wurden diese Kataloge für Kunden bereitgehalten.

Die ersten Kundenkataloge

1919 erschien erstmals ein Händlerkatalog in einem außerhalb der DIN-Norm liegenden Hochformat. Wohl auch aufgrund der damals

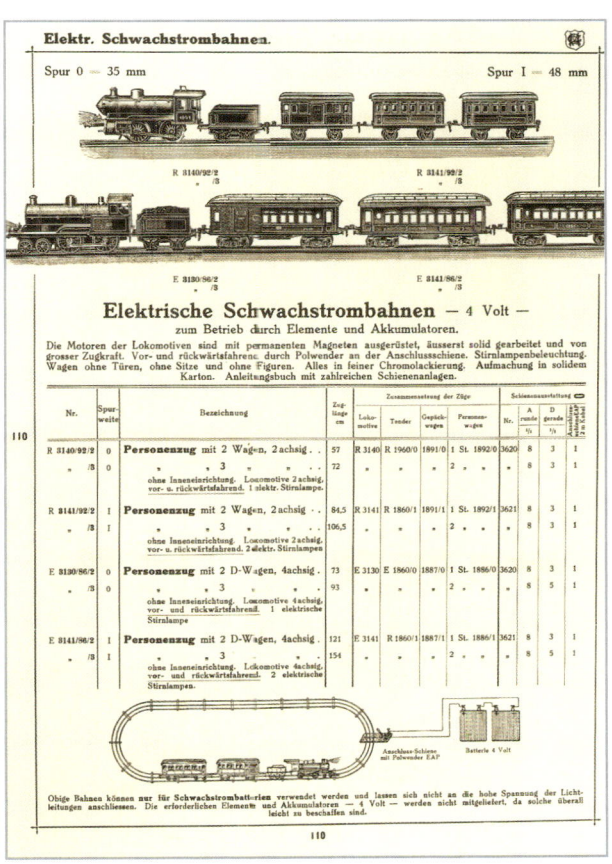

Unten links: Katalogseite mit Loks und Wagen für den gefahrlosen Betrieb mittels 4-Volt-Akkumulatoren.

Unten rechts: Das Sortiment der elektrischen Schwachstromlokomotiven wird auf dieser Katalogseite durch zwei Arten von Anschlussschienen ergänzt.

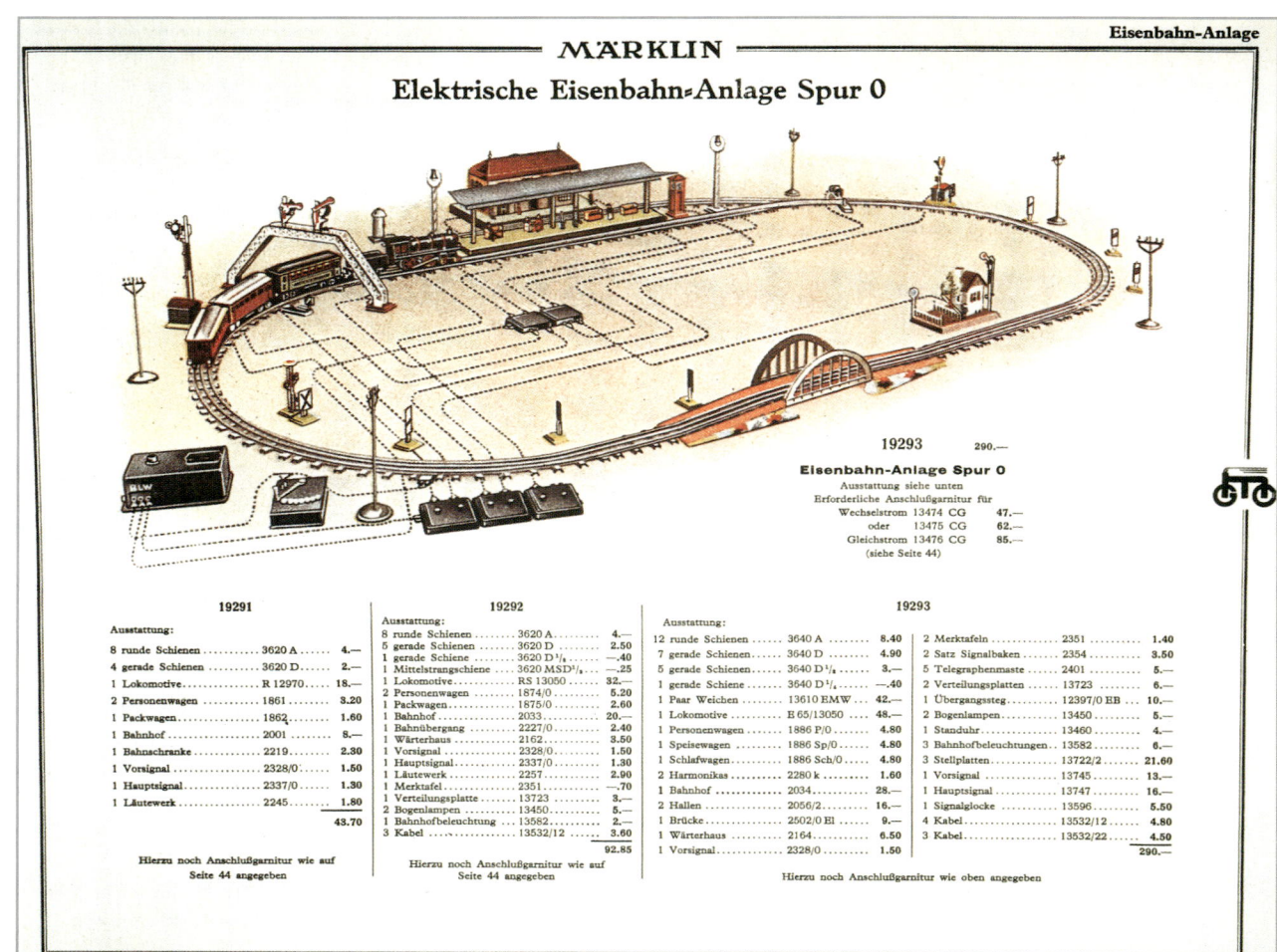

Oben: Die ersten teilweise farbig gedruckten Kataloge erschienen ab 1929.

Unten: 1930 erschien ein Katalog mit diesem dynamischen Titelbild.

nicht gerade rosigen wirtschaftlichen Lage kamen bis 1923 keine weiteren neuen Kataloge hinzu. Danach regte der für den Export zuständige Dr. Carl Ehmann an, ab 1924 spezielle Kundenkataloge, also solche für den Endverbraucher, herauszubringen. Begonnen wurde 1924 mit Nr. D 1, wobei das D für die deutschsprachige Ausgabe stand. Kataloge in anderen Sprachen bekamen entsprechende, auf das jeweilige Land bezogene Kennbuchstaben. Diese Serie der Gesamtkataloge im DIN-A4-Format endete 1939 mit dem Katalog D 16.

Ab 1929 erschienen die Kataloge teilweise farbig. Sechs Jahre später, ab 1935, wurden dann alle Artikel farbig dargestellt. Unter gestalterischen Aspekten dürfte der Katalog des Jahres 1939 als der schönste gelten. Jeder Katalog enthielt einen Gutschein über den Kaufpreis, der beim Kauf von Märklin-Erzeugnissen vergütet wurde. Separat dazu gab es von 1935 bis 1940 für die 00(H0)-Erzeugnisse einen so genannten Kleinkatalog im A5-Hochformat.

Einfache Faltprospekte — heute nennt man so etwas „Folder" —, die eine gemischte Auswahl an Produkten zeigten, bekam der Kunde gratis.

■ Papierknappheit

Nach wie vor wurden alle Abbildungen gemalt. Etwaige Retuschen wären in den 30er Jahren viel zu kostspielig gewesen. Erst nach dem Zweiten Weltkrieg wurde die Fototechnik angewandt. Da war dann wieder die Retusche günstiger, so dass fast alle Spurkränze der H0-Fahrzeuge auf ein optisches Mindestmaß gebracht werden konnten. Trotzdem hatte Märklin nach dem Zweiten Weltkrieg noch zwei Zeichner angestellt, die vor allem neben den Katalog-Deckelbildern auch die vielen Abbildungen für die Anleitungsbücher des Metallbaukastens zeichneten.

Im Dezember 1947 wurde der erste Katalog im A4-Querformat der Nachkriegszeit

| 1935 | 1940 | 1950 | 1960 | 1970 | 1980 | 1990 | 2000 |

Oben: Der Wiener Künstler Josef Danilowatz und andere namhafte Kunstmaler wurden von Märklin beauftragt, Titelblätter zu gestalten. Diese Tradition setzte sich bis in die 60er Jahre fort. Das abgebildete Titelblatt zierte den Katalog von 1929.

Unten: 1935 entstand, ebenfalls aus der Hand von Josef Danilowatz, ein weiteres ansprechendes Titelblatt.

| 1850 | 1860 | 1870 | 1880 | 1890 | 1900 | 1910 | 1920 |

Oben: Eine mystische Abendstimmung mit Dampfloks und Dieseltriebwagen schuf Josef Danilowatz für den Katalog des Jahres 1939.

Unten: Auch für die übrigen Katalog-Titelblätter zeichnete und malte Josef Danilowatz. Das hier abgebildete Titelblatt entstand für den 38er Katalog.

1939   1940   1950   1960   1970   1980   1990   2000

Oben: Zauberhafte Winterstimmung auf dem Katalog-Titel des Jahres 1934.

Unten: Dynamische und ausdrucksstarke Lokporträts waren das Markenzeichen des Malers Josef Danilowatz, wie auch auf diesem Katalog-Titel für das Jahr 1931 zu sehen ist.

| 1850 | 1860 | 1870 | 1880 | 1890 | 1900 | 1910 | 1920 |

gedruckt. Er ging infolge der Papierknappheit ausschließlich an die Händler, die jeweils nur ein Exemplar erhielten. Nach der Währungsreform 1948 hatte der Handel allerdings die Möglichkeit, zwei Exemplare nachbestellen zu können. Zu diesem Katalog gab es zwei Nachträge, welche die Neuheiten von 1948 und 1949 enthielten. Bis auf das Titelbild des 47er Kataloges war alles in Schwarz/Weiß gehalten. Auf den ersten handgefertigten Nachkriegskatalog von 1947 wird auf den Seiten 134 und 135 näher eingegangen.

■ Wechselnde Formate

Ab 1949 waren auch für die Endverbraucher wieder Kataloge verfügbar. Sie waren im A5-Querformat gehalten. Bis auf wenige farbige Seiten dominierten die Farben Schwarz und Weiß. Ab 1953 waren die Kataloge dann wieder durchgehend farbig gestaltet. Das Format wurde bis 1956 beibehalten. 1957 und 1958 wurden sie etwas breiter, die Länge blieb. Zum 100-jährigen Firmenjubiläum 1959 erschien ein Katalog im größeren, repräsentativeren Format. Sein Einband war in Kupferbraun gehalten. Von 1960 bis 1964 nahmen die Kataloge wiederum das Format von 1957/58 an. Danach brachten sie es in der Länge fast wieder auf das A4-Querformat. Lediglich die Höhe war etwas geringer. Von 1969 an wechselte man bis 1978 ins A4-Hochformat. Ab 1979 ging man bis 1990 auf ein Querformat von 26,5 x 22,0 Zentimeter, wobei ab 1984 der Katalog nur noch die Nenngröße H0 beinhaltete. Für die Nenngröße Z und 1 sowie für den Metallbaukasten gab es Spezialkataloge bzw. Prospekte.

■ Der Gesamtkatalog

Ab 1991 bis in die Gegenwart wurden nur noch Gesamtkataloge herausgegeben. Das Format maß nun 28,5 x 21,0 Zentimeter. Mit dem Gesamtkatalog will man beim Kunden das

1930　1940　1950　1960　1970　1980　**1991**　2000

Interesse an allen Produkten des Hauses wecken. Gleichzeitig soll das voluminöse Druckerzeugnis – die Ausgabe von 2003 umfasst 556 Druckseiten – auch Ratgeber für die verschiedensten infrage kommenden Themen sein. Zum wichtigen Vorverkaufsargument haben sich seit Jahren auch die jährlich erscheinenden Neuheitenprospekte herausgebildet. Wurden die bis 1939 zu den Messen in Leipzig und danach ab 1950 zur Spielwarenmesse in Nürnberg herausgegebenen Neuheitenprospekte so gut wie gar nicht an Privatpersonen abgegeben, so sind die Neuheitenprospekte der Gegenwart bereits mit Beginn der Nürnberger Messe für die Kunden beim Fachhandel verfügbar. Dabei kann man heute eigentlich gar nicht mehr von nur einem Prospekt sprechen. Beispielsweise umfasst der

Linke Seite von oben nach unten: Katalog-Titelblätter aus den Jahren 1947, 1951 und 1952.

Oben: Katalog-Titel aus dem Jahr 1953.

Mitte: 1957 posierte eine V 200 auf dem Katalog-Titel.

Unten: 1959, im Märklin-Jubiläumsjahr, wurde ein eher abstraktes Titelblatt geschaffen.

| 1850 | 1860 | 1870 | 1880 | 1890 | 1900 | 1910 | 1920 |

Oben: Den Katalog des Modelljahres 1960/61 zierte die E 41 in dynamischer Pose.

Mitte und unten: Zweimal die P 8. Der 2003 erschienene Katalog macht mit dem völlig neu konstruierten Modell der berühmten preußischen Dampflok auf. Diese Lok war bereits in früheren Jahren Bestandteil des Märklin-Sortiments, wie die Abbildung auf dem Titelblatt des Kataloges von 1967 zeigt.

| 1930 | 1940 | 1950 | 1960 | 1970 | 1980 | 1990 | **2003** |

Prospekt von 2003 insgesamt 128 Druckseiten, hat also eher Katalog-Umfang und entspricht damit etwa der Katalogseitenzahl von 1978. Darüber hinaus werden die Kunden bis zu fünfmal pro Jahr mit Prospekten über die MHI-Neuheiten und falls nötig über Sommer- und Herbstneuheiten informiert, deren Produktangebote dann natürlich zusätzlich auch alle im Hauptkatalog enthalten sind.

Wie selbstverständlich fast alles von Märklin, werden Kataloge und Druckschriften mit Begeisterung gesammelt. Seltene Exemplare bringen es da schon auf beachtliche Summen. Doch wertvoll waren die Kataloge immer schon auch unter einem anderen Gesichtspunkt: Wer erinnert sich nicht gerne daran, wie er als Bub voll Spannung und Begeisterung den neuen Katalog erwartet hat? ▲

Oben links: Dynamik pur auf dem Katalog-Titel von 1983. Dieser Katalog erschien in einem neuartigen Format.

Oben rechts: 75er Katalog.

Unten links und rechts: Katalog von 1978 und 1981.

77

| 1850 | 1860 | 1870 | 1880 | 1890 | 1900 | 1910 | 1920 |

Die projektierte 1 : 70-Bahn

Märklin begann Anfang der 30er Jahre, seine Eisenbahn-Kollektion in den Nenngrößen 0 und I sowie darüber hinaus das ganze Fertigungssortiment vollkommen neu zu gestalten. Zu diesem Zeitpunkt kam im Haus der Gedanke auf, wiederum eine kleine Eisenbahn zu entwickeln und auf den Markt zu bringen. Unter der Leitung von Chefkonstrukteur Bang-Kaup schuf Mustermacher Friedrich Rieker um 1932/33 eine kleine Auswahl an Lokomotiven sowie Personen- und Güterwagen. Mit dieser neuen Bahn wollte man damals in puncto Maßstäblichkeit alles bis dahin Machbare weit übertreffen. Dies galt in besonderem Maße für die Fahrzeuglängen, die man in dieser Form bisher so gut wie nie realisiert hatte. Bei der Auswahl der Typen orientierten sich die Märklin-Konstrukteure an den damals neuesten Modellen des eigenen Sortiments der Nenngröße 0. Für die Entwicklung der Prototypen standen in der Regel lediglich einfache Maßskizzen bzw. fotografische Abbildungen zur Verfügung, die Märklin später in seinem Führer „Die elektrische Spieleisenbahn" abgedruckt hat.

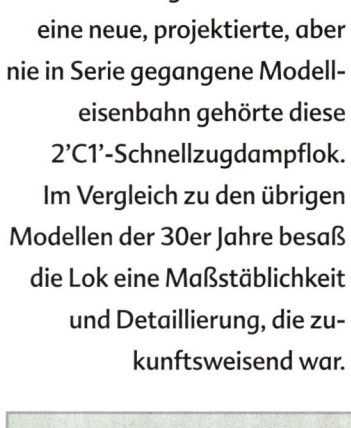

Zu den wenigen Mustern für eine neue, projektierte, aber nie in Serie gegangene Modelleisenbahn gehörte diese 2'C1'-Schnellzugdampflok. Im Vergleich zu den übrigen Modellen der 30er Jahre besaß die Lok eine Maßstäblichkeit und Detaillierung, die zukunftsweisend war.

■ Gespür der Mustermacher

Zeichnungen für die Fertigung wurden für gewöhnlich nach den vorher angefertigten Mustermodellen erstellt. Nach diesen Plänen entstanden Stanz- und Prägevorrichtungen, beispielsweise für Wagenkästen und -böden, sowie Gussformen, wie sie etwa für Speichenräder und Zylinderblöcke nötig waren. Letztlich kam es auf das richtige Gespür des Mustermachers an, ob ein Modell am Ende den richtigen Eindruck hinterließ. Die optische Gesamtwirkung war entscheidend. Denn man darf nicht vergessen, dass es sich damals noch um reines Spielzeug handelte. Die Rohgehäuse wurden vom Flaschner (Klempner) angefertigt, während der Meister selbst dann für alles andere, also auch für die Funktionalität und das Finish verantwortlich zeichnete.

Wie die Schönheit der vorhandenen Stücke dokumentiert, hatten Mustermacher Friedrich Rieker und seine Mannschaft ihr ganzes Können und sicher auch ihren ganzen Ehrgeiz in die Fertigung der Unikate eingebracht. Insgesamt wurden zehn Modelle geschaffen,

darunter zwei Dampfloks, fünf Personen- und drei Güterwagen. Für eine Messepräsentation wurde gleichzeitig aus Holz und Gips ein Diorama mit Gleisen, deren Profile von den Spur-0-Modellschienen stammten, angefertigt. Alle Modelle haben die Wirren der Kriegs- und Nachkriegszeit wohlbehalten überstanden und werden im Märklin-Archiv aufbewahrt. Sie konnten 1984 für die Ausstellung „100 Jahre Märklin" im Storchen-Museum der Stadt Göppingen ihrem Dornröschenschlaf entrissen und erstmals einer staunenden Öffentlichkeit vorgestellt werden. Anlässlich einer Ausleihung der kostbaren Unikate an das Württembergische Landesmuseum in Stuttgart konnten sie von dem renommierten Fachmann für historische Modelleisenbahnen, Dr. Christian Väterlein, einer genauen Untersuchung und Vermessung unterzogen werden. Hierbei ergab sich ein Verkleinerungsmaßstab von 1 : 70 bei einer Spurweite von 21,0 mm.

■ Muster mit vielen interessanten Details

Erstaunlich ist, dass die Modelle — für die damalige Zeit völlig ungewöhnlich — Puffer in maßstäblicher Länge und die Personenwagen sogar Bremsklotzattrappen aufweisen. Letzteres zum Beispiel wurde von Märklin erstmals an neu entwickelten Modellen ab 1951 realisiert. Auch die Räder waren professionell gefertigt, d. h. aus Vollmaterial präzise gedreht und daher nicht vergleichbar mit den Blech- und Bleigussrädern der damaligen Spielzeugeisenbahnen. Was die Kupplungen anbelangt, so hatte man bei den Mustern auf einfache Hakenkupplungen zurückgegriffen. Es hätten aber auch andere Kupplungen, wie zum Beispiel die Märklin-„Fix-Kupplung" oder die „automatische" Spur-0-Kupplung Verwendung finden können. Neben dem sehr schönen Modell der 2'C1'-Schnellzuglok, welches das gleichartige bekannte Spur-0-Modell Märklins inbezug auf die Fahrwerksgestaltung noch übertraf, war es vor allem der leider nur als Einzelstück eines D-Zuges geltende Mitropa-Speisewagen, welcher besonders besticht und seine Fortsetzung wenigstens in den gleichartigen Modell-D-Zugwagen der Nenngröße 0 der Firma Märklin von 1934 bis 1949 gefunden hat. Leider kam es nicht mehr zur Anfertigung weiterer Musterstücke. Die Entwicklung dieser Bahn wurde im Frühjahr 1933 gestoppt. Alle Modelle, die seinerzeit angefertigt wurden, können zusammen mit einem Adler-Zug, der dem gleichen Maßstab zuzuordnen ist, im Märklin-Museum bewundert werden.

■ 1 : 70 ist nicht Baugröße S

Die Gründe für die Wahl einer Spurweite von 21,0 Millimetern und des sich daraus ergebenden Maßstabs von 1 : 70 kann man heute, da mittlerweile keine Zeitzeugen mehr leben und bis jetzt auch keine Aufzeichnungen aufgetaucht sind, nur erahnen. Wahrscheinlich sollte die neue Bahn etwa um ein Drittel kleiner als die 0-Bahn ausfallen bzw. die Hälfte einer Spur-I-Bahn betragen. Auch die Entwicklung eines leistungsfähigen Motors in dieser Größe mit den damaligen Möglichkeiten wird wahrscheinlich eine Rolle gespielt haben. Rein zufällig dürfte dabei die Verwandtschaft mit dem heute üblichen Modellmaßstab 1 : 72 sein, der bei Militaria sowie Schiffs- und Flugzeugmodellbau üblich ist.
In der Vergangenheit wurde die 1 : 70-Bahn von Märklin in Unkenntnis oft als Baugröße S bezeichnet. Zum damaligen Zeitpunkt (ca. 1932/33) war diese Nenngröße aber noch völlig unbekannt. Sie wurde erst 1937 von dem amerikanischen Produzenten Ed Packard für seine Cleveland Models im Maßstab 1 : 64 gewählt. Er nannte sie CD-Gauge. Die Abkürzung ergab sich aus dem ersten und letzten Buchstaben von Cleveland. Vom Normausschuss der National Model Railway Association (NMRA) wurde sie später als Nenngröße S mit einer Spurweite von 22,2 Millimetern zur Norm erklärt. ▲

Die Miniatur-Tischbahn

Wie erwähnt, wurde das 1 : 70-Projekt im Frühjahr 1933 gestoppt. Gleichzeitig wurde unverzüglich mit der Entwicklung einer noch kleineren Bahn in der Spurweite 16,5 Millimeter begonnen. Marktbeobachtungen über sich anbahnende Entwicklungen dürften neben anderen Faktoren zu dieser Entscheidung geführt haben. Außerdem konnte der Beginn eines kleinen Wohlstands in der Bevölkerung wahrgenommen werden, die es sich nun leisten konnte, eine Tisch-Eisenbahn zu kaufen, für die in den überwiegend kleinen Wohnungen auch Platz war.

Die Zeit für eine Entwicklung war zwar knapp, aber man schaffte es auf der Leipziger Frühjahrsmesse im März 1935 die ersten Modelle zu zeigen. Im Juni des gleichen Jahres bekamen die Händler den ersten selbstredenden Prospekt (ohne ausführliches Begleitschreiben) mit dem für die Lieferung ab Herbst vorgesehenen Startsortiment zugesandt. Im Herbstkatalog, dessen Druckvorbereitung schon abgeschlossen war, wurden zwei unpaginierte Blätter über die neue 00-Zugpackung, deren Fahrzeuge auch einzeln erhältlich waren, dem Katalog-Programm vorangestellt. Kaum einer der Initiatoren von damals dürfte geahnt haben, dass sich hier ein ungeheuerer Dauerer-

Oben: Vorderseite der Einladungskarte zur Leipziger Frühjahrsmesse 1936. Zu sehen ist die Dampflok E 700 in drei verschiedenen Baugrößen: I, 0, 00(H0). Die 00(H0)-Lok sollte als Neuheit 1936 erscheinen.

Unten: Historische Aufnahme, die das auf der Leipziger Frühjahrsmesse 1935 ausgestellte Muster der R 700 noch mit Vollrädern zeigt, nebst Mustern für Gleise, Kreuzung und Weiche, ohne Mittelleiter mit isolierter Außenschiene. Oben links liegt die Reglerschiene.

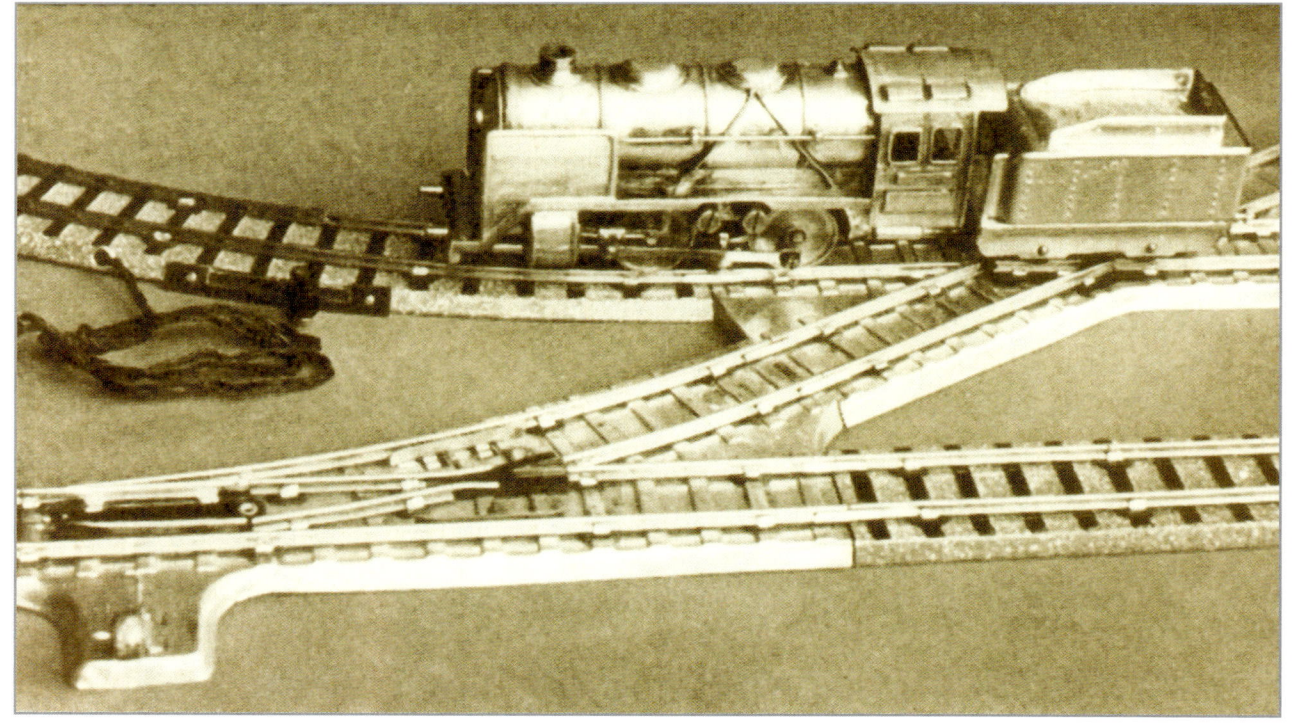

1935   1940   1950   1960   1970   1980   1990   2000

folg für ein System anbahnen und der Marke Märklin über Jahrzehnte die Marktführerschaft als weltweit größter Modellbahnhersteller bescheren sollte.

Das Startsortiment bestand aus einer zweiachsigen Schlepptenderlok und einer zweiachsigen E-Lok nach Schweizer Vorbild. Die Loks hatten Gehäuse aus Blech und Fahrgestelle aus Zinkdruckguss. Der Feldmagnet des Motors war stehend angeordnet, und die beiden Bürstenkappen waren von außen deutlich sichtbar. Beide hatten eine Stirnlampe als Frontbeleuchtung. Gefahren wurde mit 20 V Wechselstrom. Die Umschaltung erfolgte mittels Handschalthebel, der serienmäßig in den Loks installiert war. Der Handschalter konnte jedoch durch einen mit Selenplatten bestückten Fernschalter über eine Steckverbindung in der Lok ausgetauscht werden, woran man sieht, dass die Schnittstelle keine Erfindung unserer Tage darstellt. Zusätzlich beschafft werden musste noch ein so genannter Schaltapparat, also ein Gerät mit eingebautem

Oben: Erstes Händler-Informationsblatt, das im Juni 1935 erschienen ist.

Mitte: Interessierte Besucher am Märklin-Stand auf der Leipziger Frühjahrsmesse 1939. Dieselbe Anlage ist als Nachtaufnahme auch im Katalog von 1939/40 zu sehen.

Gleichrichter und Polwendeschalter. Damit fuhr die Bahn nach dem Gleichstrom-Umpolprinzip. Der Hauptschlussmotor war schließlich für beide Stromarten gleichermaßen geeignet.

■ Reisezugwagen im Tischbahn-Format

Zwei Grundtypen mit sechs Farbvarianten waren es, die 1935 den Reigen der Reisezugwagen im Tischbahn-Format eröffneten: ein zweiachsiger Personenwagen mit einer Länge von 11,5 Zentimetern und ein 17,5 Zentimeter langer vierachsiger Schnellzugwagen, der farblich variiert, als Sitz-, Speise- und Schlafwagen erschien. Wagenboden, Kasten und Dach waren aus stabilem Blech gestanzt, profiliert und gebogen. Außen- und Innenblech des Gehäuses waren lithographiert, d. h. die Farben waren aufgedruckt, Wagenboden und Dach dagegen spritzlackiert. Gehäuse und Fahrgestell wurden durch Laschenverbindungen zusammengehalten. Die Räder der Radsätze, ursprünglich gedreht, fertigte man später aus Zinkdruckguss und vernickelte sie. Die Radsätze fanden in den Achslagern durch leichtes Spreitzen derselben einen sicheren Halt. Die Fensteröffnungen der D-Zugwagen waren mit Cellonscheiben hinterlegt, die Drehgestelle bestanden aus Stahlblech. Die Kupplungen, aus stabilem Stahlblech gestanzt und gebogen, waren am Wagenboden durch eine bewegliche Nietverbindung befestigt. Die Puffer wurden auf Drehautomaten gefertigt. Alles machte einen stabilen Eindruck. Nachträglich konnte noch eine Innenbeleuchtung eingebaut werden. Die Vorbilder der Wagen entsprachen den Einheitsbauarten der Deutschen Reichsbahn von 1928. Längenmäßig waren die Modelle ensprechend ihrem Spielbahncharakter auf die seinerzeit noch zweiachsigen Lokomotiven abgestimmt. Da alle Züge damals Gepäckwagen, auch Packwagen genannt, mit sich führten, ließ man ein Jahr später entsprechende Modelle folgen. Mit vier verschiedenen zweiachsigen Güterwagen der so genannten Verbands- und Austauschbauart der damaligen Deutschen Reichsbahn Gesellschaft, fing es 1935 an. Weitere Grundtypen und Varianten folgten ab 1936, ein Jahr später kamen vierachsige Güterwagen hinzu. Bis 1939 war das Angebot auf 23 verschiedene Typen angewachsen. Der technische Aufbau ähnelte dem der damali-

Schnellzugwagen 341 - 342 in der Baugröße 00(H0) in einer Ausführung von 1935/36. Die Wagen wurden in dieser Form von 1935 bis 1950/51 produziert.

1937 1940   1950   1960   1970   1980   1990   2000

gen Reisezugwagen von Märklin. Die gewählte Blechdicke der Wagenaufbauten, die Verwendung von stanz- und kratzfesten Lacken für die Bedruckung und vor allem die plastische Profilierung der Seiten- und Stirnwände gaben den 00(H0)-Wagen, wie bei den Fahrzeugen der Nenngrößen 0 und I von Märklin, eine sehr große Stabilität.

■ Gleise und Zubehör für den Start

Zum Gleissortiment gehörten 2,7 Millimeter hohe Vollprofilschienen mit bedrucktem Blechkörper, auf dem Schwellen und Schotter nachgebildet waren. Die beiden Außenschienen bildeten den einen Pol, die isoliert eingesetzte Mittelschiene den anderen. Der Gleisradius betrug 36 Zentimeter, der Weichenwinkel 30°. Eine 30°-Kreuzung und ein Prellbock ergänzten das Sortiment. Außer Handweichen gab es bereits eine elektromechanisch betätigte Ausführung mit Einspulenantrieb. Auch Zubehör, wie zum Beispiel Bahnhofsgebäude, Güterschuppen, Bahnsteig, Bahnübergang, Brücke, Tunnel, Bogenlampe und handbediente Signale, vervollständigten die Startpackung.
Das Versprechen auf der ersten Prospekt- bzw. Katalogseite, das Sortiment weiter auszubauen, wurde im darauf folgenden Jahr eingelöst. Bereits zur Leipziger Frühjahrsmesse 1936 wollte man eine etwas größere Loktype vorstellen, eine Schlepptenderlok mit der Achsfolge 2'B. Dampfloks dieser Achsfolge verkauften sich bereits als 0- und I-Modelle zu dieser Zeit recht gut. Die Einladungskarte zur Messe an den Handel zeigt alle drei Loks im Größenvergleich. Warum sie dann doch nicht kam und es bei drei Prototypen blieb, ist nicht bekannt. Sie hätte sehr gut zu den 17,5 Zentimeter langen D-Zugwagen gepasst.

■ Von der Spielzeug- zur Modelleisenbahn

Außer einem vierachsigen Schnelltriebwagen in Blechbauweise und in drei verschiedenen Farbausführungen gab es 1936 die erste Lokomotive mit Zinkdruckgussgehäuse. Es war eine auf zwei Treibachsen verkürzte Stromlinien-Schnellzuglok vom Typ „Commodore Vanderbilt" der New York Central Railway (NYC). Gar mancher hätte die Lok natürlich gerne in der Original-Achsfolge 2'C2' gesehen.
1937 begann bei den beiden maßgeblichen Firmen Märklin und Trix der Durchbruch von der Spielzeug- zur Modelleisenbahn. Im Mittelpunkt standen bei Märklin zwei mehrachsige Schnellzuglokomotiven. Die Dampflok war natürlich die damals auch bei jedem Schuljun-

Oben: Zweiachsige Reichsbahn-Schlepptenderlokomotive R 700 in der Baugröße 00(H0). Dieses Modell stammt aus dem Fertigungszeitraum 1935 bis 1938/39.

Unten: So geschah das Entkuppeln anno 1939: Mit Hilfe eines Entkupplungs-(EK)-Gleises ließ sich der Kupplungsbügel anheben und somit der Wagenverband trennen.

83

| 1850 | 1860 | 1870 | 1880 | 1890 | 1900 | 1910 | 1920 |

Oben: Handmuster einer Reichsbahn-Dampflok mit der Achsfolge 2'B. Die Auslieferung des Modells mit der Artikelnummer E 700 war für 1936 geplant.

Mitte: „Schnittstelle" in einer Lok aus dem Jahr 1935: Hier erfolgt der Einbau einer „Fernschaltung".

Unten: Tischbahn-Geschenkpackung R 727/3 K von 1939/40. Die Dampflok verfügt noch über eine Handumschaltung. Tender und Wagen sind bereits mit automatischer Kupplung ausgerüstet.

gen bekannte 2'C1'-Schnellzuglok der Baureihe 01 der Deutschen Reichsbahn. Wie ihre großen Schwestern in den Maßstäben 1 : 45 und 1 : 32 besaß sie von Anfang an eine Heusinger-Steuerung. Die zweite Lok war nach dem Vorbild einer elektrischen Lokomotive der DRG mit der Bezeichnung E 18 gestaltet. Diese Vorbildlok mit der Achsfolge 1'Do1' war das Neueste, was die Reichsbahn damals aufbieten konnte. Mit Rücksichtnahme auf die vorhandenen Radien der Tischbahn verringerte Märklin aus Sicherheitsgründen die Anzahl der Treibradsätze von vier auf drei. Besser passende, längere Schnellzugwagen folgten ein Jahr später.

Reichhaltiges neues Zubehör rundete die 38er Neuheiten ab. Als Beispiel seien hier moderne kleine Bahnhofsgebäude, eine Bahnhofshalle sowie Güterschuppen mit Laderampe genannt, gefertigt aus stabilem Stahlblech und farblich mit ansprechender Handlackierung versehen. Besonderer Blickfang war ein Modell des Empfangsgebäudes vom Hafenbahnhof Lindau am Bodensee. Passende Wagen hierfür fand man in den brandneuen D-Zugwagen der Reichsbahn, mit windschnittiger Bauart und Schürzenverkleidung. 1938 brachte Märklin die entsprechenden Modelle auf den Markt. Ihre Länge betrug nun 22,5 Zentimeter. Die Dachgestelle bestanden aus Zinkdruckguss, die Dächer waren mit einzeln aufgesetzten Lüftern bestückt und die Stirnseiten besaßen nun auch Faltenbalgübergänge. 1939 kam noch ein Wagen mit elektrischen Schlussleuchten hinzu.

■ Zwischenepisode: Gleichstromumpolsystem

Einen großen Fortschritt hatte bei Märklin 1935 die Einführung des Gleichstromfahrbetriebs gebracht. Er fand in den Nenngrößen 0 und I und bei der im gleichen Jahr eingeführten Miniatur-Tischbahn 00(H0) Anwendung. Bei geregelter Gleichstrom-Niederspannung (z. B. Akku) bedurfte es noch eines Polwenders, bei Wechselspannung eines Gleichrichters mit Polwender. Für die Gleichrichter wurden selenbeschichtete Plattengleichrichter, so genannte

1938   1940   1950   1960   1970   1980   1990   2000

Oben: Schon recht bunt präsentierte sich die Auswahl an Güterwagen für die Tischbahn 00(H0) in den Jahren 1939/40.

Mitte: Schnellzug-Schürzenwagen 351 - 354 in einer Ausführung von 1939/40.

Unten: Pullman-Schnellzugwagen 349 E der „London North Eastern Railway" (LNER) von 1937 - 1939/40.

Trockengleichrichter, verwendet. Sie kamen im „Schaltapparat für Wechselstrom" — so die werksinterne Bezeichnung — zur Anwendung. In der Lok, die unverändert eine Feldspule mit doppelter Feldwicklung aufwies, erfolgte die Umsteuerung durch so genannte Filterzellen; das waren zwei selenbeschichtete Platten, die so geschaltet waren, dass der Strom jeweils nur in einer Richtung und damit in nur jeweils eine der beiden Feldwicklungen fließen konnte. Die in der Schaltgeräten verwendeten Trockengleichrichter waren sehr anfällig. Bei Überlastung, insbesondere bei nicht schnell zu behebenden Kurzschlüssen, verbrannte die Selenbeschichtung.

Umstellung des Fernsteuersystems

Eine Überdimensionierung oder der Einbau eines Überstromschalters konnte damals aus Preisgründen nicht realisiert werden. Auch bei den Lokomotiven musste der für den Fahrtrichtungswechsel eingesetzte Selenplattengleichrichter aus Platzgründen klein dimensioniert werden. Hinzu kam noch, dass Märklin in den letzten Jahren vor dem Krieg von den Gleichrichterherstellern nur mit Erzeugnissen minderer Qualität beliefert wurde, da Teile in Topqualität im Sinne der damaligen Staatsführung für andere Zwecke bestimmt waren. Dieser auf Dauer unhaltbare Zustand veranlasste die Firma Märklin, im Jahre 1938 ihr Fernsteuersystem kurzerhand vom Gleichstromumpolsystem auf ihr bekanntes Wechselstromsystem mit einer Überspannungs-Umschaltung umzustellen. Die Fahrtrichtungsumschaltung besorgte jetzt ein in der Lok installiertes Schaltwalzenrelais, das auf einen 24-Volt-Stromstoß reagierte, wogegen der Motor mit 16 Volt versorgt wurde.

| 1850 | 1860 | 1870 | 1880 | 1890 | 1900 | 1910 | 1920 |

Oben: Seltene Zuggarnituren mit den Lokomotiven HS 700, HR 700 und HR 700 (LNER) aus den Jahren 1937/38.

Mitte: Dampflokomotiven des Jahres 1937: HR 700, R 700 und SLR 700.

Unten: Zwei der heute seltenen Schnellzüge von 1937 mit den Lokomotiven HS 700 (E 18) und HR 700 (LNER).

1938 1940 1950 1960 1970 1980 1990 2000

Die höhere Schaltstromzufuhr zum Motor zu unterbrechen, war damals aus patentrechtlichen Gründen nicht möglich. Die Lok machte demzufolge beim Umschalten einen mehr oder weniger großen „Bocksprung".

■ Die Perfektschaltung 800

Um Platz für den Einbau des Fahrtrichtungsumschalters zu bekommen, musste der Feldmagnet des Motors liegend angeordnet und gleichzeitig der Motor in seiner Lage versetzt werden. Im Gegensatz zur bisherigen Fernschaltung 700 nannte man die neue nun „Perfektschaltung 800". Sie ermöglichte die Vereinigung von Transformator, stufenlosem Regeln und Fahrtrichtungsänderung mittels separatem Druckknopf in einer kompakten Einheit. Darüber hinaus hatte die Umstellung auf das neue System (Fahren und Schalten mit Wechselstrom) in Verbindung mit dem Mittelleitersystem einen überaus entscheidenden Vorteil: Die Stromzufuhr zum Motor erfolgt beim Wechselstromsystem stets über einen Mittelleiter, zur Rückführung des Stroms vom Motor dienen die beiden Fahrschienen. Durch die symmetrische Leiteranordnung kann die Gleisanlage freizügig aufgebaut werden. Kehrschleifen, Gleisdreiecke oder das Wenden auf Drehscheiben waren ab sofort keinen Einschränkungen oder schaltungstechnischen Schwierigkeiten unterworfen. Die Umstellung auf das 800er System bescherte den Märklin-Freunden auch gleich noch einen unabhängigen Zweizugbetrieb bei funktionsfähiger Oberleitung. Zwar sah das mit den einfachen Masten mit waagerechten Auslegern und der Flachband-Oberleitung am Anfang eher nach Straßenbahnbetrieb aus, war aber schnell aufzubauen und betriebssicher. Vom vorhandenen 700er System konnten die Fahrzeuge natürlich weiterverwendet werden. Zum einen konnte man unter der Oberleitung mit beiden Systemen auf den getrennten Stromkreisen gemischt fahren, zum anderen waren auch die „alten" Loks mit Allstrommotoren ausgerüstet, die man nach Herausnehmen des Fernschalters aus der Dreipunkt-Schnittstelle wieder mit einem Handumschalter für Wechselstrombetrieb rückverwandeln konnte. Ein Teil der handgeschalteten Loks wurde noch bis 1940 angeboten.

■ Loks für England

Nach einem speziellen Pullmanwagen der britischen Bahngesellschaft LNER erschien nun auch erstmals ein Dampflokmodell, das speziell für den englischen Markt angefertigt wurde: die Schlepptender-Dampflok „Compound" der Bahngesellschaft LMS mit der Achsfolge 2'B (4-4-0). Die Lok und der dreiachsige Tender waren etwas voluminöser als die Festland-Modelle und wohl dem speziellen englischen Verkleinerungsmaßstab 1 : 76 angepasst. Es handelte sich hierbei eigentlich eher um eine

Oben: Schnelltriebwagen TW 800 von 1939/40.

Mitte: Zweiachsige schweizerische Elektro-Lokomotive mit der Artikelnummer RS 700 von 1935 - 1939/40.

| 1850 | 1860 | 1870 | 1880 | 1890 | 1900 | 1910 | 1920 |

Oben: Schlepptender-Lokomotive der „London-Midland and Scotish" E 800 (LMS). Für den Export im Jahr 1938 wurden 33 Stück gefertigt.

Unten links: Als Neuheit bei der Reichsbahn und auch bei Märklin in der Baugröße 00(H0) erschien 1939/40 die Stromliniendampflok der Baureihe 06. Die Märklin-Artikelnummer lautete SK 800.

Unten rechts: Schnelltriebwagen TWE 700 für Deutschland und der TWE 700 R, gefertigt für den Schweizer Markt, aus den Jahren 1936 - 1939/40.

Kleinserienfertigung, denn die produzierte Anzahl belief sich lediglich über 33 Stück. Auf den Verpackungskartons stand „Foreign", was schon darauf hindeutete, dass die Loks nicht für den inländischen Markt bestimmt waren, sondern in den Export gingen.

■ Dampflok-Star SK 800

Neben der Einführung der neuen automatischen Kupplung im Jahr 1939 war es die neue Stromlinien-Dampflokomotive der Baureihe 06 der DRG, die als Märklin-Modell Aufsehen erregte. Die Reichsbahn hatte im gleichen Jahr zwei Exemplare dieser Lok mit der Achsfolge 2'D2' und fünffachsigem Tender von der Firma Krupp in Essen erhalten. Aus den bekannten Gründen (Kurvengängigkeit) ließ man bei Märklin einen Treibradsatz entfallen. Trotzdem wurde die unter der Katalog-Nummer SK 800 angebotene Lokomotive wegen ihres gelungenen Aussehens und ihrer großen Zug-

kraft zu einer der beliebtesten Märklin-Lokomotiven der damaligen Zeit. Sie wurde mit kriegsbedingten Unterbrechungen von 1939 bis 1958/59 produziert. Im Erscheinungsjahr 1939 wurde die Lok im grünen Farbkleid mit goldfarbenen Zierleisten angeboten. Ab ca. 1940 änderte man die Farbe in das übliche Dampflokschwarz mit silberfarbenen Zierstreifen. Für ausgewählte Händler mit exklusivem Kundenstamm wurde auch in geringen Stückzahlen eine graue Version gefertigt. Ähnliches geschah um 1940 mit den beiden elektrischen Märklin-Lokomotiven der Katalog-Bezeichnungen RS 800 und HS 800, die nach dem Vorbild der elektrischen Lokomotive der Baureihe E 18 (Achsfolge 1'Do1') entwickelt wurden. Außer im allgemein bekannten Farbkleid wurden sie in ausgewählten Spielwaren-Fachgeschäften auch in weinroter Farbgebung angeboten. Dies war eine farbliche Anpassung an die damals brandneue E-Lok der Baureihe E 19 der Deutschen Reichsbahn.

88

Kriegsjahre stoppen die Spielwarenproduktion

Im Herbst 1940 erschien nochmals ein Märklin-Kundenkatalog, diesmal jedoch nur noch für die 00(H0)-Tischbahn. Das Sortiment war aber stark reduziert worden. Vieles, was von den Konstrukteuren bereits angedacht war, musste bis nach dem Krieg auf die Verwirklichung warten. Um 1941/42 musste die Spielwarenfertigung eingestellt werden. Der Betrieb hatte nur Rüstungsgüter zu produzieren. Wenn Material zur Verfügung gestellt werden konnte, war es jedoch hin und wieder möglich, ein paar Teile, wie z. B. Gleise für die Tischbahn, herzustellen. Auch musste die Ersatzteil-Versorgung zum Beispiel für die Schweiz sichergestellt werden. So kam es vor, dass zum Beispiel der Entwicklungschef mit Koffer und Sondergenehmigung nach Zürich reisen musste, um die begehrten Teile dort abzuliefern. Im Werk selbst mussten jedoch auch andere Arbeiten erledigt werden, die nicht direkt mit der Kriegsproduktion in Verbindung standen. Da gab es einen Ingenieur Hans Thorey, der in Hamburg ein Konstruktionsbüro unterhielt, dass bei den Bombenangriffen auf die Hansestadt im Sommer 1943 den Flammen zum Opfer fiel. Thorey übersiedelte nach Göppingen und war bei Märklin mit der Entwicklung ferngesteuerter Prothesen für Kriegsteilnehmer, die Gliedmaßen verloren hatten, beschäftigt. Nach Kriegsende wurde Thorey, der sich in Göppingen ein neues Konstruktionsbüro einrichten konnte, als freier Mitarbeiter in der Weiterentwicklung der Märklin-Produkte, insbesondere der Modelleisenbahnen, mit einbezogen. Aus dieser Zeit existieren etliche gemeinsame Patente.
Als die Amerikaner gegen Ende des Krieges damit begannen, die Bahnanlagen und Industriebetriebe entlang der Strecke Stuttgart – Ulm, an der Göppingen liegt, zu bombardieren, hatte Märklin großes Glück. Leuchtbomben, die als Zielmarkierung für den Abwurf der Bomben am 1. März 1945 dienen sollten, verfehlten ihr Ziel nur deshalb, weil die in dieser Nacht herrschenden Windverhältnisse die Bomben in nördliche Richtung abdrängten. Im Norden der Stadt richteten die nachfolgenden Bomber größere Zerstörungen an.
Am 8. Mai 1945 machte sich Siegfried Staudenmeyer, der 1942 bei Märklin eine Lehre begonnen und absolviert hatte und noch kurz vor Kriegsende zum Militär musste, von seinem Wohnort Salach zu Fuß auf den Weg nach Göppingen, um seine Arbeit dort aufzunehmen. Er erinnerte sich, dass an diesem Tag nur Herr Richard Safft im Werk anwesend war. Gemeinsam überlegte man danach, wie man für die noch zahlreich aus der Kriegsproduktion vorhandenen Federwerke eine sinnvolle Verwendung finden konnte. Der Einbau in Miniaturautos beispielsweise war jedoch nicht möglich, da die Laufdauer zu kurz war. ▲

Oben: E-Lok HS 800 (E 18) mit einem Schnellzug von 1938/39.

Mitte: E-Lok HS 700 von 1937, die erste E 18, die an der Rückfront einen Handumschalthebel aufwies.

Unten: Nach dem Vorbild der E 18 entstanden 1938 bis 1949/50 die RS 800 und HS 800, hier in einer Ausführung von 1939/40.

Neuausrichtung des Sortiments ab 1928

Märklin konnte auf die Auswirkungen der Weltwirtschaftskrise um 1930 eher gelassen reagieren. Man stellte das her, was man glaubte absetzen zu können. Im Gegensatz zu mancher Konkurrenz vermied Märklin es, in volle Lager zu produzieren, was natürlich nicht ausschloss, dass der eine oder andere Artikel länger auf Lager blieb und später über Sonderlisten abverkauft werden musste. Auf der anderen Seite sah man ein, dass nicht wenige Artikel mittlerweile in die Jahre gekommen waren und dringend durch neue ersetzt werden mussten. Aus diesem Grund wurde Dipl. Ing. Otto Bang-Kaup — ein treuer und bewährter Mitarbeiter der Firma — 1929 mit dem Aufbau einer Entwicklungsabteilung beauftragt. Mit seinen Kollegen aus Konstruktion und Mustermacherei gelang es ihm, zielstrebig in einem Zeitraum von zehn Jahren praktisch das gesamte Märklin-Sortiment vollkommen neu zu gestalten.

■ Die Reichsbahnzeit

Bereits ab 1928 begann man, die Eisenbahn-Sortimente in 0 und I, was Dampflokomotiven, Triebwagen, Reisezug- und Güterwagen

Das von A. Münch 1922 geschaffene Gemälde zierte viele Märklin-Zugpackungen.

anbelangte, fast vollständig nach den Vorbildern der Anfang der 20er Jahre gegründeten Deutschen Reichsbahn zu gestalten. Ausnahmen bildeten die elektrischen Lokomotiven, in den Katalogen als Vollbahntyp bezeichnet, welche gänzlich nach Vorbildern der Schweizerischen Bundesbahnen ausgeführt wurden. Zu den Ausnahmen zählten auch noch einige hochpreisge Schlepptender-Dampflokomotiven, in der Hauptsache für Exportzwecke, bei denen französische, englische und amerikanische Lokomotiven als Vorlagen dienten.
Der Großteil der Neuentwicklungen entstand in der Nenngröße 0. In der Nenngröße I war der Umfang der Neuentwicklungen — entsprechend der Absatzerwartungen — um einiges geringer.

■ Dampflokomotiven

Mit der Inbetriebnahme neuer 2'C1'-Schnellzuglokomotiven der Baureihe 01 durch die Deutsche Reichsbahn im Jahr 1925 erwarteten die Käufer entsprechende Nachbildungen im Modell für ihre Spielbahnen in 0 und I. Die 01 war eine moderne Lokomotive. Reisende konnten sie am Bahnsteig vor dem Zug bestaunen, sie begeisterte Jung und Alt. Das erste mehrachsige Modell dieser Lok brachte Märklin bereits 1928 mit der Achsfolge 2'B1' anstatt 2'C1' auf den Markt. Die Änderung der Achsfolge kam den engen Gleisradien entgegen. Außerdem war das Modell durch die damit verbundene einfachere Steuerung in der mittleren Preisklasse angesiedelt. Die Lok mit der richtigen Achsfolge und der kompletten Heusinger-Steuerung folgte ihm auf den Fuß, d. h. ein Jahr später. Da auch die zweiachsigen Schlepptenderloks in die Jahre gekommen waren, wurden diese ebenfalls nach und nach praktisch für jede Preisklasse in die „Reichsbahn-Form" mit den charakteristischen großen Windleitblechen umgestaltet. Eine der beliebtesten Loks dieser Jahre war die Schlepptenderlok mit der Achsfolge 2'B und dreiachsigem Tender. Sie passte sehr gut zu den Schnellzugwagen mit 24,5 Zentimetern

Oben: Von 1938 bis 1939/40 wurde die Dampflok GR 66/12920 angeboten.

Unten: Zur Leipziger Frühjahrsmesse 1931 lud Märklin mit dieser Karte ein. Sie zeigte die Reichsbahn-Dampflokomotiven der Einheitsbauart.

| 1850 | 1860 | 1870 | 1880 | 1890 | 1900 | 1910 | 1920 |

Oben: Eine schöne Nachbildung der legendären Schnellzuglok der Baureihe 01 schuf Märklin mit diesem Spur-0-Modell. Die als HR/12920 bezeichnete Lok wurde von 1938 bis 1954 gebaut.

Unten: In stabilen und hübsch dekorierten Schachteln gelangten Zugpackungen samt Gleis in die Läden.

Länge und wurde bis zum Auslauf der Spur 0 1954/55 geliefert. Weniger erfolgreich, was die Stückzahlen betraf, war eine gleichartige Lokomotive mit der Achsfolge 2'C. Sie kam äußerlich der von der Reichsbahn seinerzeit geplanten 2'C-Personenzuglok mit der Baureihen-Bezeichnung 20 sehr nahe. Das Vorbild wurde aber nie gebaut. Was das Modell anbelangt, legte der Kunde wohl lieber noch ein paar Mark drauf und kaufte sich gleich eine Märklin 2'C1' mit der legendären Bezeichnung HR, die besaß schließlich auch noch einen vierachsigen Tender. Bei der Bezeichnung „HR" stand der Buchstabe H für Achsfolge 2'C1' und R für Reichsbahn.

Ab 1938 passte Märklin bei den Spur-0-Lokomotiven die Größe der Windleitbleche der von der Reichbahn im Nachhinein vergrößerten Form an.

■ Elektrische Lokomotiven

Auch nach der Neuorientierung des Sortiments waren die elektrischen Lokomotiven — der „Vollbahntyp", so die Katalogbezeichnung — in den Baugrößen 0 und I ausnahmslos nach Schweizer Vorbildern gestaltet. Bei den größeren Lokomotiven mit der Achsfolge 2'C1' übernahm man von der Schweizer Ae 4/7 mit ihrem typischen Buchli-Antrieb die Gehäuseform. Auch die kleineren Maschinen mit der Achsfolge 2'B1' und B waren nach diesem Vorbild ausgerichtet. Das Elektrolok-Modell wurde in allen möglichen Facetten, kurz oder lang, mit und ohne Vorbauten in allen Preislagen angeboten.

Etwas ganz Besonderes war dagegen die so genannte „Krokodil"-Lokomotive, die in ihrer dreiteiligen Bauweise ab 1933 in den beiden

1933　　1940　　1950　　1960　　1970　　1980　　1990　　2000

Nenngrößen 0 und I angeboten wurde. Der besseren Kurvengängigkeit halber hatte man bei beiden Treibgestellen je einen Radsatz weggelassen. Das hat damals so gut wie niemanden gestört, denn das, was Mustermacher Friedrich Rieker und seine Mannen im wahrsten Sinne des Wortes auf die Gleise gezaubert hatten, war beeindruckend und konnte sich sehen lassen. Trotz unverkennbarer Anklänge an damalige Spielzeugformen waren die markanten Merkmale des Vorbildes vortrefflich wiedergegeben.

■ Das berühmte Schweizer Krokodil

Die Idee, dass Märklin das Schweizer Krokodil ins Sortiment aufnehmen sollte, brachte übrigens Dr. Carl G. Ehmann von seinen Reisen aus der Schweiz mit nach Göppingen.
Während man bei der 0-Variante mit einem Motor auskam, spendierten die Konstrukteure dem I-Modell einen zweimotorigen Antrieb. Aufgrund des Aufwandes bei der Fertigung und des daraus resultierenden Preises hielten

Oben: Die wunderbaren Krokodile in den Baugrößen I, 0 und 00 haben Geschichte geschrieben.

Unten: Der Schweizer Loktype Ae 4/7 nachempfunden war diese Vollbahnlok, zu der es passende Güterwagen gab.

95

| 1850 | 1860 | 1870 | 1880 | 1890 | 1900 | 1910 | 1920 |

Oben: Handmuster des „Henschel-Wegmann-Zuges" in der Nenngröße 0.

Unten: Erstmals zierte eine Abbildung des Märklin-Krokodils die Einladungskarte zur Leipziger Messe (1933).

sich die produzierten Stückzahlen — besonders in I — in gewissen Grenzen. Dies ist wohl einer der Hauptgründe, weswegen die Modelle heute antiquarisch sehr hoch gehandelt werden. Der Produktionszeitraum der I-Lokomotive endete 1937/38, während das 0-Modell offiziell noch bis 1939/40 hergestellt wurde. Wer jedoch in den 50er Jahren exzellente geschäftliche Verbindungen zu Märklin hatte — gute waren da nicht ausreichend, dem baute man im Werk in Nenngröße 0 aus noch vorhandenen und nachgelieferten Teilen ein Krokodil zusammen. Der Preis betrug damals 600,- DM. Die Krokodil-Lokomotiven aus dieser Zeit zählen seit langem zu den Highlights der Märklin-Produktion.

Damit auch Käufer mit schmalem Geldbeutel sich eine Lokomotive leisten konnten, die dem Original-Krokodil in der Gehäuse-Formgebung nahe kam, bot man verschiedene zweiachsige Varianten an, jedoch mit festsitzenden Vorbauten. Fast hätte es in der zweiten Hälfte der 30er Jahre noch eine elektrische Lokomotive in der Nenngröße 0 nach einem klassischen deutschen Vorbild gegeben: eine Nachbildung der damals modernsten Reichsbahnlok E 18. Ein sehr schönes Handmuster — mit der richtigen Achsfolge 1'D1', jedoch noch ohne Antrieb — stand schon parat. Weil damals jedoch 00(H0) absolute Priorität genoss, hatte man wahrscheinlich die Fertigung auf einen späteren Zeitpunkt verschoben. Mit Ausbruch des Zweiten Weltkriegs 1939 war dieses Thema dann vorerst erledigt.

■ Die Stromlinienzeit

Als bei der Reichsbahn Mitte der 30er Jahre des 20. Jahrhunderts das kurze Zeitalter der Stromlinien-Lokomotiven anbrach, war es für Märklin Pflicht, ein solches Modell ins 0-Sortiment aufzunehmen. Zur Leipziger Frühjahrsmesse 1935 kündigte Märklin auf der Händler-Einladungskarte stolz die neue Borsig-Stromlinien-Lokomotive an. Man meinte damit die 2'C2'-Lok der Baureihe 05 der Borsig Lokomotiv Werke (BLW). Das Märklin-Modell mit seinem vierachsigen Tender — die Baureihe 05 besaß einen fünfachsigen — hätte jedoch auch die 2'C1'-Lokomotive 03 193 verkörpern können, die zeitgleich mit den beiden Loks der Baureihe 05 von der DRG beschafft wurde. Diese Lok mit ihrer braunroten Farbgebung war bis 1939/40 im Katalog-Sortiment. Das Katalog-Deckelbild von 1936 zeigte neben einem Rennwagen und einem Flugzeug, beides Bestandteile des Märklin-Sortiments, einen unter dem Namen „Henschel-Wegmann-Zug" bekannt gewordenen Stromlinien-Dampfzug der DRG, der im gleichen Jahr

seinen Reisezugdienst zwischen dem Anhalter Bahnhof in Berlin und dem Dresdener Hauptbahnhof aufnahm. Märklins Mustermacher fertigten von diesem Zug eine Garnitur in der Baugröße 0. Wohl wegen der beengten Platzverhältnisse in den Wohnungen der Kunden wurden Lokomotive und Wagen passend zueinander verkürzt. Die stromlinienverkleidete Tenderlok reduzierte man um eine Treibachse auf die Achsfolge 2'B2', die Wagen auf eine Länge von 24,5 zentimeter. Gleichzeitig wurde der Vierwagenzug auf drei Einheiten verkürzt. Für eine Fertigung freigegeben wurde der Zug allerdings nicht. Es blieb bei einem Unikat, welches in das Archiv abwanderte.

■ Die „Hudson" für Nordamerika

Nicht nur für den nordamerikanischen Spielzeugmarkt bot Märklin von 1936 bis 1938 in der Nenngröße 0 eine markante stromlinienverkleidete Schnellzuglokomotive mit der Achsfolge 4-6-4 der Bauart „Hudson" nach einem Vorbild der New York Central (NYC) an. Der Name der Lok stand auf den Seitenflächen angeschrieben: „Commodore Vanderbilt". Der Namensgeber war Hauptaktionär der Bahngesellschaft. Diese äußerst elegant wirkende Lokomotive mit ihrem geschwungenen Radausschnitt und dem sechsachsigen Tender war seinerzeit als Märklin-Modell der absolute Wunschtraum vieler Jungen. Leider wurde beim Original — es handelte sich um ein Einzelstück — die Verkleidung kurze Zeit später wieder entfernt und formmäßig den übrigen verkleideten Maschinen der NYC angepasst. Eine handverlesene Stückzahl fertigte Märklin auch in der Nenngröße I. Allerdings wirkte sie nicht so elegant wie ihre kleinere 0-Schwester. Dazu trugen vermutlich auch die Tenderdrehgestelle bei. Wegen der geringen Stückzahl verzichtete man auf eine Sonderanfertigung der dreiachsigen Drehgestelle. Stattdessen verwendete Märklin für die I-Version die vorhandenen zweiachsigen Drehgestelle Bauart „Görlitz" der modernen, 57 Zentimeter langen Modell-D-Wagen der DRG.

■ Zwei „Hudson" in Dresden

Eine weitere Spezialität nach nordamerikanischem Vorbild hatte es bereits ein Jahr zuvor in der Nenngröße 0 gegeben: eine unverkleidete „Hudson" der gleichen Bahngesellschaft, abgeleitet vom Märklin-Modell der Baureihe 01, jedoch versehen mit allen typischen Merkmalen der US-Vorbildlok einschließlich passendem Tender. Es wird oft behauptet, dass Märklin diese Lokomotive nur für den nordamerikanischen Markt anfertigte. Dies ist jedoch nicht zutreffend. Spezielle Händler mit exklusiver Kundschaft bekamen auch solche Produkte angeboten, die nicht im Katalog-Sortiment geführt wurden.
So konnte beispielsweise der bekannte und geschätzte Dresdener Modelleisenbahner und Märklin-Kunde in 0 und 00(H0) Hans-Otto Voigt, einst Besitzer des Berg-Restaurants der

Die markante stromlinienverkleidete Schnellzuglokomotive der Bauart „Hudson" gab es nicht nur für den Export.

| 1850 | 1860 | 1870 | 1880 | 1890 | 1900 | 1910 | 1920 |

Elbestadt, dem „Louisahof", damals zwei Exemplare der „Hudson" beim Dresdener Spielwarenhändler B. A. Müller in der Prager Straße erwerben. Herr Voigt hatte diese Loks auf seiner großen Märklin-0-Vorführanlage regelmäßig im Dauereinsatz. Denn ab 1947, „in einer schweren Zeit", erfreute die Anlage im ehemaligen Armeemuseum jedes Jahr zur Dresdener Weihnachtsmesse die Stadtbevölkerung. Zu den vorgenannten Loks gab es — offiziell wiederum nur für die USA — entsprechende sechsachsige Schnellzugwagen der „Heavy Wight"-Bauart. Unter den drei verschiedenen Wagen befand sich auch einer mit offener Endplattform, wie ihn u. a. die US-amerikanischen Präsidentschaftskandidaten in der Vergangenheit für Wahlkampfreisen nutzten. Bei der Länge der Wagenmodelle gab es zwei verschiedene Ausführungen: eine lange mit ca. 50 Zentimetern und eine um 20 % verkürzte mit ca. 40 Zentimetern. Wie sagte seinerzeit schon der jüdische Gelehrte Joseph ben Akiba? — „Alles schon mal dagewesen!" — Auch im H0-Bereich gab es bekanntlich zwei Längenvarianten.

Initiator der amerikanischen Fahrzeugmodelle war damals Ing. Richard Albert Märklin (1896 — 1968), der in der Zeit von 1928 bis 1939 in New York eine Märklin-Verkaufsagentur leitete. Von ihm wurden für diese Sonder-Editionen auch entsprechende Katalogblätter herausgegeben.

■ Die große Zeit der Schnelltriebwagen

Bei Triebwagenzügen hielt sich Märklin noch bis Ende der 20er Jahre eher zurück. Es gab zwar in der Nenngröße 0 damals einen dreiteiligen elektrischen Privatbahn-Triebwagenzug nach schweizerischem Vorbild, womit die Auswahl allerdings schon erschöpft war. Damals ebenfalls lieferbar war ein Straßenbahnzug (Triebwagen mit so genanntem Lyra-Stromabnehmer und passenden Beiwagen) in Nenngröße 0 und eine dreiteilige Garnitur der „Köln Bonner Rheinuferbahn" in der Baugröße I. Letztere war in keinem Katalog enthalten und brachte es wohl auch nur auf eine kleine Fertigungsstückzahl. Beide Züge sind jedoch dem Thema Nahverkehr zuzuordnen.

Die Enthaltsamkeit des Herstellers änderte sich aber schlagartig mit dem Aufkommen des Schnellverkehrs in Deutschland Anfang der 30er Jahre. Kaum hatte der propellergetriebene Leichtbautriebwagen von Ing. Franz Kruckenberg seine ersten Fahrversuche unternommen, war er schon bei Märklin in 0 und I lieferbar: in 0 relativ kurz ausgeführt für enge Radien, in I erheblich länger und nur noch für den „großen Kreis" geeignet. Noch schneller

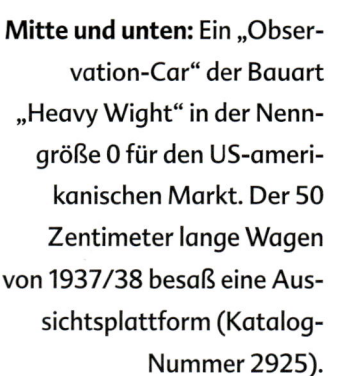

Mitte und unten: Ein „Observation-Car" der Bauart „Heavy Wight" in der Nenngröße 0 für den US-amerikanischen Markt. Der 50 Zentimeter lange Wagen von 1937/38 besaß eine Aussichtsplattform (Katalog-Nummer 2925).

1936   1940   1950   1960   1970   1980   1990   2000

Oben: Aussichts-Triebwagen der Deutschen Reichsbahn in der Nenngröße 0. Das Modell existiert lediglich als Handmuster aus dem Jahr 1938.

ging es beim zweiteiligen Schnelltriebwagen „Fliegender Hamburger", der sogar ein Jahr vor seiner offiziellen Inbetriebnahme zwischen Hamburg und Berlin als Märklin-Modell sowohl in 0 als auch in I im Handel war. Wohl dem Publikumsgeschmack entsprechend wurde er später auch dreiteilig und zusätzlich in anderen Farben angeboten. Beides entsprach allerdings nicht dem Vorbild.

Sowohl bei der Reichsbahn, als auch bei Märklin ging die Entwicklung der Schnelltriebwagen rasant weiter. Die zwei- und dreiteiligen Einheiten der DRG (Bauart Hamburg und Leipzig) wurden von Märklin aber nur noch in der Nenngröße 0 ins Modell umgesetzt. Die einzelnen Wagenteile der formschönen Züge konnten sehr einfach zusammengefügt und auseinander genommen werden. Ein auf den Endwagen angebrachter Lüfter wurde auf Wunsch gegen einen Pantographen ausgetauscht, was den Triebwagen in einen Oberleitungstriebwagen verwandelte. Für die Schweiz hatte man anstelle der violett-elfenbeinfarbenen Ausführung eine rote Version parat. Bis auf die letztgenannten Triebwagen konnten alle Fahrzeuge auch mit Federwerk-Antrieb geliefert werden. Ein vierachsiger Triebwagen mit schräg abfallenden Stirnfronten war dagegen eher für den kleinen Geldbeutel bestimmt. Letzte Triebwagen-Entwicklung und letzte Triebfahrzeug-Neuheit in der Nenngröße 0 überhaupt war eine Nachbildung des Schweizer Elektrotriebwagens „Roter Pfeil". Dieses und das vorgenannte Modell gab es wiederum zusätzlich auch mit Federwerk-Antrieb.

Nicht mehr in die Riege der Märklin-Triebwagen der Nenngröße 0 geschafft hat es gegen Ende der 30er Jahre ein Modell des bekannten elektrischen Aussichtswagens „Gläserner Zug". Von diesem Vorbild hatte Märklin bereits einen Prototypen angefertigt. Er steht heute wohlbehütet im Märklin-Museum. Nach dem Zwei-

Mitte: Schnelltriebwagen TW 66/12940/3 R in der Ausführung der Schweizerischen Bundesbahnen.

Unten: Schnelltriebwagen der Bauart „Hamburg" in der Nenngröße 0 aus den Jahren 1937 bis 1939/40 (TW 66/12940/2).

99

| 1850 | 1860 | 1870 | 1880 | 1890 | 1900 | 1910 | 1920 |

Oben: Englische Dampflok „Cock o' the North" mit der Achsfolge 2-8-2 der „London North Eastern Railway" (LNER) mit der Katalog-Nummer L 70/12920 aus den Jahren 1935 - 1937/38.

Unten: Die 40-Zentimeter-Rheingold-Wagen (obere Reihe) von Märklin aus dem Jahr 1939. In der Mitte ein dreiteiliger Schnelltriebwagen TW 66/12920 und unten die „Cock o' the North".

ten Weltkrieg wurde keines der 0-Triebwagen-Modelle wieder aufgelegt. Für die I-Triebwagen kam das Aus ja bereits 1937.

„Ausländer" der 30er Jahre

Zwei große Schnellzug-Schlepptenderlokomotiven nach französischen und englischen Vorbildern schuf Märklin in der Baugröße 0 gegen Mitte der 30er Jahre des 20. Jahrhunderts. So entstand 1934 eine 241 nach französischem Vorbild der damaligen Bahngesellschaft ETAT. Ursprünglich in schwarzer Farbgebung und vereinfachter Steuerung mit der Bezeichnung „ETAT" auf den Windleitblechen gekennzeichnet, wurde sie ein Jahr später auch in hellgrauer Lackierung und kompletter Steuerung offeriert. Die Windleitbleche zierten nun die Katalog-Buchstaben ME. Angeboten wurde diese Lokomotive, die auch beispielsweise in Deutschland gern gekauft wurde, bis 1939/40. Ein weiteres Glanzstück dieser Zeit war 1935 eine englische Lok mit der Achsfolge 1'D1' nach einem Vorbild der London North Eastern Railway (LNER). Geliefert wurde sie in schwarzer Lackierung mit der Betriebsnummer 2002 und in grüner Farbgebung mit der Betriebsnummer 2001 sowie der Zusatzbeschriftung „Cock o' the North". Sie blieb nur bis 1937 im Katalog-Programm. In der Regel hatte Märklin für englische Lokomotiven und Wagen in England feste Auftraggeber. So ist es auch verständlich, dass es für die „Cock o' the North" spezielle Schnellzugwagen in der braunmelierten Teaklackierung der Bahngesellschaft LNER gab. Der technische Aufbau dieser Wagen entsprach dem der Reichsbahn- bzw. Mitropa-Wagen mit einer Länge von 40 Zentimetern, wie sie Märklin von 1934 bis 1939/40 angeboten hatte.

Neue Güterwagen in 0 und I

Ab 1930 begann man in beiden Nenngrößen mit der Neugestaltung des Güterwagen-Sortiments. Zu diesem Zeitpunkt war das bisherige Sortiment mittlerweile in die Jahre gekommen. Lackierung und Beschriftung der größtenteils noch geätzten und handlackierten Fahrzeuge waren, bis auf wenige Ausnahmen, zu trist. Den Anfang machten im Jahr 1930 Güterwagen mit der neu eingeführten Bezeichnung „Modellform". Hierfür dienten die damals neuesten Güterwagen der Deutschen

1937 1940 1950 1960 1970 1980 1990 2000

Reichsbahn als Vorbild. Die Verbindung der Seitenwände des Gehäuses und das Zusammenfügen mit dem Wagenboden erfolgte durch angeformte Laschen. Lack und Beschriftung wurden im Lithoverfahren auf die Blechplatten vor dem Ausstanzen der Gehäuse aufgetragen. Das war für Märklin damals nicht mehr neu, da man bereits vorher für preiswerte Produkte nach diesem Verfahren arbeitete. Die zum Teil zahlreichen Aufschriften eines Original-Güterwagens ließen sich nun durch das akurate Aufdrucken von Buchstaben und Zahlen inhaltlich weitgehend vorbildgetreu wiedergeben. Auch die einfacheren, kürzeren Güterwagen wurden in das Erneuerungsprogramm mit einbezogen. Infolge ihrer „Farbfreudigkeit" fanden sie nicht nur unter preisbewussten Kunden ihre Käufer. Das Gleiche galt auch für die vierachsigen Güterwagen, die ebenfalls ein Facelifting erfuhren und in der vollkommen neu gestalteten Form nun zum begehrten Objekt vieler Modellbahnfreunde wurden. Einer der beliebtesten Wagen aus dieser Serie war von 1933 bis 1939/40 der funktionsfähige vierachsige Selbstentlade-Großraumwagen. Mit seiner Aufschrift „50 Tons" wurde die Besonderheit des Wagens noch unterstrichen, es handelte sich nicht um eine Referenz gegenüber US-amerikanischen Kunden. Ein Ganzzug mit sechs bis zehn Wagen war damals sicher der Wunschtraum vieler Jungen, heute ist er es nachweislich für viele erwachsene Spielbahner. Bis auf wenige Ausnahmen wurden die neuen Güterwagen, außer in 0, auch in der Baugröße I in das Programm aufgenommen. Die letzten beiden neuen I-Wagen waren 1937 die vierachsigen Kesselwagen der Marken Shell und Aral, entsprechend den 0-Modellen. In den letzten Jahreskatalog wurden sie jedoch nicht mehr aufgenommen. Die produzierten Stückzahlen der beiden Nachkömmlinge dürften auch nicht sehr groß gewesen sein, da ja die Spur I bekanntlich im Jahr 1938 aufgegeben wurde.

■ Reisezugwagen in 0 und I

Die Neugestaltung des Sortiments zweiachsiger Personenwagen und vierachsiger Schnellzugwagen lief nach den gleichen Kriterien ab wie bei den Güterwagen. In der zweiten Hälfte der 20er Jahre hatte man bereits begonnen, vorhandene D-Zugwagen zu modernisieren, indem man die Oberlichtdächer durch die

Oben links: Bananenwagen in der Nenngröße 0 aus den Jahren 1930 - 1953 mit der Katalog-Nummer 1792/0 aus der Serie „Modellform".

Oben rechts: Großraum-Kühlwagen in der Nenngröße 0 von 1937 - 1940 (Katalog-Nummer 1857/0).

Unten: Selbstentladewagen mit beweglichen Klappen in der Nenngröße 0 von 1933 - 1939/40 (Katalog-Nummer 1855/0).

101

| 1850 | 1860 | 1870 | 1880 | 1890 | 1900 | 1910 | 1920 |

Oben: „Leuna"-Kesselwagen in 0 aus dem Zeitraum 1934 bis 1940 (Katalog-Numer 1856/0).

Mitte: Druckplatte (Chromolithographie) vor dem Ausstanzen der Personenwagen von 1934 - 1954/55 (1725/0).

Unten: „Mitropa"-Schlafwagen in der Nenngröße 0 von 1934 - 1952/53 (1943/0).

Tonnendächer, wie die Reichsbahn sie ab 1923 eingeführt hatte, ersetzte. Die Erneuerung der zweiachsigen Personenwagen nebst Pack- und zugehörigen Postwagen begann 1932. Speziell für die schmale Brieftasche gab es ab 1934 auch schön lithographierte, zweiachsige rote Mitropa-Speise- und Schlafwagen, mit denen nicht wenige Kinder den Start ins Modellbahnhobby erlebten. Auch die Drehgestell-D-Wagen mit einer Länge von 24,5 Zentimetern brachte man im gleichen Jahr in einer vollkommen neuen Serie auf den Markt. Ihre Länge entsprach den vierachsigen Güterwagen, mit denen sie das Fahrgestell gemeinsam hatten. Sie verkauften sich gut und wurden bis zum Ende der Spur 0 im Jahr 1954/55 angeboten. In Verbindung mit der 2'B-Schlepptenderlok E 60/12920 (elektrisch angetrieben), der E 920 mit Federwerk-Antrieb oder der elektrischen 2'B1'-Lokomotive CS 66/12920 gaben sie geradezu klassische Zuggarnituren ab, zumal auch entsprechende Rheingold-Wagen sowie blaue Speise- und Schlafwagen der „Compagnie Internationale" verfügbar waren. Die Krönung aber waren die 1934 eingeführten 40-Zentimeter-Schnellzugwagen in der Nenngröße 0 bzw. die 57-Zentimeter-Wagen in der Nenngröße I. Mit ihren schweren Gussdrehgestellen der Bauart Görlitz entsprachen sie den damals neuesten Wagen dieser Art bei der Deutschen Reichsbahn. Neben roten Mitropa-Speise- und Schlafwagen gab es auch hier die blauen Wagen der „Compagnie Internationale". Die Wagen der Nenngröße 0 waren bis auf den blauen Gepäckwagen, der wegen der geringen benötigten Stückzahl handbemalt wurde, lithographiert. Für den blauen Packwagen wurde in der Regel ein vorhandener grüner Wagen werkseitig umlackiert und von Hand beschriftet. Die Wagen für die Nenngröße I waren infolge der niedrigen Stückzahlen alle handlackiert. Zierlinien trug man von Hand auf, Buchstaben und Ziffern waren in der Regel aufgestempelt. Ein passender Postwagen mit Oberlichtfenstern war nur in der Nenngröße 0 erhältlich. Während die Produktion der Spur-I-Wagen bereits mit der Einstellung dieser Baugröße 1937/38 auslief, war der Erwerb von Wagen in der Nenngröße 0 noch bis 1939/40 und dann wieder ab 1947 bis 1952/53 möglich. Nach dem Zweiten Weltkrieg wurden aber in der Regel keine Wagen mehr mit Rahmenbeschriftung wie in den 30er Jahren ausgeliefert. Alle 40-Zentimeter-Wagen lieferte Märklin, wie jene mit einer Länge von 24,5 Zentimetern, wahlweise auch mit Inneneinrichtung aus. Ausgenommen davon waren die Pack- und Postwagen, wobei die Ersteren über bewegliche Schiebetüren verfügten. Dank dieser Funktion war es möglich, die Wagen mit entsprechenden Gepäckstücken zu beladen, die Märklin natürlich auch im Sortiment hatte.

■ Der Erneuerer: Otto Bang-Kaup

Otto Bang-Kaup wurde am 25. April 1900 in Louvain/Belgien geboren. Aufgrund der da-

1938   1940   1950   1960   1970   1980   1990   2000

maligen politischen Entwicklung in Europa verschlug es die Familie 1914 nach Deutschland, den jungen Otto zu Verwandten nach Frankfurt/Main. Nach dem Abitur begann er auf Wunsch des Vaters ein Studium der Astronomie. Da er sich jedoch mehr zur Technik hingezogen fühlte, wechselte er in das Studienfach Maschinenbau, das er als diplomierter Ingenieur an der Hochschule in Darmstadt beendete.

Bereits in seiner Jugend begeisterten ihn zwei Dinge: der Märklin-Metallbaukasten und die „Miniaturisierung" der großen Eisenbahnen. Schon während seiner Hochschulferien gestaltete er Schaufensteranlagen mit Märklin-Produkten und gewann bei einem Wettbewerb der Firma Märklin den ersten Preis: eine Reise zum damals schon weltbekannten Hersteller nach Göppingen.

1925 bewarb er sich bei Märklin und wurde prompt eingestellt. Eine der ersten Arbeiten im Unternehmen war die Einführung des gefahrlosen 20-Volt-Betriebes bei Märklin-Eisenbahnen. Im Jahr 1929 wurde Bang-Kaup zum Leiter der damals neu geschaffenen Abteilung für Entwicklung und Konstruktion ernannt. Bereits ein Jahr später zeigten sich die ersten Ergebnisse seiner Arbeit. Das Sortiment an Spielzeug-Eisenbahnen, das bis dahin eher einen recht freizügigen, wenn nicht gar stark verspielten Eindruck machte, wurde ab 1930 Zug um Zug nach real existierenden Vorbildern ausgerichtet. Gleichzeitig ging man zu rationelleren Fertigungsmethoden über, die eine preiswertere Herstellung und demzufolge auch eine größere Verbreitung ermöglichten. Bang-Kaup gelang es, das gesamte Märklin-Sortiment, welches ja nicht nur Eisenbahnen, sondern auch Metallbaukästen, Dampfmaschinen sowie Automodelle und allgemeine Spielwaren beinhaltete, in den 30er Jahren vollkommen neu zu gestalten. Die Firmenkataloge dieser Zeit belegen dies in eindrucksvoller Weise. Eine Herausforderung der besonderen Art war für ihn die Entwicklung der elektrischen Miniatur-Tischbahn in der Nenngröße 00(H0), die sich seit ihrer Markteinführung im Jahr 1935 zum Hauptumsatzträger des Unternehmens entwickelte. Neben seiner Tätigkeit als Entwicklungschef, arbeitete er u. a. im Verband deutscher Elektrotechniker e. V. (VdE) mit.

Als ab 1949 die ersten Normen-Tagungen des Verbands Deutscher Modell-Eisenbahn-Clubs e. V. (VDMEC) ins Leben gerufen wurden, war Bang-Kaup auch dort ständiger Mitarbeiter. Die rasante Weiterentwicklung der Märklin-H0-Bahn wurde allerorts mit regem Interesse und Begeisterung aufgenommen. Ein Großteil dieses Erfolges entfiel auf die Arbeit der Entwicklungsabteilung und seines Leiters, der leider viel zu früh aus dem Leben gerissen wurde.

Auf der Fahrt zur Nürnberger Spielwarenmesse 1951 wurde Bang-Kaup bei Feuchtwangen unverschuldet Opfer eines Autounfalls. Er verstarb am 26. Februar 1951 an den Folgen seiner Verletzungen. ▲

Oben: „Mitropa"- und Reichsbahn-D-Zugwagen mit einer Länge von 24,5 Zentimetern.

Mitte und unten: Otto Bang-Kaup, im August 1946 auf dem Führerstand einer 03.10.

Geschichte des Märklin-Metallbaukastens

Der Durchbruch des Konstruktions-Baukastens auf breiter Front verbindet sich mit dem Namen des englischen Tüftlers Frank Hornby, zumal er der eigentliche Vater des Metallbaukastens ist. Ihm ließ es keine Ruhe, dass sich die ersten zeitgenössischen Metallbaukästen aufgrund der komplizierten Verbundtechnik für Kinder und Jugendliche wenig eigneten oder die vorhandenen Teile häufig nur für den Bau eines Modells benutzt werden konnten.

Besonders lag ihm aber am Herzen, die bisher fehlenden, drehenden Teile zu ergänzen, das „dynamische Moment", was über den Bau rein statischer Modelle hinausging. Sein System umfasste genormte Streifen aus Metall mit einer Reihe von Bohrungen in gleichen Abständen in der Mitte. Zu den Lochstreifen gehörten noch Schrauben und Muttern als Verbindungselemente. Durch ein entsprechendes Sortiment an Wellen und Rädern bestand die Möglichkeit, bewegliche Modelle zu bauen, was die Attraktivität seiner Entwicklungen erheblich steigerte. Die Schraubtechnik galt hierbei — obwohl im Baukastenbereich eigentlich naheliegend — als revolutionär.

Ein Minex-Baukasten von 1939 bis 1941. Dieses System wurde in der halben Größe des Metallbaukastens produziert.

Oben: Die beiden Jungs sind gerade dabei, durch das Bauen nach Vorlagen Technik spielend zu erlernen. Die Aufnahme stammt aus den 50er Jahren.

Die Meccano-Baukästen

Anfang 1901 erhielt Hornby das Patent auf seine Erfindung und vertrieb die Baukästen zunächst unter dem Namen „Mechanics Made Easy", ließ es jedoch am 7. September 1907 unter dem Namen „Meccano" offiziell registrieren. 1908 gründete er die Meccano Ltd., die ein überaus erfolgreiches und international operierendes Unternehmen wurde. Das Meccano-System konnte sich weltweit als der Metallbaukasten etablieren, doch wurde der Erfolg zumindest im Deutschen Reich durch den Ausbruch des Ersten Weltkriegs 1914 schlagartig unterbrochen; das Reich ließ die Meccano-Niederlassung in Berlin auflösen, deren Bestände wurden als „Feindvermögen" konfisziert.

Am 15. August 1917 erwarb Märklin offiziell die Bestände sowie den Meccano-Markenschutz von der deutschen Reichsregierung und integrierte das Sortiment in das eigene, seit 1914 bestehende. Die von Hornby eingeführten Maße wurden beibehalten. Am 16. Februar 1918 ließ Märklin das Warenzeichen „Meccano" in die Zeichenrolle des Kaiserlichen Patentamtes eintragen. Sofort nach Kriegsende ging die Firma Märklin mit Energie und hohem Qualitätsanspruch an die Pflege und den Ausbau des Sortiments heran. Im Katalog von 1919 wurde das Programm erstmals unter dem Namen „Metall-Baukasten Märklin" angeboten.

Unten: Das Testmuster für ein Riesenrad entsteht unter den geschickten Händen dieser beiden jungen Damen.

| 1850 | 1860 | 1870 | 1880 | 1890 | 1900 | 1910 | 1920 |

Oben: Fleißige Hände beim fachgerechten Einpacken eines Metallbaukastens.

Unten: Einladungskarte zur Spielwarenmesse 1954. Die Lok CM 800 treibt ein Riesenrad aus dem Metallbaukasten-Sortiment an.

■ Farbe kommt ins Spiel

Erstmals 1929 wurden alle Kästen auch mit farbig lackierten Teilen angeboten. Bestimmte Farben standen für spezielle Meccano-Bauelemente. Grün wurde zum Beispiel für die Flach- und Bogenbänder sowie Winkelträger verwendet. Blau nahm man für die runden Platten und Räder, Rot beispielsweise für Rechteck- und Kombiplatten sowie Schnurlaufräder. Schwarz stand zum Beispiel für Winkel, Muffen, Verbindungsteile usw. Schrauben, Muttern, Zahn-, Kron- und Kettenräder wurden im messingfarbenen Zustand belassen. Die Artikelnummerierung und der Inhalt der farbigen Kästen blieben gegenüber den schwarzen unverändert. Die schwarzen Kästen erhielten den Zusatz „S", die farbigen ein „F".

■ Neue Produkte

Pflegte und vergrößerte die Firma Märklin in den 20er Jahren im Wesentlichen die einmal geschaffenen Sortimentsstrukturen kontinuierlich, so waren die 30er Jahre durch die Einführung der neuen Baukasten-Konzepte „ELEX", „MARBI" und „MINEX" geprägt, während das Standardprogramm keine gravierenden Änderungen mehr erfuhr. ELEX kam 1931/32 auf den Markt und wurde

Oben: Diese Aufnahme zeigt einen der Märklin-Metallbaukästen aus den 50er Jahren.

als ein in sich geschlossenes Experimentiersystem vorgestellt, das „... die Grundgesetze von Magnetismus und Elektrotechnik in spielender Weise erklärt; Fernsprecher, Klingelanlagen, elektrische Meßinstrumente, Morse-Telegraph, ... und eine Menge derartiger uns täglich umgebender Dinge verlieren ihre Geheimnisse und werden nach Ursache und Wirkung zu klaren und selbstverständlichen Erscheinungen. In Verbindung mit dem Märklin-Metallbaukasten bietet sich eine fast unerschöpfliche Fülle von Verwendungsmöglichkeiten".

Aufgelegt wurden zwei Grund- und ein Ergänzungskasten (Nr. 501, 501 A, 502). ELEX wurde bis 1962 fortgeführt und dann eingestellt. Um auch den jüngsten Bastlern und vor allem den weniger begüterten Kunden den Einstieg in die Metallbaukasten-Welt zu erleichtern, erschien 1933/34 das System MARBI, der „kleine Märklin-Metallbaukasten". MARBI stand für „Märklin billig". Der Inhalt der Kästen eignete sich für den Bau einfachster Modelle. MARBI zeichnete sich durch einen besonders niedrigen Preis aus. Die beiden Kästen kosteten in den 30er Jahren jeweils eine Reichsmark. Die Teile wurden blank belassen, waren aber „nach Qualität, Maßen, Lochung" usw. den übrigen Märklin-Metallbaukästen exakt angepasst, zu denen MARBI die „Vorstufe" bildete. Das MARBI-Programm wurde bis zum Kriegsbeginn angeboten, nach dem Kriege aber nicht mehr aufgelegt.

Dem Trend zur Verkleinerung im Modellbahnbereich, der 1935 mit der Einführung von H0 einsetzte, wollte man offenbar auch im Metallbaukastenbereich folgen. Daher wurde 1939/40 der „Miniatur-Metallbaukasten MINEX" aus der Taufe gehoben. Zudem sollte hierdurch dokumentiert werden, dass man auch in Sachen Metallbaukasten mit der Zeit ging, denn der Inhalt dieser Kästen bestand im Wesentlichen aus extrem leichten Aluminium-Legierungen. Zeitzeugen berichteten jedoch später, dass die Verkleinerung der Teile und der Wechsel des Materials nicht zuletzt aufgrund der angeordneten Materialbewirtschaftung geschah. Der Zweite Weltkrieg

Unten: Aus Teilen des Märklin-Metallbaukastens ließ sich beispielsweise auch ein Rennwagen, wie dieser Mercedes 300 SL, zusammenbauen.

| 1850 | 1860 | 1870 | 1880 | 1890 | 1900 | 1910 | 1920 |

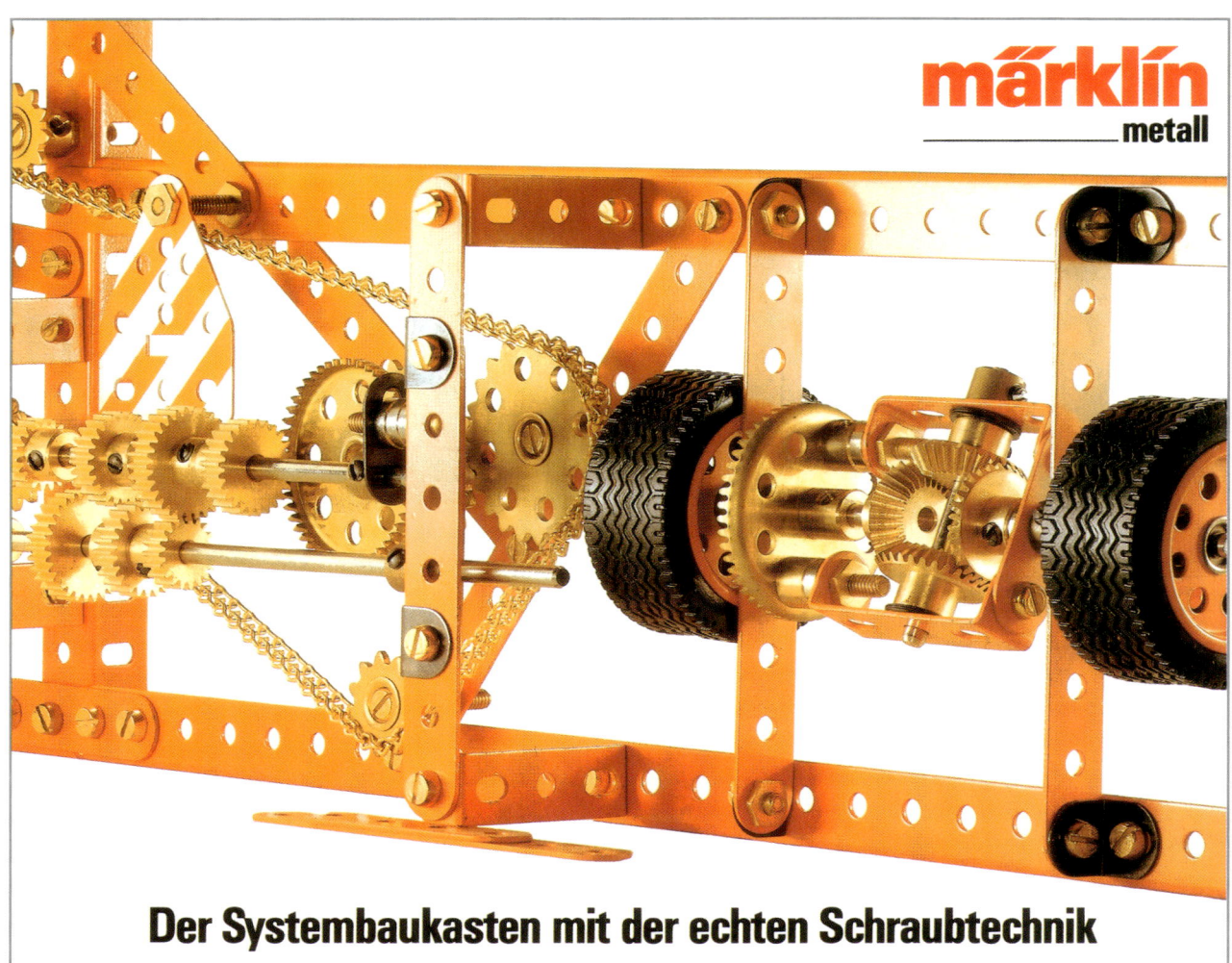

Oben: Mit Hilfe des Märklin-Metallbaukastens konnte eindrucksvolle Antriebstechnik realisiert werden, wie hier in Form eines Zahnrad- und Kegelradgetriebes mit Kettenantrieb.

Unten: Ein Mercedes SSK-Sportwagen. Gebaut von Hans-Peter Kuhlo nach Märklin- Vorlage. Dieser Wagen konnte ferngesteuert werden.

warf seine Schatten voraus, der Werkstoff Metall wurde für die Rüstungsindustrie gebraucht.

Alle Lochbänder sowie der Lochabstand von MINEX-Teilen waren exakt halb so groß wie beim „großen Bruder", das Gewicht reduzierte sich etwa auf ein Zehntel. Da die Anzahl der Löcher trotz Miniaturisierung jedoch gleich gelassen wurde, kamen also auf je drei Loch eines MINEX-Bandes zwei Loch eines normalen Baukastenbandes. Damit war sichergestellt, dass die Teile aus beiden Sortimenten miteinander kombiniert werden konnten.

■ Die Entwicklung nach 1947

Die 40er Jahre wurden zum einen von der Kriegswirtschaft überschattet, der auch die Firma Märklin ihren Tribut zollen musste, zum anderen standen sie im Zeichen des Nachkriegsmangels. So konnte das Metallbaukasten-Programm noch ca. ein bis zwei Jahre nach Kriegsende nicht gefertigt werden, da es an allem erforderlichen Material wie Blech, geeigneter Farbe und Verpackungsmaterial fehlte; die verfügbaren Blechqualitäten konnten den Anforderungen des Metallbaukastens nicht genügen.

Im Jahr 1947 meldete sich Märklin mit einem neuen Metallbaukasten-Programm zurück. Zu den wesentlichen neuen Elementen zählten quadratische, rechteckige, halbkreis- und trapezförmige Verkleidungsplatten, die in Blau/Aluminium und Rot/Elfenbein erhältlich waren.

Das umfangreiche Sortiment erreichte in den 50er Jahren eine zweite Blütezeit. Es wurde allerdings in diesem Umfang nur bis 1961 aufrecht erhalten. 1962 wurden die ELEX-Kästen aus dem Programm genommen.

■ Die Themen-Baukästen

1975/76 wurde das Metallbaukasten-Sortiment von Märklin grundlegend überarbeitet. Neben einem veränderten Packungsinhalt kamen in den kommenden Jahren immer mehr Themenkästen ins Sortiment.

Zu den spektakulären Großmodellen gehörten Objekte, die in Holzkisten geliefert wurden. Erstes Modell dieser Serie war der „Groß-Baukasten Eiffelturm" mit über 4000 Teilen (1989), das Wasserflugzeug Do-X mit über 4700 Einzelteilen (1991) und der Mississippi-Dampfer mit ebenfalls über 4700 Teilen (1992). Letztes Modell war das so genannte Nostalgie-Flugzeug „La Manche" im Jahr 1999. Das nachlassende Interesse an Metallbaukästen veranlasste die Firma Märklin letztendlich, den Metallbaukasten ganz aus dem Standardprogramm zu nehmen. Noch vorhandene Lagerbestände wurden zwischenzeitlich abverkauft. ▲

Mit den Themen-Baukästen ließen sich berühmte Vorbilder fertigen, wie beispielsweise die „Adler"-Lokomotive (1978).

Der „Stuttgarter"

Für das Jahr 1930 hatte Märklin für seine 0- und I-Bahnen das moderne Gebäude eines Großstadtbahnhofes neu in das Sortiment aufgenommen. Jeder, dem das Vorbild vertraut war, erkannte es als Empfangsgebäude des Stuttgarter Bahnhofs. In den Katalogen von 1930 bis 1937 wurde es immer nur als Großstadt-Bahnhof, jedoch mit dem Zusatz „äußerst wirkungsvolle Nachbildung eines modernen Bahnhofsgebäudes" beschrieben. Erst 1938 erscheint im Katalog die Bemerkung „nach dem Vorbild des Hauptbahnhofs in Stuttgart".

Das Modell bestand wegen seiner Ausmaße und wahrscheinlich auch aus fertigungstechnischen Gründen aus zwei Teilen. Turm und Dächer waren abnehmbar. Mit Rücksicht auf den Verkaufspreis konnten beide Teile einzeln erworben werden. Zum Spielen reichte schon aus Platzgründen in der Regel auch ein Teil aus und so wurde vom so genannten Turmteil letztlich auch eine größere Stückzahl produziert. Neben dem Bahnhof, der größenmäßig der 0-Bahn zugeordnet war, produzierte man bis zum Auslauf der I-Produktion im Jahre 1938 noch eine zweite Version mit größeren Abmessungen für diese voluminöse Baugröße. Die Stückzahlen fielen allerdings bescheidener aus. Beide Bahnhöfe waren in der Längenausdehnung verkürzt, da eine maßstäbliche Länge zu viel Raum beansprucht hätte und vom Kunden sicher auch nicht gewünscht war. Die Proportionen der beiden Bahnhöfe waren jedoch sehr ausgewogen, was wiederum für das richtige Gespür von Mustermacher und Konstrukteur sprach. Auf Ausstattungs-Anlagen standen die Bahnhofsgebäude stets im Mittelpunkt. Ab 1938 wurde die 0-Version auch offiziell für die 00(H0)-Bahn angeboten.

■ Symmetrischer Aufbau der Seitenflügel

Entgegen den örtlichen Gegebenheiten in Stuttgart waren Empfangs- und Wandelhalle beider Modelle und ihrer Teilstücke identisch, d. h. symmetrisch und spiegelbildlich ausgeführt. In Wirklichkeit ist jedoch der linke, so

Stuttgarter Bahnhof in der Nenngröße I aus den Jahren 1930 bis 1937/38, hier die Ansicht von der Straßenseite aus.

1930 1940 1950 1960 1970 1980 1990 2000

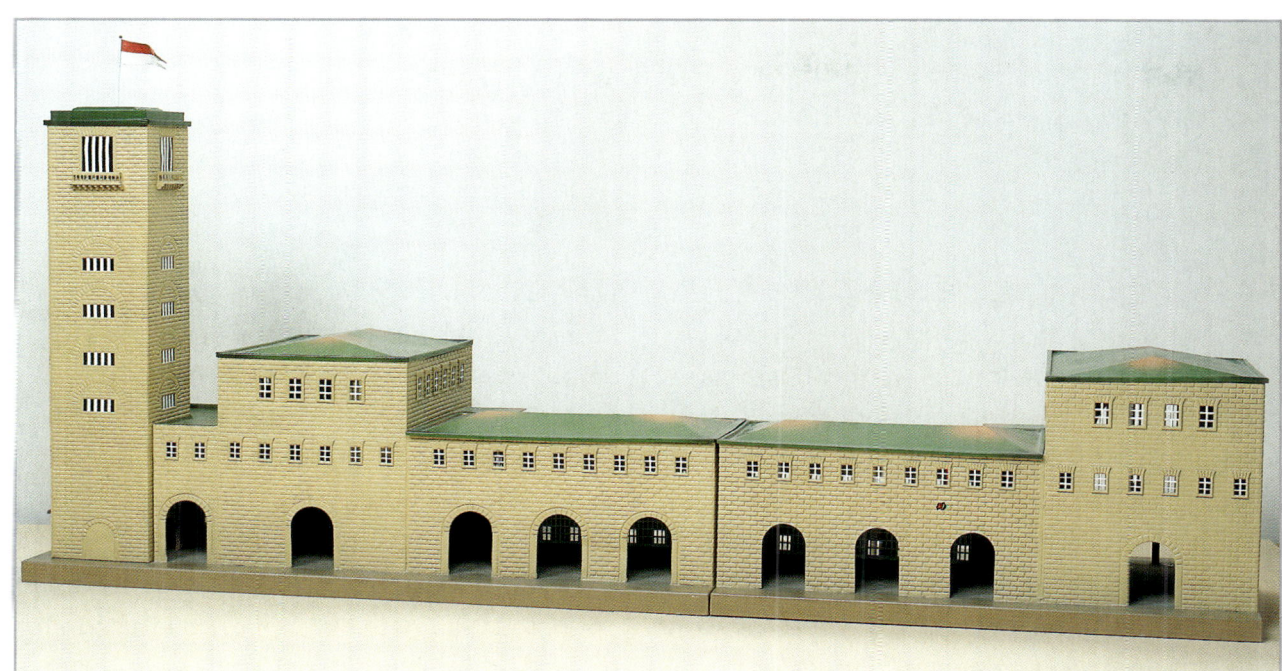

Oben: Stuttgarter Bahnhof in der Nenngröße I von 1930 - 1937/38, diesmal von der Gleisseite aus gesehen.

genannte Nahverkehrsteil gegenüber dem rechten Fernverkehrsteil etwas kleiner ausgeführt. Im ersten Nachkriegskatalog von Märklin aus dem Jahre 1947 war das Bahnhofsmodell entsprechend geändert. Allerdings blieb es nur bei der Ankündigung, der „Stuttgarter" wurde nicht mehr produziert. Die Vermutung liegt nahe, dass es nur ein eigens angefertigtes Handmuster war. Werkseitig hatte man zwischenzeitlich einem neu konstruierten, ebenfalls zweiteiligen Empfangsgebäude (415/419) den Vorzug gegeben. Während der Niederschrift dieser Zeilen tauchte eine Händler-Einladungskarte vom Februar 1930 auf, mit der für den Besuch der Leipziger Frühjahrsmesse geworben wurde. Im Inneren des Faltblattes befindet sich ein Bild des Bahnhofs, wie ihn Märklin später auch im 47er Katalog abgebildet hat. Der Text weist dabei auch auf das Vorbild (Modell Stuttgart) hin. Es handelt sich also bei der 1947 veröffentlichten Abbildung um eine Aufnahme des Urmodells von 1929/30. Wo das Unikat mit dem vorbildgerechten, anders gestalteten linken Ergänzungsteil verblieben ist, konnte bis heute nicht geklärt werden. ▲

Unten: Die Einladungskarte zur Leipziger Frühjahrsmesse 1930 zeigte u. a. den Stuttgarter Bahnhof. Es war die erste Abbildung dieses Modells.

Federwerk-Antriebe

Federwerke, besser bekannt unter der Bezeichnung Uhrwerk-Motoren, gibt es in der Spielzeugbranche schon seit über 100 Jahren. Bekanntlich war auch die erste Märklin-Lokomotive von 1891, das „Storchenbein" federwerkgetrieben. Diese Antriebsform hat sich bei Märklin in kleinen Stückzahlen noch bis Mitte der 50er Jahre gehalten. Sie wurde in den 65 Jahren ihrer Anwendung in Spielzeuge aller Art und vor allem in Spielbahn-Lokomotiven eingebaut. Es war die preiswerte Alternative zur elektrischen Eisenbahn. Man darf nicht vergessen, dass es vor dem Zweiten Weltkrieg in Deutschland — selbst in Großstädten, wo man es gar nicht vermutete — Haushalte gab, die über keinen elektrischen Lichtanschluss verfügten. Auch die noch vielerorts vorhandenen Gleichstromnetze verteuerten den Kauf durch die erforderliche Anschaffung von Zusatzgeräten dermaßen, dass man auf die elektrische Eisenbahn verzichtete und mit der billigeren Federwerk-Bahn vorlieb nahm. Auch so genannte Schwachstrombahnen, die mit vier Volt betrieben werden konnten, fanden wenig Abnehmer, weil das ständige Aufladen der Batterie als lästig empfunden wurde.

So ist es nicht verwunderlich, dass Märklin noch im letzten Vorkriegskatalog von 1939/40 in der Nenngröße 0 einige Federwerk-Lokomotiven und entsprechende Zugpackungen vorhielt. Um 1938/39 unternahm man bei Märklin noch Versuche, einen solchen Antrieb auch in eine 2'C1'-Schnellzuglokomotive im 00(H0)-Maßstab einzubauen, realisierte dieses Vorhaben jedoch nicht.

Nach dem Zweiten Weltkrieg wurde das spärlich verbliebene Federwerk-Sortiment in der Nenngröße 0 ab 1949 aus den Katalogen für „Die große Spurweite" herausgenommen und in den Gesamtkatalog mit Schwerpunkt H0 eingegliedert. Einen Versuch von 1953, eine Federwerk-Bahn in Nenngröße H0 auf dem Markt zu etablieren, gab man 1956 wieder auf. Damit war auch das Ende der Märklin-Bahn mit Federwerk-Antrieb gekommen. ▲

Englische Tenderlokomotive „Stephenson" mit der Achsfolge 4-6-4 und Federwerk-Antrieb in der Nenngröße I (TK 1021).

1930　　1940　　**1956**　　1960　　1970　　1980　　1990　　2000

Oben: Reichsbahn-Lokomotive in 0 mit Federwerk-Antrieb aus den Jahren 1933 bis 1954/55 in der Ausführung von 1933 - 1936/37 (Katalog-Nummer E 66/12920).

Mitte: Schnellboot mit Federwerk-Steuerung.

Unten: Das „kleine Krokodil" in der Nenngröße 0 mit Federwerk-Antrieb aus den Jahren 1934 - 1939/40 (F.V 920).

113

Kompetenz und Erfahrung

Zu den führenden Köpfen bei Märklin, die in der langen Firmengeschichte die Geschicke des Unternehmens mitbestimmten, gehörte auch Max Scheerer, Geschäftsführer und Schwiegersohn des Märklin-Mitinhabers Emil Friz. Dem verdienstvollen Wirken Max Scheerers widmete sich ein Artikel der Fachzeitschrift „Das Spielzeug" in der Ausgabe vom Juli 1956:

„Der Fabrikant Max Scheerer ist kurz vor Vollendung seines 75. Lebensjahres als Geschäftsführer der Firma Gebr. Märklin & Cie., GmbH., Göppingen, in den Ruhestand getreten. Max Scheerer hat sich in den 36 Jahren seiner Tätigkeit bei der Firma Märklin & Cie. um die Aufwärtsentwicklung des Unternehmens große Verdienste erworben und hat wesentlich dazu beigetragen, daß die Erzeugnisse der Firma Märklin & Cie. als deutsche und schwäbische Wertarbeit überall in der Welt bekannt und beliebt wurden. Durch seine verständnisvolle Haltung und die hohen menschlichen Qualitäten als Geschäftsführer war er bei allen Betriebsangehörigen besonders beliebt. Max Scheerer hat sich auch jahrzehntelang in uneigennütziger Weise im öffentlichen und gesellschaftlichen Leben ehrenamtlich betätigt und verdient gemacht.

Trotz seines Alters hat er in vorbildlicher Weise in den Selbstverwaltungsorganen der gewerblichen Wirtschaft mitgewirkt. Er war Mitglied der Gremien des Wirtschaftsverbandes Eisen-, Blech- und Metallwaren-Industrie e. V., des Verbandes Württ.-Bad. Metallindustrieller sowie des Sozialrechtlichen Landesverbandes der Industrie Baden-Württemberg; er gehörte einige Jahre lang dem Beirat der Industrie- und Handelskammer Stuttgart und seit Bestehen der Kammergeschäftsstelle Göppingen auch dem Beirat dieser Geschäftsstelle an. Auf allgemeinen Wunsch aller Mitglieder hat Max Scheerer für ein weiteres Jahr den Vorsitz im Aufsichtsrat der Deutschen Spielwarenfachmesse eGmbH., Nürnberg, beibehalten.

Für all diese Verdienste und in Anerkennung seiner Tätigkeit um die Entwicklung der Firma Gebr. Märklin & Cie., GmbH., wurde Max Scheerer 1953 mit dem Großen Verdienstkreuz des Bundesverdienstordens ausgezeichnet."

▪ Dr. Carl G. Ehmann — die graue Eminenz

Ihre Exporterfolge verdankt die Firma Märklin kompetenten und rührigen Männern, wie Dr. Carl G. Ehmann. Durch seine zahlreichen Auslandsreisen und insbesondere die Leitung der Pariser Märklin-Filiale in den Jahren vor dem Ersten Weltkrieg trug er wesentlich dazu bei, den Status des Unternehmens als Weltfirma zu begründen. In einem Artikel der

Verleihung des Bundesverdienstkreuzes an Dr. Carl G. Ehmann (links) durch den Göppinger Oberbürgermeister (rechts). In der Mitte ist Geschäftsführer Max Scheerer zu sehen.

Zeitschrift „Das Spielzeug" in der Dezemberausgabe des Jahres 1956 konnte man Folgendes über Ehmann nachlesen:

„Carl G. Ehmann, in Firma Gebr. Märklin & Cie. GmbH, Göppingen, feiert am 21.12.1956 seinen 75. Geburtstag. Seit nahezu 55 Jahren ist der Jubilar aufs engste mit der Weltfirma Gebr. Märklin & Cie. verbunden. Schon fünf Jahre nach seinem Eintritt in die Firma übernahm Carl G. Ehmann die Filiale der Firma Märklin in Paris, die er dann infolge des Kriegsbeginns im Jahre 1914 aufgeben mußte. Nach seinem Kriegsdienst und anschließender Tätigkeit im Stammhaus, wo er sich hauptsächlich dem Ausbau und der Weiterentwicklung des Metallbaukastens sowie der Herausgabe der Märklin-Kataloge widmete, ging er 1923 erneut nach Paris, um dort die Filiale wieder aufzubauen. Die stete Aufwärtsentwicklung der Firma Märklin zu einer der bekanntesten Spielwarenfirmen in allen Ländern der Erde ist das stolze Ergebnis weitreichender und qualifizierter Fachkenntnisse und seltener Organisationsgabe von Spielwarenfachleuten, zu denen der Jubilar gezählt werden muß.

Gleichfalls große Verdienste erwarb sich Carl G. Ehmann hinsichtlich des fachlichen Zusammenschlusses, wo er maßgeblich an der Gründung der Arbeitsgemeinschaft Spielwarenindustrie auf Bundesebene beteiligt war. Als im Herbst 1949 der Gedanke der Schaffung einer deutschen Spielwaren-Fachmesse in Nürnberg auftauchte, war er einer der ersten, die diesen Plan tatkräftig unterstützten. Noch heute ist der Jubilar Vorsitzender des Württ.-Badischen Spielwaren-Industrie-Verbandes e. V., Stuttgart, stellvertretender Vorsitzender des Verbandes Deutscher Spielwaren- und Christbaumschmuckindustrie e. V., Nürnberg, und er gehört dem Exportausschuß 34, Spielwaren und Christbaumschmuck, an. Außerdem war Carl G. Ehmann Vorstandsmitglied der Deutschen Spielwaren-Fachmesse eGmbH, Nürnberg, wo er im Zuge der Verringerung des Vorstandes am 1. Oktober 1955 freiwillig zurücktrat.

Der Jubilar hatte während seiner Reisetätigkeit, die sich vor allem auf die Länder Frankreich, Belgien, Luxemburg und die Schweiz erstreckt und die seine Haupttätigkeit in den letzten Jahren darstellt, gute Erfolge zu verzeichnen.

Dem verdienstvollen Spielwarenfachmann Carl G. Ehmann übermitteln wir zu seinem Ehrentag die herzlichsten Glückwünsche!"

Einladungskarte zur Deutschen Spielwarenmesse in Nürnberg 1952.

Unikate der Mustermacherei

Als sich 1935/36 abzeichnete, dass die neue Märklin-Miniatur-Tischbahn 00 (H0) der Zukunftsrenner werden würde, genoss das neue Produkt im Haus absolute Priorität. Für die großen Baugrößen 0 und I wurde nur noch das herausgebracht, was schon im Werden war und was man ohne allzu großen Aufwand dem entsprechenden Kundenkreis, der ja auch noch etwas Neues wünschte, liefern konnte. Die Mustermacherei war nun emsig damit beschäftigt, nach entsprechenden Vorgaben der Konstruktionsabteilung Handmuster von Loks, Wagen und Zubehör für die 00-Bahn anzufertigen. Anhand der Muster konnte man zum Beispiel schon feststellen, was antriebs- und fahrtechnisch möglich war bzw. wie ein Vorbildfahrzeug im Modell wirkte. So wurde auch der zu erwartende Verkaufserfolg abschätzbar.

In dieser Zeit entstanden u. a. drei der bereits erwähnten 2'B-Schlepptenderlokomotiven mit der geplanten Katalog-Bezeichnung E 700, der schweizerische Elektro-Schnelltriebwagen „Roter Pfeil" (RP 700) und die „Krokodil"- Lokomotive (CCS 700), die entsprechend den Modellen der Baugröße 0 und I an je einer Treibachse pro Gelenk verkürzt war und deren Antriebskonzept sich 1950 bei der Elektrischen Lokomotive E 44 (SE 800) und verschiedenen Nachfolgetypen wiederfand. Imposant auch ein dreiteiliger Schnelltriebwagen der Reichsbahn-Bauart „Leipzig", dessen

Oben: Handmuster einer geplanten englischen Stromlinienlokomotive (Coronation Scott) in der Nenngröße 0. Das in den 30er Jahren geplante Modell sollte die Achsfolge 4-4-2 erhalten.

Unten: Ebenfalls aus den 30er Jahren stammt dieses Handmuster eines Straßenbahnzuges (Trieb- und Beiwagen) in der Nenngröße 0.

1936   1940   1950   1960   1970   1980   1990   2000

Oben: Aus dem Jahr 1936 stammt das Handmuster des Triebwagens der SBB, „Roter Pfeil."

Mitte: Das berühmte Schweizer Krokodil CCS 700 als Handmuster (1936/37).

Unten: Der Portalkran 464 (00) auf Führungsschienen (Handmuster vor 1938/39).

| 1850 | 1860 | 1870 | 1880 | 1890 | 1900 | 1910 | 1920 |

Oben: Modell der schweren Güterzuglokomotive G 800 in H0 (00) als Handmuster aus dem Jahr 1939.

Mitte: Schlafwagen der Südafrikanischen Eisenbahn. Dieses Handmuster eines Schürzen-Schnellzugwagens stammt aus dem Jahr 1939.

Unten: Handmuster der geplanten E 18 in der Nenngröße 0, gefertigt Ende der 30er Jahre.

1939 | 1940 | 1950 | 1960 | 1970 | 1980 | 1990 | 2000

Oben: Kombinierbare Brückenkonstruktion für die Baugröße H0 (00) aus dem Jahre 1938/39.

Mitte: Messing-Handmuster eines H0-Brückenpfeilers von 1948.

Unten: Das erste Antriebsmodell (Chassis) der Krokodil-Lokomotive CCS 800 (1946/47).

| 1850 | 1860 | 1870 | 1880 | 1890 | 1900 | 1910 | 1920 |

Oben: Das Handmuster der legendären Krokodil-Lokomotive CCS 800 aus dem Jahr 1947.

Unten: Zwei Fahrtrichtungsanzeiger für die Baugröße H0 (00), gebaut Ende der 30er Jahre.

Gehäuseteile wie beim Vorbild auf einem gemeinsamen Mitteldrehgestell, dem so genannten Jacobs-Drehgestell, ruhte.

■ Muster für preisgünstige Modelle

Es gab sicherlich gute Gründe, warum es mit der Umsetzung der Serienmodelle vorerst nichts wurde. So kam das „Krokodil" 1947 auf den Markt und der „Rote Pfeil" musste gar bis 1985 warten, bis er wahlweise in schneller und langsamer Version über die Modellbahnanlagen sprinten konnte. Auch für zwei neue zweiachsige Lokomotiven, die man aus Preisgründen unbedingt im Sortiment haben musste, wurden Muster angefertigt: erstmals eine Tenderlok (T 700) und eine moderne E-Lok, eine verkürzte E 18 ohne Laufachsen, die wahrscheinlich die Katalogbezeichnung RS 700N bekommen hätte. Beide Modelle, noch 1937 mit der 700er Schaltung angefertigt, fanden ein Jahr später als T 800 und RS 800 mit neuer Umschalttechnik Einzug in das Sortiment.

■ Umsetzen aktueller Vorbilder

Mit der 1938 vollzogenen Umstellung von der 700er Schaltung auf die neue „Perfekt-Schaltung 800" hatte man auch in der Mustermacherei alle Hände voll zu tun. Um Platz für den neuen Fahrtrichtungs-Umschalter zu schaffen, musste der Motor verlagert und um 45° gedreht werden. Dies hatte umfangreiche Änderungen und Neuanfertigungen von Druckgussformen zur Folge. Erst nach Erledigung

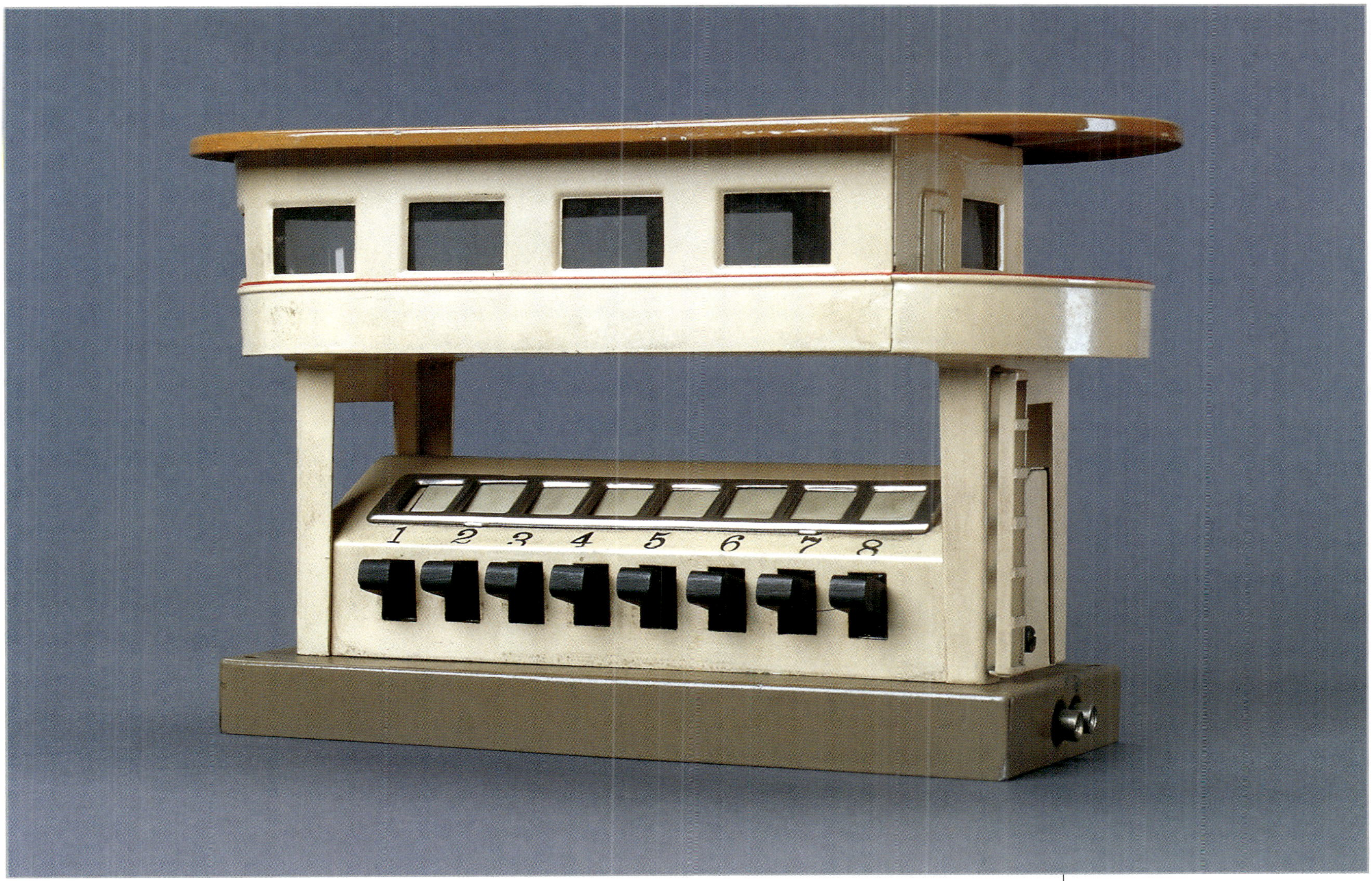

1930 **1948** 1950 1960 1970 1980 1990 2000

Oben: Das 1948 gefertigte H0-Stellwerksgebäude 473/8 mit acht Kipphebeln war ein abgewandeltes Handmuster der Serienausführung von 473/6 mit sechs Stellknöpfen.

Unten: Das Stellwerksgebäude 456 hatte eine Pfeifeinrichtung. Die Aufnahme zeigt das Handmuster von 1948/49.

| 1850 | 1860 | 1870 | 1880 | 1890 | 1900 | 1910 | 1920 |

Das noch unlackierte Handmuster der elektrischen Lokomotive der Baureihe E 44. Die SE 800 wurde von 1950 bis 1953/54 produziert. Das Handmuster stammt aus dem Jahr 1949/50.

dieses ersten großen Produktpflegeaufwandes für die 00(H0)-Bahn konnte mit neuen Ideen an Projekte herangegangen werden. So entstand ein ebenfalls dreiteiliger Schnelltriebwagen der Reichsbahn-Bauart „Köln", dessen Wagenkästen – vorbildgetreu – auf Einzel-Drehgestellen liefen.

Da Märklin beim Umsetzen neuer Vorbilder ins Modell immer auf dem aktuellen Stand war, sollte natürlich auch der neue dreiteilige Diesel-Schnelltriebwagen der Bauart „Kruckenberg" nicht fehlen. Zwei zweiteilige Muster (rot und silberfarben) wurden angefertigt, mit Dachstromabnehmern bestückt und auf der Leipziger Frühjahrsmesse 1939 gezeigt. Eines davon lief auf der großen Messe-Schauanlage, die bei Nachtbetrieb fotografiert, die Kataloge von 1939/40 und 1940/41 zierte. Auch die Einladungskarte für die Messe, die jedes Jahr individuell gestaltet wurde, warb mit diesem Triebwagen – richtigerweise ohne Pantograph – für den Standbesuch. Im Nachhinein hatte man es sich jedoch anders überlegt, vielleicht haben auch Kundenwünsche eine maßgebliche Rolle gespielt. Im Neuheiten-Prospekt vom Juni 1939 war nur ein zweiteiliger Schnelltriebwagen mit Mitteldrehgestell der Reichsbahn-Bauart „Hamburg" als endgültiges Modell abgelichtet. So wurde doch noch ein violett-/elfenbeinfarbener Vertreter der „Fliegenden Züge" der Deutschen Reichsbahn ins 00/H0-Sortiment aufgenommen.

■ Fehlende Güterzuglok

Auch bei der Nachbildung weiterer Dampflokomotiven hatte man zu dieser Zeit noch einiges vor: Eine 2'C1'-Schnellzuglok der Baureihe 01 der DRG, wie das elektrisch angetriebene Modell HR 800, jedoch mit Federwerk-An-

trieb, war bereits als Versuchsmuster angefertigt. Sie war als stromlose preiswerte „Aufzieh-Variante" für einen entsprechenden Kundenstamm gedacht. Erst 1953 kam eine vereinfachte zweiachsige Uhrwerk-Lokomotive mit stromlinienförmiger Verkleidung auf den Markt.

Die Krönung wäre jedoch sicher das Modell einer schweren 1'E-Güterzuglokomotive der Baureihe 44 der DRG geworden. Eine Güterzuglok fehlte im Sortiment und wurde von Fachleuten des Öfteren angefordert. Aufgrund des Standard-Radius von 360 Millimetern beim 1939 entstandenen Handmuster waren nur die drei mittleren Treibradsätze mit Spurkränzen versehen, die beiden äußeren sollten spurkranzlos bleiben. Diese trotz allem imposante Lok wäre sicher der Star auf der Messe von 1940 gewesen.

Doch infolge des Kriegsausbruchs konnten vorerst keine weiteren Neuheiten mehr angekündigt und gezeigt werden. Erst nach dem Krieg war man wieder in der Lage, an dieser Entwicklung weiterzuarbeiten. Alle Räder wiesen nun dank eines Gelenkrahmens Spurkränze auf. Mühelos konnten sie damit alle Radien durchfahren. Es war geplant, die Lok noch mit damals üblichen großen Windleitblechen bereits auf der Hannover-Messe 1949 zu zeigen. Außerdem sollte sie mit einer neuartigen Fahrtrichtungs-Umsteuerung ausgestattet werden. Auch waren die Windleitbleche entsprechend der neuesten DB-Version mit den kleineren der Bauart Witte bestückt.

Auf der Einladungskarte zur 1. Deutschen Spielwarenmesse 1950 in Nürnberg wurde sie in dieser Form erstmals abgebildet. Auf der Führerhaus-Seitenwand stand deutlich lesbar die Bezeichnung G 400. Die Zahl 400 stand für eine neue patentierte Umschaltung mit dem Namen „Ultra". In der Vitrine auf dem Messestand wurde sie jedoch als G 800 gezeigt, so wie sie dann auch im Oktober 1950 ausgeliefert wurde.

■ Friedrich Rieker — oberster Mustermacher

Abschließend sei noch angemerkt, dass nur die „Besten" in den erlesenen Kreis der Mustermacher Aufnahme fanden. Wie an anderer Stelle bereits erwähnt, war Friedrich Rieker in dieser Zeit Meister der Mustermacherei bis 1963. Seine Laufbahn bei Märklin begann im Jahr 1911 als Mechanikerlehrling. Im Laufe seiner beruflichen Tätigkeit brachte er es durch sein handwerkliches Geschick zum Meister der Mustermacherei. Markanteste Schöpfung von Rieker und seiner Mannschaft war sicherlich die Modellschöpfung der weltbekannten Schweizer Krokodil-Lokomotive in den beiden Baugrößen 0 und I. Friedrich Rieker hat in seiner langjährigen Tätigkeit bei Märklin zusammen mit seinen Mustermachern, deren Chef er war, unzählige Urmuster für alle Bereiche der Märklin-Produkte geschaffen. Er starb 1985 im gesegneten Alter von 88 Jahren. ▲

Der berühmte Adler, Zug der ersten deutschen Eisenbahn von 1835. Die Abbildung zeigt hinten das 1 : 70-Modell und vorne das H0-Modell von 1959. Beide Züge sind Handmuster und gingen niemals in Serie.

Gefahrloser Spielbetrieb

Bis in das Jahr 1926 sah die Situation in den Spielzimmern wie folgt aus: Stark- und Schwachstrom waren neben Federwerk und Echtdampf die Antriebsenergien für die Spielzeugeisenbahnen von Märklin im ersten Viertel des 20. Jahrhunderts. Während der Schwachstrombetrieb bei ca. vier Volt mittels Akkumulatoren an der schwachen Leistung und dem notwendigen Nachladen der Stromquelle selbst litt, war der Starkstrombetrieb aus dem Haushaltslichtnetz mit einer Spannung von 110 bis 220 Volt für spielende Kinder nicht ungefährlich. Trotz Spannungsregelung über ein oder mehrere Glühfädenlampen als Widerstand konnte es manchmal vorkommen, dass die volle Netzspannung an den Gleisen anlag. Aus diesem Grund wurde 1927 die Fabrikation und der Vertrieb von „Starkstrom-Spielzeug" vom Verband Deutscher Elektrotechniker (VDE) — dem übrigens auch Märklin angehört — verboten. Märklin stellte deshalb seine Spielzeugeisenbahnen in den damals üblichen Nenngrößen 0 und I auf den gefahrlosen 20-Volt-Betrieb um. In einer Aufklärungsschrift „für den Besitzer von Märklin-Eisenbahnen mit Lampenvorschaltung" konnten die neuen Bestimmungen nachgelesen werden:

„... Unzuträglichkeiten, die infolge Ueberhandnahme der Wechselstromnetze und infolge der größeren Verbreitung von Betonbauten und Kunststeinfußböden in den letzten Jahren verstärkt wurden, haben den Verband Deutscher Elektrotechniker (VDE) veranlaßt, für elektrisches Spielzeug Sondervorschriften herauszugeben, die für die Fabrikation am 1. Januar 1927, für den Handel am 1. April 1927 in Kraft getreten sind. Diese Vorschriften sind von weittragendster Bedeutung und bedingen eine Umwälzung auf dem gesamten Gebiete des elektrischen Spielzeuges. Die wichtigsten Bestimmungen der Vorschriften sind folgende:
a) Spielzeug darf nur für eine Spannung von 24 Volt hergestellt werden.
b) Für Spielzeug ist eine leitende Verbindung mit dem Starkstromnetz verboten."

■ Trafos und Umformer

Die Fernsteuerung der Fahrtrichtung erfolgte durch elektromechanische Umschaltung in den Triebfahrzeugen. Bis Mitte der dreißiger Jahre kamen dafür nacheinander drei unterschiedliche Systeme zur Anwendung. Das letzte wurde noch bis zum Auslauf der Fertigung der 0-Bahn 1954/55 beibehalten. Als Stromquellen dienten nun bei Wechselstromnetz Transformatoren mit regelbarer Niederspannung. Bei Gleichstromnetz wurden Umformer (Spannungswandler mit Motor und Dynamo auf einer Welle) mit nachgeschaltetem Niederspannungsregler verwendet. In seltenen Fällen kamen auch so genannte „Zerhacker" zum Einsatz, die den Gleichstrom in Wechselstrom zerteilten. Diesen Geräten waren dann wie beim Wechselstromnetz wieder Transformatoren nachgeschaltet.

Zur Ausführung der Märklin-Motoren ist noch nachzutragen, dass es sich um Allstrommotoren mit Feldwicklung und dreipoligem Anker mit Scheibenkollektor handelte. Die Motoren waren quer zur Fahrtrichtung eingebaut. Die Kraftübertragung erfolgte über nachgeschaltete Stirnradstufengetriebe zu den Treibachsen der Lok. ▲

Broschüre vom Mai 1927 für die Umstellung von Märklin-Erzeugnissen mit Starkstrom auf das gefahrlose 20-Volt-System.

„Grand Prix" von Paris 1937

Es stand in der „Deutschen Spielwarenzeitung" vom Mai 1937 und auf der Rückseite des Märklin-Kataloges von 1938/39 konnte man es ebenso lesen wie auf der Innenseite der Einladungskarte zur Leipziger Messe von 1939: Märklin war auf der Internationalen Ausstellung in Paris 1937 ausgezeichnet worden und erhielt den „Grand Prix 1937" für ein sehr effektvoll gestaltetes Schaustück in den Nenngrößen 0 und 00(H0) auf der Spielwarenausstellung im deutschen Pavillon der Pariser Weltschau.

Das Schaustück selbst wurde in der Vergangenheit eigenartigerweise in keiner Publikation von Märklin abgebildet. Dank alter Fotos lässt sich erahnen, welchen Eindruck das Anlagenschaustück auf die Besucher und letztendlich auf die Preisrichter gemacht haben muss. Es verfügte über eine Fläche von 4,0 x 2,1 Metern und wurde unter Mitwirkung eines namhaften Stuttgarter Professors, dessen Identität im Nachhinein nicht zu erfahren war, in drei Ebenen gegliedert.

■ Perfekte Modellschau auf drei Ebenen

In der unteren Ebene waren zwei Gleisovale in der Nenngröße 0 verlegt, auf der ein dreiteiliger Schnelltriebwagen der Bauart Leipzig der DRG sowie eine französische ETAT-Schnellzuglok mit der Achsfolge 2'D1' — mit blauen 40-Zentimeter-Wagen im Gefolge — ihre Runden drehten. Auf kopfbahnsteigartig angeordneten Stumpfgleisen standen die restlichen 0-Spitzenstücke des Märklin-Lokomotivbaus der 30er Jahre mit einschaltbarer

Märklin erhielt den Großen Preis, den „Grand Prix", auf der Internationalen Ausstellung in Paris 1937. In der Einladung zur Leipziger Frühjahrsausstellung 1939 waren Vorder- und Rückseite der Medaille abgebildet.

1937   1940   1950   1960   1970   1980   1990   2000

Diese Modellbahn-Anlage mit den effektvollen Spiegelwänden und der ausgeklügelten Streckenführung wurde auf der Pariser Weltausstellung 1937 prämiert.

Lok-Stirnbeleuchtung und beigestellten Lichtsignalen: das legendäre Krokodil der SBB, die allseits bekannten 2'C1'-Loks, die Baureihe 01 und die Borsig-Stromlinienlok 03 193, die amerikanische stromlinienverkleidete 4-6-4 „Commodore Vanderbilt" der NYC und die 241-Schlepptenderlok „Cock o' the North" der englischen Bahngesellschaft LNER, ergänzt durch passende Reisezugwagen. Im Schein stehender Soffittenröhren spiegelten sich die Exponate in vernickelten Zwischenwänden wider.

Die zweite Ebene ruhte auf vernickelten Stützen. Hier war eine H0-Anlage installiert, auf der sich alle lieferbaren Artikel dieser damals noch jungen Nenngröße präsentierten. Kernstück war das bekannte Märklin-Modell des Empfangsgebäudes des Stuttgarter Hauptbahnhofes, ergänzt durch eine zweiteilige Bahnhofshalle. Alle Züge waren mit zweiachsigen Lokomotiven bespannt und wurden von den damals neuen Signalen mit automatischer Zugbeeinflussung gesteuert. Die mehrachsigen Lokneuheiten von 1937, die 2'C1' der Baureihe 01 und die E 18 der DRG, standen zum Aufnahmedatum der Fotos (Frühjahr 1937) noch nicht für den Fahrbetrieb zur Verfügung. Sie waren erst ab Oktober lieferbar.

Über dieser Szenerie befand sich eine dritte Ebene, wiederum auf vernickelten Stützen. Auf dieser Plattform war ein Gleisoval angeordnet, auf dem ein „Tischbahn-Zug" seine Runden drehte. Das ganze Schaustück war von drei Seiten mit Spiegelwänden eingerahmt, die den optischen Eindruck und die Tiefenwirkung erheblich steigerten.

■ Spektakuläre Schauanlagen als Programm

In der Folgezeit ist Märklin immer wieder mit spektakulären Schauanlagen auf Messen und Ausstellungen aufgetreten. Erinnert sei an die „Tag-Nacht-Anlage" auf der Leipziger Frühjahrsmesse 1939, die ersten beiden Anlagen auf der Nürnberger Spielwarenmesse 1950 und 1951 mit den Ozean-Dampfer-Kulissen, die so genannte „Glasanlage" bei der Digital-Einführung 1985, die sogar Fernsehberühmtheit erlangte (alle in H0), sowie – in Baugröße Z – die „Deutschland-Anlage" auf der deutschen Leistungsschau von Tokio 1984 sowie die „Berlin-Anlage", die anlässlich des 750-jährigen Stadtjubiläums der Metropole (1987) erbaut worden war. ▲

Miniatur-Autos aus Göppingen

Bereits Anfang des 20. Jahrhunderts fertigte man in Göppingen Automobil-Modelle verschiedenster Art – und dies in feinster Ausführung. Märklin bildete im Modell so ziemlich alles nach, was zu jener Zeit auf den noch kaum befahrenen Straßen unterwegs war. Vom Personen- über den Lastkraftwagen bis hin zu den damaligen Omnibussen. Vorwärts bewegt wurden die Spielzeugautos – sofern sie über einen Antrieb verfügten – durch ein Federwerk, das damals generell Uhrwerkantrieb genannt wurde. Es gab aber auch Vehikel, die mit Hilfe der Dampfkraft fuhren oder beispielsweise eine Feuerwehrspritze in Aktion brachten.

Automodelle waren damals wie heute auch ein beliebtes Ladegut für Eisenbahnwagen. Als Untersatz reichte ein einfacher Flachwagen oder Niederbordwagen der Nenngrößen 0 und I. In 0 kam man mit einem Auto pro Wagen aus, auf der Ladefläche eines I-Wagens fanden in der Regel immerhin zwei Autos bzw. ein Schlepper mit Anhänger ihren Platz, denn der Verkleinerungsmaßstab der Automodelle war im Prinzip immer derselbe.

Beliebt in der Blütezeit der großen Blechbahnen war eine aus Blockholz gefertigte Limousine, rot lackiert und mit gedrechselten Holzrädern bestückt, das so genannte „rote Holz-Auto".

Mitte: Zwei Miniatur-Autos aus den Jahren 1939/40: der „KdF"-VW-Käfer und der Aral-Tankwagen.

Unten: Aus einem Baukasten mit der Katalog-Nummer 1105 L, der von 1933 bis 1954/55 gefertigt wurde, ließ sich dieser Lieferwagen zusammensetzen. 1992 erschien das Fahrzeug mit Plane als Fertigmodell.

Oben: Ein Mercedes-Rennwagen aus der Zeit zwischen 1936 bis 1939/40.

Unten: 1937 bis 1954/55 gab es diesen Auto-Baukasten für eine Stromlinien-Limousine (Katalog-Nummer 1103 St), 1997 kam das Fahrzeug auch als Fertigmodell heraus.

■ Die Auto-Baukästen

In der Zeit von 1933 bis 1939/40 wurden von Märklin verschiedene Auto-Baukästen produziert. Auf einem Chassis-Bausatz konnte man bis zu sechs verschiedene Karosserien vom Lastwagen über die Limousine bis zum Rennwagen durch Schraubverbindungen selbst montieren. In das Chassis, was eine einheitliche Länge von 36 Zentimetern aufwies, konnte man einen separat zu beziehenden Federwerk-Motor einbauen. Das Gleiche galt für eine batteriebetriebene Beleuchtungsanlage. Die Jugendlichen hatten hier die Möglichkeit, den Zusammenbau eines Automobils spielend zu erlernen und auch die Funktion der Antriebsteile, wie Differentialgetriebe, Kardanwelle und Lenkung anhand des Modells nachzuvollziehen.

Zur Gruppe der Auto-Baukästen gehörte auch ein etwas kleinerer Rennwagen, der als Komplettbausatz angeboten wurde. Dieser

| 1850 | 1860 | 1870 | 1880 | 1890 | 1900 | 1910 | 1920 |

Oben: Prototyp eines Lieferwagens aus den 30er Jahren. Dieses Modell ging erst 1990 als Fertigmodell „Postauto" in Serie.

Mitte: Hier fällt der Blick in den Innenraum desselben Lieferwagen-Prototyps.

Baukasten wurde in den 90er Jahren nochmals aufgelegt. Die Hälfte der ursprünglich sechs Fahrzeugtypen wurde noch bis 1954/55 weiterproduziert, obwohl sich das Aussehen der Autos draußen auf der Straße zwischenzeitlich grundlegend gewandelt hatte.

Ab 1990 ließ man bei Märklin die zusammenschraubbaren Autos in Form von Fertigmodellen nochmals aufleben. Der Komplettzusammenbau erfolgte jedoch bei Märklin selbst. Hinzu kamen noch einige Typen, die man in Göppingen in den 30er Jahren zwar geplant, aber nicht mehr produziert hatte.

Auch Farb- und Beschriftungsvarianten — meist für besondere Anlässe — fanden den Weg ins Schaufenster bzw. zum Kunden. In den letzten Jahren wurden jedoch keine Modelle dieser Art mehr angeboten.

■ Die Miniatur-Automodelle

1935 begann Märklin mit einer neuen Serie von Automodellen im Maßstab 1 : 45. Möglich machte dies der Mitte der 30er Jahre vermehrt zur Anwendung kommende Werkstoff Zinkdruckguss, damals noch Zinkspritzguss genannt. Angefangen wurde mit sechs verschiedenen Modellen. Die Vollgummireifen waren auf „Alufelgen" aufgezogen, die Rolleigenschaften entsprechend gut. Ein Jahr später gab es schon zehn verschiedene Varianten, wobei zwei davon mit einem Federwerkantrieb bestückt waren. Die Serie entwickelte sich schnell zu einem Verkaufsschlager. Hinzu kam, dass das Produkt nicht von der Jahreszeit, also vom Weihnachtsgeschäft, abhängig war, sondern das ganze Jahr über verkauft werden konnte. Natürlich befand sich in dieser Serie auch eine ganze Reihe von Rennwagenmodellen. Sie konnten so schön über den Straßenasphalt „fegen", was die Jugendlichen von damals natürlich begeisterte. Die Miniatur-Rennwagen der damals großen Konkurrenten von Auto-Union und Daimler Benz waren im Sortiment proportional in gleicher

| 1930 | **1948** | 1950 | 1960 | 1977 | 1980 | 1990 | 2000 |

Anzahl vertreten. Bis 1989 war die Menge der Modellvarianten auf 32 verschiedene Typen angewachsen. Die letzte PKW-Neuentwicklung war übrigens der später weltbekannte VW-Käfer. Einige Modelle, die bereits als Handmuster vorhanden waren, blieben damals leider auf der Strecke, wie beispielsweise der Berliner Doppeldeckerbus und ein zweiachsiger Anhänger zum Aral-Treibstoff-Tankwagen, eine Neuheit von 1939. Zur Serie im Maßstab 1 : 45 gehörten übrigens auch zwei Motorräder nebst Figuren und ein kleines Sportflugzeug.

Einige wenige Modelle aus dem Vorkriegssortiment waren nach der Währungsreform 1948 wieder lieferbar. Im gleichen Jahr kam auch die erste Neuentwicklung, eine amerikanische „Buick"-Limousine hinzu. Danach entstanden weitere neue Modelle, wie z. B. der Aral-Tankwagen als Sattelschlepper und der berühmte Lanz-Bulldog. Auch alle weiteren neuen Modelle entsprachen natürlich den Fahrzeugen, die in den 50er und 60er Jahren auf den Straßen verkehrten. Es waren die typischen Automobile der so genannten Wirtschaftswunderzeit. Nach 1957, mit der Änderung des Nummernschemas bei Märklin, wurde auch die Verpackung abgewandelt, d. h. sie wurde werbewirksamer. Auf den farbigen Schachteln waren die Modelle abgebildet. Durch ein kleines Loch in der Schachtel konnte man zusätzlich von außen erkennen, in welcher Farbe das innenliegende Modell lackiert war. Im Fertigungszeitraum von 1948 bis 1971/72 entstanden knapp 40 verschiedene Modelle. Vier davon wurden zeitweise auch aus Kunststoff gefertigt.

■ Rak und Speedy

„Märklin-Miniaturautos aus Zinkdruckguss mit beweglichen Teilen" lautete 1968 die Vorstellung einer neuen Serie im Verkleinerungsmaßstab 1 : 43. Die Karossen waren nun verglast und besaßen — wie einige wenige Typen der Vorgängerserie — eine Inneneinrichtung. Türen, Deckel und Klappen ließen sich öffnen. Wie die Modelle in 1 : 45 liefen sie auf gummibereiften Rädern. Die Detaillierung hatte man weiter vervollkommnet. Geliefert wurden die Modelle anfangs in einer transparenten Kunststoff-Verpackung, später kam eine Pappumhüllung dazu. In der zweiten Hälfte der 70er Jahre lief die Produktion dieser Serie aus, die man zeitweise auch als „rak" (= richtige Auto Klasse) bezeichnet hatte. 1968 nahm man bei Märklin auch eine „MERCURY"-Importserie ins Programm, deren Vorbilder sich entsprechend ihrem Herstellerland auf italienische Autotypen beschränkte. Unter gleichem Namen wurden auch einige Modelle im

Oben: In der Serie der „PICO"-Miniatur-Autos erschien von 1939 - 1940/41 ein Mercedes-Rennwagen in verschiedenen Farbvarianten.

Mitte: Ebenfalls unter den „PICO"-Miniatur-Autos war von 1939 - 1940/41 der VW-„KdF"-Wagen in unterschiedlichen Farbvarianten.

| 1850 | 1860 | 1870 | 1880 | 1890 | 1900 | 1910 | 1920 |

Oben: Als Baukasten erschien 1934 bis 1954/55 dieser Rennwagen unter der Katalog-Nummer 1107 R. Im Jahr 1995 wurde er noch einmal als Fertigmodell aufgelegt.

Porsche-Modellen konnte man im Märklin-Museumsshop erwerben. Für das Daimler-Benz-Museum fertigte Märklin vier verschiedene Silberpfeile. Drei Stück davon entsprachen gar – leicht abgewandelt – den Ursprungstypen aus den 30er Jahren.

■ Autos aus Thermoplastik für H0

In den 50er Jahren erschien auch eine neue Serie, „besonders zur Vervollständigung der Bahnanlagen geeignet", wie es im 53er Jahreskatalog stand: acht verschiedene Typen, vom PKW über Lastwagen bis hin zum Omnibus, gefertigt aus Thermoplastik. Sie waren wie die damaligen Automodelle der Firma Wiking allesamt unverglast. 1995 gehörten die H0-Autos jedoch schon nicht mehr zu dem im Katalog aufgeführten Sortiment. Wahrscheinlich war die damals bereits recht große Verbreitung der Automodelle aus Berlin der Grund dafür, dass man bei Märklin in dieser Richtung nicht weiter investieren wollte. Zwei Typen aus dieser Serie dienten allerdings noch jahrelang als Ladegut für Güterwagen-Modelle. Heute kosten die Märklin-Modelle von 1953/54 auf dem Sammlermarkt ein Vielfaches ihres ursprünglichen Verkaufspreises.

Maßstab 1:66 angeboten. Diese Serie trug den Namen „Speedy".
Mitte der 70er Jahre wurde auch eine Serie berühmter Motorräder im Maßstab 1:18 und 1:24 von Mercury importiert.
1993 wurden aus der „rak"-Serie nochmals vier verschiedene Typen für die MHI in silberfarbener Lackierung als Sonder-Edition neu aufgelegt. Auch eine Viererpackung mit

Unten: In den Jahren 1937 bis 1939/40 ergänzte auch dieser Omnibus das Sortiment der Märklin-Miniatur-Autos.

| 1930 | 1940 | 1950 | 1960 | 1970 | **1989** | 1990 | 2001 |

Oben: Diesen Faltprospekt von 1959 zierte die Abbildung eines Mercedes SL 300. Er warb für die Märklin-Miniatur-Autos im Maßstab 1 : 45.

■ Oldtimer und Mini-Club-Autos

1989 begann man bei Märklin, Oldtimer-Automodelle aus Zinkdruckguss als Zusatz für H0-Eisenbahnpackungen und in separaten Auto-Sets anzubieten. Bevorzugter Einsatzzeitraum für diese Veteranen waren dabei in der Hauptsache die Modelleisenbahn-Epochen I und IIs. Auch die im Märklin-Museum angebotenen Museumswagen beinhalten in den Packungen seit einiger Zeit zusätzlich ein passendes Automodell. Mittlerweile befinden sich auch moderne Straßenfahrzeuge in dieser Angebotspalette.

Zur Ausstaffierung der Mini-Club-Anlagen im Maßstab 1 : 220 gibt es seit 30 Jahren entsprechende PKW- und LKW-Modelle von Märklin, die in der Regel aus Vollkunststoff bestehen. Hinzu gekommen sind entsprechende Oldtimer-Modelle aus Zinkdruckguss, welche als „Beipack" für die Museumswagen dienen. ▲

Unten: In den 30er Jahren wurde auch der Prototyp für ein Werksfeuerwehr-Fahrzeug gefertigt. Es ging erst im Jahr 1991 als Fertigmodell in Serie.

Besuch aus der Schweiz

Es war im Juni 1947, als sich ein Herr Alfred Pamblanc zu einem Besuch in Göppingen ansagte. Er war der Direktor des Familien-Geschäftes Gebrüder Pamblanc in Lausanne/Schweiz und wichtiger Kunde für Märklin. Die Einladung hatte im Namen der Firma Märklin Carl G. Ehmann ausgesprochen. Durch seine Export-Tätigkeit bei Märklin war dieser auch Repräsentant für die Schweiz.

Die Märklin-Geschäftsleitung zeigte ihrem Gast u. a. Artikel, welche die Firma von Dezember 1945 bis Juni 1947 neu entwickelt hatte. An der Spitze der Sehenswürdigkeiten stand zweifellos die im H0-Maßstab gehaltene schwere Schweizer Elektrolokomotive in gelenkiger Bauart, das legendäre „Krokodil" der SBB. Auch ein Modell der E 18 der DRG — nun mit der kompletten Achsfolge 1'D1' — stand zur Besichtigung bereit, ebenso ihre kleine Schwester mit der Achsfolge 1'B1', die aus einer B-Lok entwickelt wurde. Die beiden großen Märklin-Schnellzuglokomotiven von 1938/39, entwickelt nach den DRG-Baureihen 01 und 06, zeigten sich vollkommen überarbeitet und praktisch neu konstruiert.

Zudem gab es noch eine ganze Serie neuer Reichsbahn-Güterwagenmodelle zu bewundern. Mit Aufbauten aus einer Leichtmetalllegierung und Untergestellen aus Zinkdruckguss waren sie gegenüber den bisherigen Fahrzeugen aus Blech sehr plastisch und fein detailliert ausgeführt. Auch das Mittelleiter-Gleissystem wurde vollkommen neu gestaltet: Ein engerer Schwellenabstand, Schienenprofile, an jeder Schwelle geklammert, und plastisch geprägtes Schwellen-Metallschotterbett — das waren die neuen herausragenden Merkmale. Die Antriebe der Weichen und die Weichenlaternen hatte man jetzt in einem gekapselten Kasten untergebracht. Bei allen Modellen handelte es sich um handgefertigte Musterstücke und damit um Unikate. Alles sah sehr ansprechend aus und hätte sicher auch die Modellfreunde hierzu-

Titelseite des einmaligen Kataloges von 1947 in Form eines Fotoalbums. Das Titelbild dürfte bereits für den geplanten Katalog des Jahres 1941 gestaltet worden sein, der nicht mehr gedruckt werden konnte.

lande in Begeisterung versetzt, wenn sie zu diesem frühen Zeitpunkt die Exponate zu Gesicht bekommen hätten.

■ Das Neuheiten-Fotoalbum

Damit der Gast die frohe Kunde über das Gesehene in Form von Abbildungen mit nach Hause und zu den Händlern in die Schweiz tragen konnte, stellte man bei Märklin eigens für ihn einen Spezialkatalog zusammen. Dieses Fotoalbum enthielt auf der zweiten Seite eine persönliche Widmung mit Unterschriften der leitenden Herren des Unternehmens: Max Scheerer (Geschäftsführer und Repräsentant der Firma), Fritz Märklin (kaufmännischer Geschäftsführer), Carl G. Ehmann (stellvertretender Geschäftsführer und Exportleiter für Europa), Dipl. Ing. Otto Bang-Kaup (Leiter für Entwicklung und Konstruktion), Julius Kurz (Betriebsleiter), Dipl. Ing. Herbert Safft (Technischer Geschäftsführer). Vermutlich konnte man damals wegen chronischen Papiermangels kurzfristig keinen Prospekt mehr drucken; dieser wurde erst einige Monate später verwirklicht.
Selbst das Beschaffen von Filmen und Fotopapieren für die Albumpräsentation muss wahrscheinlich kein leichtes Unterfangen gewesen sein. Ebenso wie die Neuentwicklungen selbst sind auch die Fotos von ihnen Unikate. Sie wurden von Märklin in dieser Form nie veröffentlicht. Die Texte des Albums wurden mit der Schreibmaschine erfasst und wie die Fotos in das Album eingeklebt.
Das speziell angefertigte Schwarz-Weiß-Deckelbild zeigte ältere Märklin-Modelle vom Anfang der 40er Jahre. Möglich, dass es sich hierbei um das geplante Titelbild für den Jahreskatalog von 1941 handelte, der infolge des Krieges nicht mehr gedruckt werden konnte. Erst im Herbst 1947 stellte Märklin einen offiziellen Neuheitenprospekt mit neuen Abbildungen zusammen, der nur in wenigen Exemplaren an Händler und die Fachpresse — vorwiegend im Ausland — verteilt wurde. ▲

Oben: Messing-Handmuster des Krokodils CCS 800.

Mitte: Modell-Güterwagen als Messing-Handmuster.

Unten: Muster der E-Lok ES 800, entstanden aus der seit 1938 vorhandenen RS 800.

Neubeginn nach 1945

Ab dem Ende des Krieges, die Amerikaner waren bereits am 20. April 1945 in Göppingen einmarschiert, bis Anfang Juni war die Fabrik praktisch ohne Aufsicht. Wie überall im Land führte dies natürlich zu Plünderungen. Erst als die Besatzungsmacht zwei stämmige, farbige Militärpolizisten am Werktor postierte, an denen niemand vorbeikam, hörte dieser Zustand auf.

Noch im Laufe des Monats Juni lief die Produktion mit wenig Fachpersonal und Material-Restbeständen wieder an. Hergestellt wurde erst einmal nur für die amerikanische Besatzungsmacht — eine geschickte Maßnahme, da ja damals immer die Gefahr der Demontage durch die Siegermächte drohte. Gefertigt wurden komplette Zugpackungen mit Gleisen und Trafo, die von den Amerikanern in den so genannten PX-Läden für Armeeangehörige abgesetzt wurden. Die erste Gebrauchsanweisung dazu datiert vom August 1945 und war natürlich in Englisch abgefasst. Abenteuerlich gestaltete sich die Materialbeschaffung. Überall in den westlichen Besatzungszonen musste nach Material gesucht werden. Manches ging nur über Kooperationsgeschäfte. Transportmittel gab es nicht und so waren es immer wieder die amerikani-

Oben: Staunende Blicke! Die neuen Märklin-Modelle des Jahres 1949 begeistern die Jugend, hier auf einem Gemälde von Walter Zeeden in der Zeitschrift „Spielzeug von heute".

Unten: Der Märklin-Stand auf der Hannover-Messe von 1949 mit den Herren (v. l. n. r.) Munz (Gesellschafter u. Versandleiter), Köster (Metallbaukasten), Buckel (Vertreter in Berlin), Rieker (Meister, Entwicklungswerkstatt) und Dipl. Ing. Bang-Kaup (Entwicklungschef).

| 1930 | **1945** | 1950 | 1960 | 1970 | 1980 | 1990 | 2000 |

Oben: Eine Nostalgie-Anlage mit Märklin-Material aus den 30er und 50er Jahren.

Unten: Dieses Katalog-Blatt zeigt eine Auswahl der 1949 angebotenen Funktionsmodelle, darunter ein ferngesteuerter Drehkran mit Hebemagnet.

1850　1860　1870　1880　1890　1900　1910　1920

Mitte links: Elektrolokomotive mit der Achsfolge 1'B1' aus den Jahren 1942 - 1949 (Katalog-Nummer ES 800).

Mitte rechts: Die E 18 der Deutschen Reichsbahn mit der Achsfolge 1'C1' (Katalog-Nummer HS 800 N). Sie wurde 1938 - 1949/50 angeboten. Hier ist sie in der Ausführungsform von 1948 zu sehen.

Unten: Elektrolok E 18 der Deutschen Reichsbahn mit der Achsfolge 1'Do1' in H0 (Katalog-Nummer MS 800) aus den Jahren 1947 - 1953/54, hier in der Ausführungsform von 1950 - 1953/54.

schen Soldaten, die mit Lastwagen und Fahrern aushalfen.

■ Bedrucktes Blech fehlt

Nach wie vor gab es auf dem Inlandsmarkt von den Märklin-Modellen zu gut wie nichts zu kaufen. Die Produkte gingen ausschließlich in den Export. Im Vorwort des Märklin-Kataloges von 1947 wurde das später recht eindrucksvoll dargelegt. Glücklich war, wer wenigstens auf den Hannoverschen Exportmessen Ende der 40er Jahre einen ersten Blick auf die Märklin-Neuheiten werfen durfte. Fritz Märklin schrieb am 7. Dezember 1945: *„Auf Ihre Anfrage vom 1. d. Mts. erwidern wir, dass unsere gesamten Bestände in Spielwaren einschließlich der Neufabrikation für die Angehörigen der amerikanischen Armee restlos beschlagnahmt sind. Wir bedauern daher, bis auf weiteres Lieferungen in Spielwaren nicht in Aussicht stellen zu können."*

Mit der Wiederaufnahme der Produktion nach dem Zweiten Weltkrieg gab es fürs Erste keine bedruckten Bleche für die Wagenaufbauten. Sie mussten deshalb spritzlackiert werden. Einige wenige Bezeichnungen wurden dabei mit Farbstempel von Hand angebracht. Erst nach der Währungsreform 1948 stand wieder einwandfrei bedrucktes Blech zur Verfügung. Bis auf wenige Ausnahmen wurden die Produkte des Vorkriegsprogramms an Reisezug- und Güterwagen wieder aufgenommen. Während die Reisezugwagen bis 1950 produziert wurden, hielten sich einige Güterwagen noch bis 1952 im Sortiment.
Von den Lokomotiven erschienen nach 1945 nur noch die Typen HR, SK, T, RS und HS 800. Die Typen R und SCR 800 entfielen. Der Triebwagen TW 800 wurde 1949 in einer einmaligen Auflage in drei verschiedenen Farben und mit zweimotorigem Antrieb nachproduziert.

■ Neuanfang mit Produktpflege

Bereits im Dezember 1945 konnte die Entwicklungs-Abteilung unter ihrem bisherigen Leiter die Arbeit wieder aufnehmen. Zunächst stand die Produktpflege auf dem Programm. Ab 1947 wurden die Schnellzuglokomotiven HR 800 und SK 800 weitgehend verbessert, was praktisch einer Neukonstruktion gleichkam. Nur leicht optimierte Märklin dagegen die elektrischen Lokomotiven RS 800 und HS 800, da sie kurzfristig durch die Neukonstruktionen ES 800 und MS 800 (E 18) abgelöst wurden. Ebenfalls gänzlich neu war die Schweizer Krokodil-Lok CCS 800.
Das bisherige Gleissystem, das in den Jahren 1945 und 1946 — wenn auch optisch verändert — weiterproduziert wurde, ersetzte man ab 1947 durch ein vollkommen neu entwickeltes Gleis. Die Schwellenanzahl wurde um ein Drittel erhöht. Schwellen und Schotterbett wiesen nun eine plastische Prägung auf. Die Weichenantriebe waren entsprechend gekapselt. Die Schienenprofile zeigten jetzt generell eine dunkle Färbung.

Die neuen Super-Modell-Güterwagen

Vollkommen neue Wege ging man bei den Güterwagen-Neukonstruktionen nach 1945. Dabei wendete man sich vom Blech ab und wählte wegen der besseren Detaillierungsmöglichkeiten andere Materialien. Waggonböden aus Zinkdruckguss und Aufbauten aus einer Leichtmetalllegierung erlaubten einen Detaillierungsgrad, der bisher bei einer Serienfertigung unbekannt war. Die genannte Materialkombination ermöglichte eine tiefe Schwerpunktlage der Wagen und garantierte gute Laufeigenschaften. Schließlich trugen die Lokomotiven damals noch keine Haftreifen zur Zugkraftsteigerung. Hinzu kam eine für damalige Begriffe ansprechende Farbgebung, die ihre optische Wirkung auf den Betrachter nicht verfehlte. Im Katalog von 1947 konnte man darüber Folgendes lesen:

„Man muss erst einmal ein solches Modell gesehen oder gar in der Hand gehabt haben, um seine ganze Schönheit zu genießen. Unwillkürlich greift man zur Lupe und entdeckt dann Feinheiten, die man vorher gar nicht bemerkt hat. Wie sorgfältig und genau sind beispielsweise die Lüftungen, Nieten, Eckbleche, Türverschlüsse und bei den größeren Wagen die Bremserhäuser der Wirklichkeit nachgebildet. Sogar der

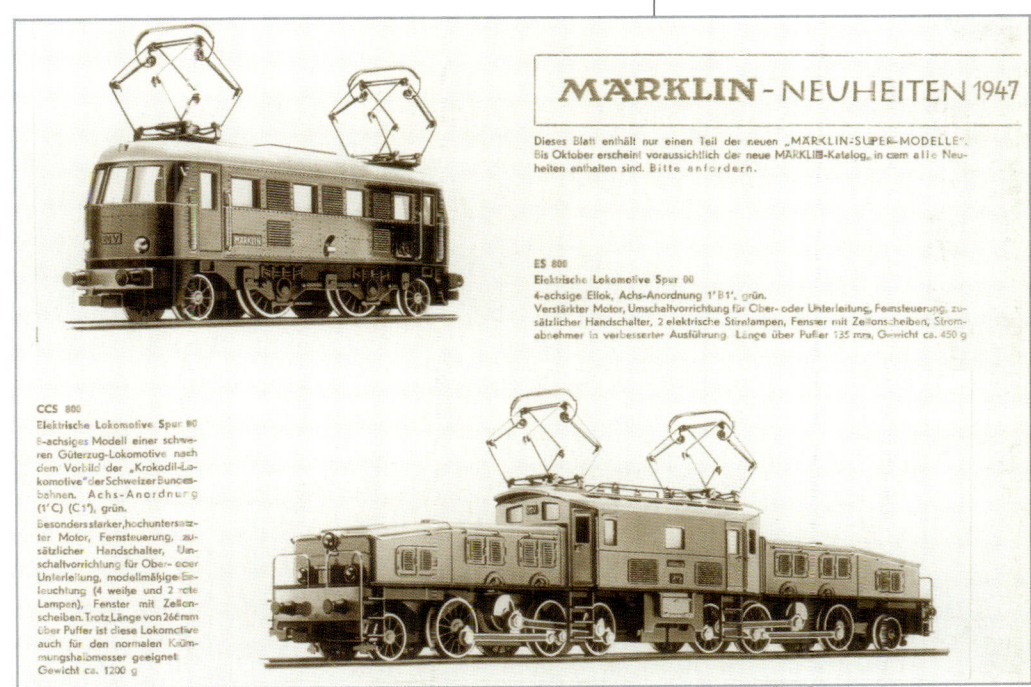

Oben: „Super-Modelle" zweiachsiger Güterwagen in H0 in der Ausführungsform von 1952 - 1955/56 (Katalog-Nummern 310, 311, 311 H und 361 G).

Mitte: Weitere „Super-Modelle" zweiachsiger Güterwagen in H0 in der Ausführungsform von 1952 - 1955/56.

Unten: Neuheitenblatt von 1947. Es zeigt die kleine E 18 mit der Achsfolge 1'B1' (ES 800) und das große Krokodil mit der Achsfolge 1'CC1' (CCS 800).

| 1850 | 1860 | 1870 | 1880 | 1890 | 1900 | 1910 | 1920 |

Oben: „Super-Modelle" vierachsiger Güterwagen in H0 in der Ausführung von 1952 - 1955/56.

Mitte: Zweiachsige „Super"-Modellgüterwagen in H0 in der Ausführungsform von 1952 - 1955/56.

verwöhnte Modelleisenbahn-Liebhaber wird an diesen schönen Wagen seine Freude haben. Auch farblich sind die neuen Wagen mit viel Liebe und Geschmack behandelt."
1948 ergänzte Märklin die Serie der Zweiachser durch drei verschiedene vierachsige Güterwagen. Die Vorbilder dieser Wagen wurden im Zuge des Ersten Weltkrieges von der US-Armee nach Frankreich gebracht. Im Verlauf des Zweiten Weltkrieges kamen sie auch nach Deutschland, wo sie zum Teil dann auch verblieben. Wohl mit berechtigtem Stolz wurden die neuen „Gusswagen" in den Firmenprospekten und Katalogen als „Super-Modelle" gepriesen.

■ Diskrete Neuentwicklungen

Über die Neuentwicklungen wurde nach außen hin Stillschweigen gewahrt. Informiert wurden nur einige Export-Vertreter, wie zum Beispiel Herr Alfred Pamblanc aus der Schweiz. Auf den allerersten Messen der Nachkriegszeit war der Messestand, die so genannte „Messe-Koje" für das Schaupublikum stets verschlossen gehalten. Im August 1948 berichtete der Herausgeber der Modellbahn-Zeitschrift „Modellbahnen-Welt" über ein Modellbahnertreffen, das Anfang März in Leipzig-Connewitz stattgefunden hatte und

zu dem auch der Enwicklungschef des Hauses Märklin — er befand sich anlässlich der Leipziger Messe, wo Märklin mit einem Stand vertreten war, in der Stadt — wie folgt:
„Äußerst interessant waren die Ausführungen des Chefkonstrukteurs der Firma Märklin, Herrn Dipl. Ing. Bang-Kaup, die von den Anwesenden mit Spannung und Aufmerksamkeit verfolgt wurden. Der Redner führte u. a. aus, daß es gänzlich falsche Hoffnungen erwecken würde, wollte man die Märklin-Neuheiten heute schon den deutschen Modellbahnern in Wort, Schrift, Bild und Ausstellung vorführen. Vorläufig könne für den deutschen Markt wirklich noch nichts abfallen, sämtliche Erzeugnisse seien für den Export bestimmt. Wollte man heute dem deutschen Modellbahner schon die sicher erst in den nächsten Jahren lieferbaren Märklin-Modellbahnen zeigen, so sei das gleichbedeutend damit, einen Hungrigen nach einem Stück Schinken zappeln zu lassen."
Nach wie vor war auch nach der Währungsreform im Juni 1948 auf dem Inlandsmarkt von Märklin-Modellen so gut wie nichts zu bekommen. Die Produkte gingen fast ausschließlich in den Export. Glücklich war, wer wenigstens auf den hannoverschen Exportmessen Ende der 40er Jahre einen ersten Blick auf die dort ausgestellten Märklin-Neuheiten werfen durfte.

1930   **1948**   1950   1960   1970   1980   1990   2000

Neuheiten nach der Währungsreform

Einige Ideen mussten die Märklin-Konstrukteure noch aus der Vorkriegs- bzw. Kriegszeit hinübergerettet haben, denn von nun an folgte eine Neuheit der anderen. Bereits kurz nach der Währungsreform — als ob man nur darauf gewartet hätte — folgte der Schwung: Neben einem imposanten Stromlinien-Dieseltriebzug nach amerikanischem Vorbild (ST 800), der, in der Grundversion dreiteilig angeboten, durch Verlängerungsteile auf einfachste Art erweitert werden konnte, war es insbesondere die erste Nachbildung einer größeren 1'C1'-Tenderlokomotive der Baureihe 64, die lang gehegte Wünsche erfüllte.

Das Signalprogramm wurde überarbeitet und das Gleissortiment um eine doppelte Kreuzungsweiche mit zwei separaten Antrieben und voll funktionsfähiger Weichenlaterne ergänzt. Erstmals gab es zum Grundkreis einen Parallelkreis. Auch neues Zubehör kam in den Handel, wie zum Beispiel ein vollautomatisch vom Zug gesteuerter Bahnübergang sowie ein komplettes Brückensystem mit Pfeilern und Auffahrtrampen im Baukastensystem.

Nachkriegskatalog D 47

Kurz nach der Währungsreform bekamen nun auch die deutschen Händler den neuen Märklin-Katalog von 1947/48 mit einem entsprechenden Begleitschreiben zugesandt. Märklin schrieb dazu u. a. Folgendes:

Oben: US-Schnelltriebwagenzug ST 800 in Elfenbein/Blau aus der Zeit von 1949 bis 1956/57.

Mitte: H0-Geschenkpackung mit einem Schnellzug sowie Gleisen und Weichen (Katalog-Nummer SK 846/4) von 1951 - 1955/56.

Unten: Tenderlokomotive der Baureihe 64 mit der Achsfolge 1'C1' in 00(H0) aus den Jahren 1948 - 1950/51 (Katalog-Nummer TP 800).

| 1850 | 1860 | 1870 | 1880 | 1890 | 1900 | 1910 | 1920 |

Oben und Mitte links: 2'C1'-Schnellzuglok der Baureihe 01 der DB in der Ausführung von 1952/53 (F 800) und als Schnittmodell von 1949.
Mitte rechts: Tenderlok in H0 (TM 800) von 1949 - 1958/59 in der Ausführung von 1949.
Unten: 1'E-Güterzuglok der Baureihe 44 (G 800) von 1950 - 1953/54.

| 1930 | 1940 | **1950** | 1960 | 1970 | 1980 | 1990 | 2000 |

„Wir freuen uns, Ihnen mitfolgend unseren ersten Nachkriegskatalog D 47 mit Neuheitenliste überreichen zu können. Die Währungsreform hat zwar wesentliche Erleichterungen für unseren Fabrikationsbetrieb gebracht, trotzdem aber die Vorbedingungen einer dem Bedarf genügenden Lieferfähigkeit leider nicht gegeben. Deshalb können wir unseren geschätzten Kunden vorerst nur unter gewissen Vorbehalten ein Warenangebot unterbreiten. Die Katalogausgabe musste infolge Papiermangels und ungenügender Produktion derart eingeschränkt werden, dass eine Verteilung an das Publikum leider nicht vorgesehen werden konnte. Deshalb steht jedem Geschäftsfreund zunächst nur ein Exemplar zur Verfügung, das für den internen Gebrauch gedacht ist."

Bereits ein Dreivierteljahr später, im Frühjahr 1949, gab es den nächsten Neuheitenschub. Die erste dreiachsige Tenderlokomotive (TM 800) löste das alte zweiachsige Modell von 1938 ab. Aus zwei Triebköpfen des US-Triebzuges entstand eine imposante Doppellokomotive (DL 800) und zwei zweiachsige Lokomotiven mit Handumschaltung erlebten eine kurze Renaissance. Interessantestes Zubehör jener Zeit war der heute noch im Sortiment befindliche ferngesteuerte Drehkran mit Hebemagnet. Im Herbst 1949 erschien wieder ein Kundenkatalog, in dem das gesamte bis dahin neu Geschaffene – das inzwischen wieder für jedermann im Handel erhältlich war – präsentiert wurde.

■ Spielwarenmesse 1950

Auf der ersten deutschen Spielwarenmesse im März 1950 am neuen Messestandort Nürnberg gab es von Märklin neben der schweren Güterzuglokomotive der Baureihe 44 der Deutschen Bundesbahn (G 800) noch vier weitere Triebfahrzeug-Neuheiten zu sehen. Die damals neueste Lokomotive der Schweiz, die Leichtschnellzuglok Re 4/4 I, erschien als allradgetriebenes Märklin-Modell (RE 800).

Oben: US-Diesellok in H0 (DL 800) von 1949 - 1954/55 in der Ausführung von 1949/50.

Mitte: US-Dieselloks in H0 (DL 800) als Farb-Versuchsmuster.

Unten: Die Top-Neuheit von 1950: 1'E-Güterzuglok G 800, hier das hunderttausendste Modell desselben Jahres.

| 1850 | 1860 | 1870 | 1880 | 1890 | 1900 | 1910 | 1920 |

Oben: Elektrolokomotive der Baureihe E 44 der Deutschen Bundesbahn mit der Achsfolge 1'B1' aus dem Zeitraum 1950 - 1953/54 (Katalog-Nummer SE 800).

Unten: Schlepptenderlok aus den Jahren 1950 bis 1953 mit der Katalog-Nummer RM 800.

Ein Modell der E 44, eine dreiachsige E-Lok nach Schweizer Vorbild und ein einfaches Modell einer dreiachsigen Schlepptenderlok rundeten das Programm ab. Nicht minder interessant war ein Modell der elektrischen Lokomotive E 44 der DB in einer abgewandelten Achsanordnung als 1'Bo1' (SE 800). Auf dem Chassis der dreiachsigen Tenderlok TM 800 vom Vorjahr hatte man mit neuem Gehäuse eine Schlepptenderlok mit dreiachsigem Tender (RM 800) und eine Schweizer E-Lok mit Blindwellenantrieb (RSM 800) geschaffen. Die beiden letzteren Triebfahrzeuge waren wie die TM 800 preiswerte, robuste Modelle für den Spielbetrieb im Kinderzimmer, sprachen aber auch erwachsene Käufer an. Aus zwei Endteilen des Schnelltriebwagenzuges ST 800 hatte man einen Doppeltriebwagen entwickelt, der jedoch kein eigentliches Vorbild hatte. Im darauf folgenden Jahr stand wieder Modellpflege auf dem Programm. Aus der 1'C1'-Tenderlok TP 800 mit verhältnismäßig langem Achsstand entwickelte Märklin durch Zufügen einer weiteren Kuppelachse und eines zusätzlichen Sanddomes das Modell einer 1'D1'-Tenderlokomotive der Baureihe 86 (TT 800).

Das Fahrgestell der E 44 (SE 800) nutzte man mit neuem Gehäuse und passenden Drehgestellblenden für die Nachbildung einer E-Lok „nach westeuropäischem Vorbild", so die Katalogaussage. Es handelte sich dabei um eine Konstruktion der französischen Firma Alsthom, welche die Loks an die SNCF als BR 10000 (SEW 800) und in den Export nach Holland als BR 1000 der NS (SEWH 800) geliefert hatte.

■ Neue Wagen

In der zweiten Hälfte der 40er Jahre entwickelte man eine neue Serie von „Schürzenwagen", nun mit einer Gesamtlänge von 20,5 Zentimetern. Sie ersetzten die beiden bisherigen Serien von D-Zugwagen. Dank der gewählten, ebenfalls vorbildgetreuen Dachlüfterausführung, bei der auf die Montage separater Teile verzichtet werden konnte und wegen der rationellen Fertigung war es möglich, den Verkaufspreis niedriger zu halten. Mit zierlichen Drehgestellen, deren Seitenwangen beweglich ausgeführt wurden, konnten Schienenstöße und Gleisunebenheiten — wie sie immer einmal auftreten können — besser ausgeglichen werden.

Vorgestellt wurden die neuen Wagen auf der Nürnberger Spielwarenmesse 1951. Ergänzen ließ sich die neue Serie durch weitere Modelle in den Jahren 1952, 1953 und 1957.

Weil man zur Schweizer Leichtschnellzuglok der SBB Re 4/4 I von 1950 passende Leichtschnellzugwagen benötigte, wurden diese gleich mit entwickelt und ebenfalls 1951 vorgestellt. Der Plattform-Personenwagen von 1935 nebst Packwagen von 1936 wurde im gleichen Jahr durch komplette Neukonstruktionen ersetzt. Die Modelllänge betrug nun 13,5 Zentimeter. Auf die Seitenwände wurden vorbildgetreu plastische Nietenkopfimitationen aufgeprägt. Gleichzeitig wurden erstmals bei einem H0-Modell Bremsklotz-Attrappen an die Achslagerbrücken angeformt. Dreiachsige Abteilwagen nach preußischer Bauart machten zu dieser Zeit noch den Hauptanteil in den Personenzügen der noch jungen Deutschen Bundesbahn aus. Mit und ohne dem charakteristischen Bremserhaus wurden sie deshalb gleich mit ins Neuheiten-Programm aufgenommen, da auch eine große Nachfrage nach solchen Modellwagen bestand. Sie entstanden erstmals in Gemischtbauweise (Blech, Zinkdruckguss und Kunststoff).

■ Thermoplastischer Kunststoff als Werkstoff

Das Jahr 1951 brachte für Märklin jedoch auch einen herben Verlust. Entwicklungs- und Konstruktionschef Bang-Kaup, der die fortschrittliche Entwicklung der Märklin-Bahnen vom Spielzeug zur Modellbahn nachhaltig geprägt hatte, starb an den Folgen eines Autounfalls. Federführend für die Entwicklung war nun Herbert Safft, der bereits seit 1945 als geschäftsführender Gesellschafter im Unternehmen tätig war. Unter seiner Leitung waren die Leiter der Konstruktion, Max Thiem (1951 – 1956) und Willi Vester (1956 – 1963) tätig. Das verhältnismäßig schnelle Aufkommen thermoplastischer Kunststoffe Anfang der 50er Jahre des 20. Jahrhunderts ermöglichte es Märklin, diesen Werkstoff für eine neue, preiswerte Güterwagen-Standardserie zu nützen. Die Gehäuse kamen immer zu viert aus der Spritzmaschine, sodass eine rationelle Fertigung erreicht wurde, die große Stückzahlen ermöglichte und damit für den Kunden attraktive Verkaufspreise ergab. Die Serie war sehr erfolgreich, was sich an den hohen Verkaufszahlen der Modelle ablesen ließ. Hinzu kam, dass die Kunststoffgehäuse – für damalige Verhältnisse – eine feine Detaillierung zuließen. Verputzarbeiten, wie beim Metallguss, fielen nicht an. Die bahntypischen Beschriftungen wurden mit der Gehäusegravur erhaben ausgeführt und farblich abgesetzt. Der Auftrag von Werbeanschriften erfolgte anfänglich mittels Schablone, später mit Schiebebildern.

Ab 1951 wurden die ersten drei Modelle angeboten. Die Serie wurde bis 1955 durch weitere Typen ergänzt. Aus Kostengründen, es war schließlich eine preiswerte Serie, bekamen die Wagen ein Blechfahrgestell. Die Verbindung von Aufbau und Wagenboden erfolgte durch Warmschmelzen von entsprechenden Ansätzen bzw. mit einer Zentralschraube. Vierachsige Wagenmodelle für diese Serie folgten ab 1953.

Bemerkenswerte Neuentwicklungen gab es auch 1952. Eine Lok, die es in vielen Jahren zu großer Beliebtheit bringen sollte, war die Neukonstruktion der Baureihe 01 (F 800). Mit dem Vorgängermodell (HR 800) hatte sie nur noch die Achsfolge und in den ersten drei Produktionsjahren noch den Tender gemeinsam. Durch Einbau des Motors in Schräglage konnte der Kessel sehr schlank gehalten und ein freier Durchblick zwischen Kessel und Rahmen gewährleistet werden. ▲

Unten: Schweizer Leichtschnellzuglok der Baureihe Re 4/4 I mit Allrad-Antrieb aus dem Fertigungszeitraum 1950 bis 1953/54 (Katalog-Nummer RE 800).

Der Weg zum Punktkontakt

Oben: Produktion des M-Gleises: Stanzen und Prägen der Gleisböschung aus der bedruckten Blechtafel.

Unten: Schauanlage aus den 60er Jahren. Die Spitzenmodelle waren damals die Ae 6/6, die BB 9200 die E 41 und die V 60. Sie drehten ihre Runden auf dem robusten Metall-Gleis.

Als auf der Leipziger Frühjahrsmesse 1935 die ersten Muster der neuen Märklin-Miniatur-Tischbahn 00 (H0) gezeigt wurden, fehlte bei Gleisen, Weichen und Kreuzung, teilweise noch im blanken Rohzustand, die sonst obligatorische Mittelschiene.

Die beiden Fahrschienen waren isoliert auf dem Metall-Böschungskörper — mit eingeprägten Schwellen — befestigt. Dies war ungewöhnlich, denn bisher erfolgte die Stromzufuhr bei Spielzeugeisenbahnen, gleich welcher Größe, über eine isoliert eingesetzte Mittelschiene, die in der Regel das gleiche Profil wie die beiden Außenschienen aufwies.

Bei dieser neuen Bahn hatte man die Absicht, den Strom nur über die beiden Außenschienen zu führen, das heißt, je eine Schiene für die Zu- und Rückleitung des Stromes zu nutzen. Gut drei Monate später, im Juni 1935, bekamen die Händler den ersten bebilderten Neuheitenprospekt zur neuen Tischbahn zugesandt. Nun waren Gleise und Weichen doch mit einem Mittelstrang für die Stromzufuhr bestückt. Die Rückleitung erfolgte über die beiden Schienenprofile. Bei den damaligen Fertigungsmöglichkeiten in diesem kleinen Maßstab befürchtete Märklin wohl zu Recht Kontaktprobleme, die man den Spielenden — es war ja noch reines Spielzeug — nicht zumuten konnte. Außerdem waren bei diesem Stromführungssystem keine Einschränkungen beim Aufbau der Gleisanlage, beispielsweise durch Kehrschleifen und Gleisdreiecke, zu berücksichtigen.

1935 1940 1950 1960 1970 1980 1990 2000

Oben: Die P 8 war über viele Jahre ein Wunschmodell der Märklinisten. Auch auf dieser Großanlage wurde Anfang der 70er Jahre das M-Gleis verlegt.

Unten: Ein perfektes Drunter und Drüber war auf dieser M-Gleis-Anlage zu sehen.

| 1850 | 1860 | 1870 | 1880 | 1890 | 1900 | 1910 | 1920 |

Oben: Das K-Gleis fand rasch viele Freunde unter den Märklinisten. Seine Geometrie wusste zu überzeugen.

Unten: Verschiedene Elemente aud dem K-Gleis-Sortiment.

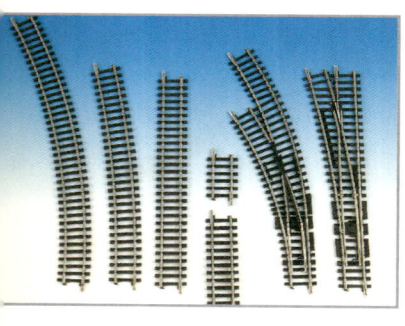

In den Jahren bis zum Ausbruch des Zweiten Weltkrieges entwickelte sich die Märklin-Miniaturbahn langsam zur Modellbahn, die nun auch von Erwachsenen als Freizeitbeschäftigung betrieben wurde. Nach dem Zweiten Weltkrieg setzte sich dieser Trend beschleunigt durch. Dieser Käuferkreis stand einer Mittelschiene, die ja praktisch beim Großbetrieb nicht vorkommt – sieht man von seitlicher Stromschiene bei Stadtbahnen einmal ab –, in der Regel ablehnend gegenüber. Auch bei Märklin selbst war man über das Gleis nicht besonders glücklich. Des Weiteren wollte man sich den Wünschen des Exportes, zum Beispiel in die USA, wo, von Ausnahmen abgesehen, in der Regel ohne Mittelschiene gefahren wurde, nicht verschließen. Eine der ersten großen Ausstellungen außerhalb Deutschlands für exportierende Firmen war die Military Government/German Exhibition, die in der Zeit vom 9. bis 24. April 1949 im Rockefeller Center in New York City stattfand. Märklin war auf dieser wichtigen Schau mit einem eigenen Stand vertreten. Von der Geschäftsleitung waren Dr. Carl Ehmann und Dipl. Ing. Herbert Safft anwesend. Neben dem damaligen Fertigungssortiment hatte man extra angefertigte Zweischienen-Zweileitergleise verlegt, auf der die neuen Super-Modelle – ausgerüstet mit isolierten Radsätzen – im Betrieb vorgeführt wurden. Die Gleise entsprachen in den Abmessungen und Radien dem damaligen Mittelleitergleis. Fast zur gleichen Zeit hatte sich in Deutschland etwas ereignet, was die Herstellung dieses Gleises überflüssig machen sollte. In der von Werner Böttcher

1930　**1949**　1950　1960　1970　1980　1990　2000

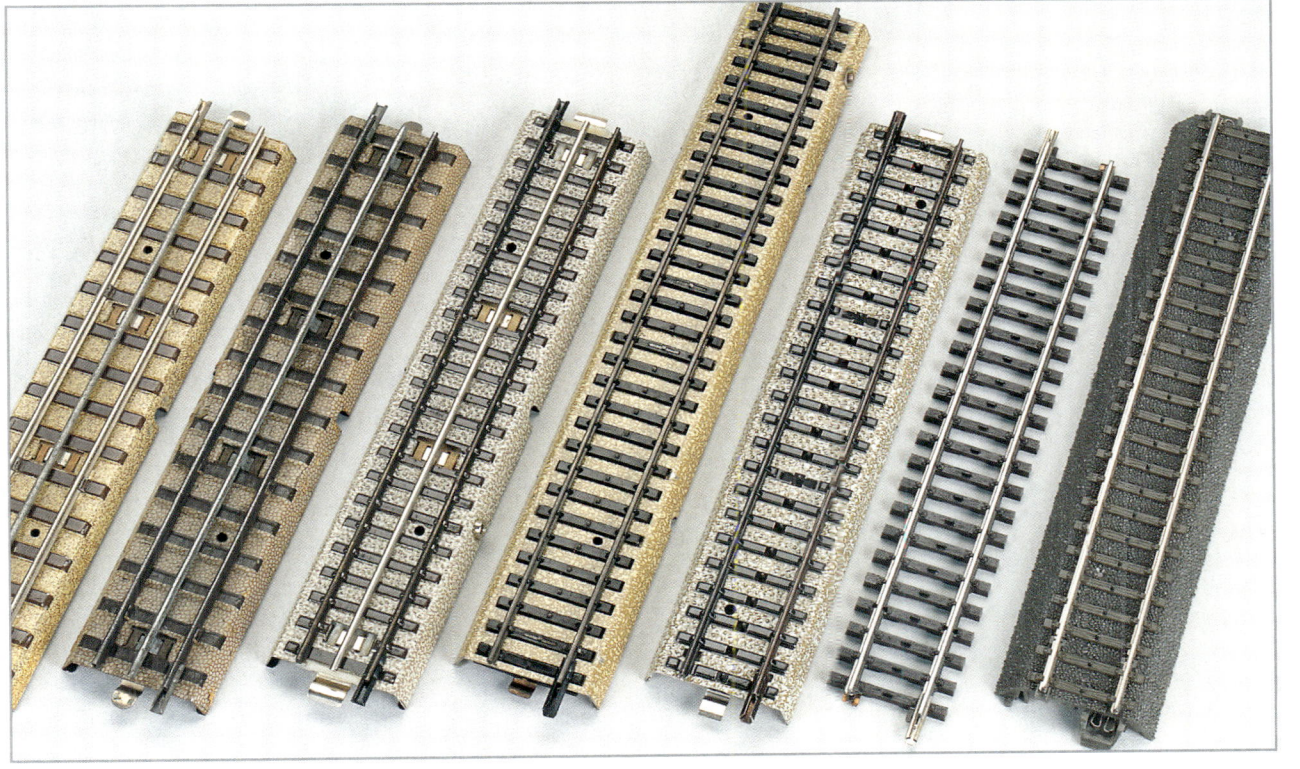

Oben: Das farblich nachbehandelte K-Gleis ruht auf speziellen Gleisbettungen und wirkt sehr realistisch.

Unten: Die Entwicklung des Punktkontaktes zeigt diese Aufnahme von den ersten Gleisstücken bis zum aktuellen C-Gleis.

| 1850 | 1860 | 1870 | 1880 | 1890 | 1900 | 1910 | 1920 |

Bahnbetriebswerke zählen zu den am häufigsten nachgebildeten Motiven auf der heimischen Anlage. Hier wurde das K-Gleis verwendet.

herausgegebenen Zeitschrift „Modellbahnen Welt" – der Zeitschriftentitel wurde übrigens 1965 als Verlagstitel für das Märklin-Magazin übernommen – berichtete ein Mr E. W. Johnson aus England ausführlich mit Fotos und Skizzen von einem englischen Modellbahnclub, der seine Zweischienen-Vereinsanlage mit so genannten Punktkontakten ausrüstete. Zwischen den Schwellen wurden Nägel in das Gleisbett beziehungsweise die Grundplatte eingeschlagen und an der Unterseite mit einer Drahtleitung verbunden. Zur Stromabnahme von den Punktkontakten wurde – ähnlich dem Schleifer beim Mittelschienen-System – ein federnder Spezialschleifer entwickelt, der mindestens zwei Nagelkontakte abdeckte und wegen seiner an den Enden nach oben gebogenen Form Skischleifer genannt wurde. Im Bereich von Weichen und Kreuzungen wurden die Kontaktstifte sukzessive angehoben, um den Schleifer über die den Gegenpol darstellenden Schienenprofile ohne Berührung hinwegzuführen.

Ursprung der Idee für die Modellbahn war die Straßenbahn in der englischen Stadt Hastings, die in früheren Jahren den Strom über Punktkontakte, welche in den Bahnkörper eingesetzt waren, abnahm. Auch in der sächsischen Landeshauptstadt Dresden kam bereits 1904 ein solches Prinzip, das so genannte „Dolter-System", versuchsweise zum Einsatz. Auf die Idee, es eventuell auch bei elektrischen Spielzeug-Eisenbahnen zu nutzen, ist eben keiner gekommen. Märklin griff die Idee sofort auf. Es wurden Versuchsmuster angefertigt, Konstruktionen durchgeführt, Patente beantragt

| 1930 | **1949** | 1950 | 1960 | 1970 | 1980 | 1990 | 2000 |

und vom Patentamt erteilt. Federführend war hier der technische Geschäftsführer Herbert Safft. Dieser sagte: „Das Aufkommen des Punktkontakts war für Märklin ein Glücksfall."

■ Der Weg zum Punktkontakt

Vom französischen Modellbahn-Hersteller Veron et Bruin (Veron und Braun), Markenzeichen „VB", erwarb Märklin die Lizenz für ein Gleissystem mit Böschungskörper (schlanke Weichen, große Radien) und Mittelschienen, das dort seit etwa 1946/47 produziert wurde. Anstelle des von VB verwendeten Schwellenbandes setzte Märklin patentgeschützte Segmentplatten mit Schwellennachbildungen aus

Oben: Mit dem Flexgleis aus dem K-Gleis-Sortiment lassen sich sehr elegante Gleisfiguren nachbilden. Die Gleise wurden mit echtem Schotter eingeschottert und anschließend farblich nachbehandelt.

Unten: Immer unauffälliger wurde der Punktkontakt im Laufe der Entwicklung. Beim C-Gleis ist er schon fast nicht mehr wahrnehmbar.

153

| 1850 | 1860 | 1870 | 1880 | 1890 | 1900 | 1910 | 1920 |

Kunststoff von unten in den Böschungskörper ein. In diese wurden dann, ebenfalls patentgeschützt, die Punktkontakte – verbunden durch einen verdeckt laufenden Blechstreifen – eingesteckt. Dies war die Geburtsstunde des Märklin-Punktkontaktes. Technisch und optisch eine ausgezeichnete Lösung. Selbst aus geringer Entfernung waren die „Pukos" kaum auszumachen.

Dieses neue Gleissystem – damals einmalig in seiner Art – mit großen Radien, schlanken Weichen und vorbildgerechtem Gleismittenabstand war die eigentliche Sensation der Nürnberger Spielwarenmesse 1953 im Bereich der Modelleisenbahn. Im Märklin-Neuheitenprospekt von 1953 konnte mit Stolz vermeldet werden: „Diese Modellgleise vereinigen die Vorteile des Dreischienengleises mit dem modellmäßigen Aussehen des Zweischienengleises." Da das Modellgleis in der Fertigung sehr aufwändig war, hatte es natürlich auch seinen Preis. Deshalb sann man bei Märklin auf preiswertere Alternativen, die gleichzeitig das nach wie vor im Sortiment geführte Standardgleis mit Mittelschiene durch ein entsprechendes Punktkontaktgleis ersetzen würden. Von den Konstrukteuren, den Mustermachern, den leitenden technischen Mitarbeitern und dem technischen Geschäftsführer wurden zahlreiche Erfindungen gemacht, die patentrechtlich geschützt waren. Nach umfangreichen Entwicklungsarbeiten und technischen Vorarbeiten wurde eine vollkommen neue Fertigungsstraße aufgebaut, wie man sie bis dahin nicht gekannt hatte. Zur Nürnberger Spielwarenmesse 1956 konnte man ein äußerst preiswertes Standard-Punktkontaktgleis-Sortiment vorstellen. Gleise und Weichen kamen – nicht zuletzt durch ihre Preiswürdigkeit – beim Käufer so gut an, dass man in den 50er und 60er Jahren jährliche Stückzahlen in zweistelliger Millionenhöhe produzieren konnte.

Mitte der 60er Jahren wurde auch der Wunsch der Modellbahnfreunde nach einem Puko-Schwellenbandgleis in Göppingen immer unüberhörbarer.

| 1930 | 1940 | 1950 | **1969** | 1970 | 1980 | 1990 | 2000 |

Das K-Gleis

Mitte der 60er Jahre machten deshalb bereits Gerüchte über ein Märklin-Universalgleis die Runde. Märklin konnte letztlich auch diesen Wunsch mit dem 1969 erschienenen Kunststoffgleis mit eingesetztem Puko-Mittelleiter, „K-Gleis" genannt, erfüllen. Neben einem Standardsortiment, bei dem die Geometrie in etwa der des M-Gleises entsprach, gab es nach und nach auch größere Radien sowie schlankere Weichen, eine Doppelkreuzungsweiche und anderes. Auch ein flexibles Gleis und abnehmbare Weichenantriebe wurden realisiert. Mit letzterem wurde sogar — einschließlich indirekt beleuchteten Weichenlaternen — ein Unterflurantrieb möglich. Zur besseren Unterscheidung vom K-Gleis wurde

Oben: Das C-Gleis ist für den professionellen Modellbahner genauso wie für jugendliche Einsteiger geeignet. Das Zusammenfügen und Trennen ist wirklich kinderleicht.
Links: Die Geometrie stimmt: Begeisterung für die neue C-Gleis-Weiche (1996).

Linke Seite oben: Großanlage mit dem M-Gleis.

Linke Seite unten: Auch auf dem M-Gleis ließ es sich natürlich vortrefflichst spielen.

| 1850 | 1860 | 1870 | 1880 | 1890 | 1900 | 1910 | 1920 |

Oben: Die schlanken Weichen des C-Gleis-Systems können rundum überzeugen. Die zierlichen Weichenlaternen tragen mit zum überaus realistischen Gesamtbild bei. Zusätzliches Einschottern unterstützt den vorbildgetreuen Eindruck.

Unten: Die wichtigsten Elemente des C-Gleis-Systems.

das bisherige Metallgleis von nun an als M-Gleis bezeichnet.

■ Das Gleis mit dem „Click"

Ein weiterer Schritt in Richtung eines modernen Kunststoff-Bettungsgleises war 1988 die Vorstellung des „Alpha"-Gleises für eine kindgerechte Spielbahn. Ein großer Vorteil dieses Gleises war der schnelle und unkomplizierte Auf- und Abbau der Gleisanlage, wofür eine patentierte Schnappverbindung sorgte. Erfinder dieser Schnappverbindung, die später auch auf Grund ihres Schnappgeräusches mit „Click" bezeichnet und für das spätere C-Gleis weiter optimiert wurde, war der damalige stellvertretende Entwicklungschef Helmut Röther. Dieser hatte unter anderem auch die sichere patentgeschützte Verbindung des K-Kreises entwickelt.

Anfang der neunziger Jahre, das M-Gleis war wie seine Produktionseinrichtungen in die Jahre gekommen, begann man bei Märklin mit der Weiterentwicklung des Alpha-Gleises, das heißt, es wurde ein vollkommen neues Gleissystem unter dem Namen „C-Gleis" entwickelt. 1996 begann man mit einem geometrisch verbesserten Standardsortiment. Spezialweichen, große Radien und schlanke Weichen folgten sukzessive. Für die schlanken Weichen hat man ein Passstücksystem ersonnen, das seinesgleichen sucht. Schließlich waren Böschungsweichen mit geringem Abzweigwinkel und geringem Gleisabstand oft genug ein Problem. ▲

Oben: In diesem Bw wurden sowohl Elemente aus dem K- wie auch aus dem C-Gleis-Sortiment kombiniert.

Mitte: Der Herzstückwinkel der schlanken C-Gleis-Weiche beträgt 10 Grad.

Die Wirtschaftswunderzeit

Mitte: Märklin-Anlage von 1952, 1982 ausgestellt im historischen Museum Hannover und bestaunt von drei Modellbahnfreunden.

Unten: Vor dem Schaufenster des Münchener Spielwarengeschäftes Obletter 1952.

Der wirtschaftliche Aufschwung in der Bundesrepublik Deutschland, dem man später den Namen „Wirtschaftswunder" gab, machte sich natürlich auch bei Märklin bemerkbar. Neue technische Verfahren und neue Materialien ermöglichten eine rationellere und demzufolge auch preiswertere Fertigung. Bereits 1953 war ein in vieler Hinsicht bemerkenswertes Neuheitenjahr von Märklin.
Herausragend war die Einführung des Modellgleissystems mit Punktkontakten — eines Gleissystems, das seiner Zeit weit voraus war. Des Weiteren brachte die Entwicklung eines zusätzlichen kleineren Motors und eines verkleinerten Fahrtrichtungsumschalters die Möglichkeit, auch kleinere Loktypen nachzubilden. Außerdem war es durch die gleichzeitige Verwendung von Lokgehäusen aus Kunststoff bei den kleineren Typen möglich, die Preise kundenfreundlich zu gestalten.
Bereits die ersten beiden nach dieser Technologie gebauten Loks, die Tenderlok der Baureihe 89.0 (CM 800) und die Rangier-Elektrolok E 63 (CE 800), waren Volltreffer. Die Tenderlok sollte bald eine Auflage in Millionenhöhe erreichen. Durch die im gleichen Jahr erfolgte Einführung von Haftreifen bei fast allen Triebfahrzeugen konnte eine deutliche Zugkraftsteigerung erreicht werden. Ein völlig neues Flügelsignal-Sortiment, mit dem nun alle beim Vorbild vorkommenden Signalbilder gezeigt werden konnten, vervollständigte das Neuheitenangebot von 1953.

■ Die H0-Uhrwerkbahn

Mit dem beabsichtigten Auslauf der Fertigung der Nenngröße 0 (1954) versuchte man es 1953 noch mit einer H0-Uhrwerkbahn. Eine zweiachsige Stromlinienlok mit kurzem Tender erinnerte an ein Vorbild amerikanischen Ursprungs. Es war die verkleidete K4 Nr. 3768 der Pennsylvania Railroad (PRR) mit der Achsfolge 4-6-2 nach einem Entwurf von Raymond Loewy von 1938 für den Broadway Limited. Zur Märklin-Uhrwerklok — heute ein gesuchtes Sammlerstück — gab es gerade und gebogene Gleisstücke ohne Mittelleiter, der jedoch nachgerüstet werden konnte. Die Bahn verblieb nur drei Jahre im Sortiment.
Eher durch Zufall entdeckte der Chronist kürzlich im Firmenarchiv zwei verschiedenfarbige Muster von zweiachsigen Personenwagen mit amerikanischen Stilelementen, die zur eben beschriebenen Lokomotive passten. Warum man damals diese Wagen zur Ergänzung der

1953

„Uhrwerklok" nicht verwendet und ihr stattdessen einen damals ebenfalls neu entwickelten Plattform-Personenwagen deutschen Ursprungs zur Seite gestellt hat, lässt sich heute leider nicht mehr nachvollziehen. Die Akteure von damals sind mittlerweile alle verstorben. Im darauf folgenden Jahr verkörperte ein äußerst gelungenes Modell die moderne Deutsche Bundesbahn: die 1'C1'-Neubau-Schlepptenderlok der Baureihe 23 (DA 800). Dieses formschöne Dampflokmodell fand in kürzester Zeit sehr viele begeisterte Freunde. Ursprünglich mit einem Gehäuse aus Kunststoff ausgestattet, bekam sie zwei Jahre später eines aus Zinkdruckguss.

Ein nicht minder erfolgreiches Fahrzeug erfreute 1955 wiederum die Modellbahnfreunde: Der „Retter der Nebenbahn" — die Schienenbus-Garnitur mit dem Motorwagen VT 95 (DB 800 K) und dem Beiwagen VB 142 (DB 800 B) — fand sich alsbald auf vielen Modellbahnanlagen wieder.

1956 gelang es einem weiteren Dampflokmodell, mit einem Schlag die oberste Sprosse der Beliebtheitsskala zu erreichen. Hierbei

Oben und Mitte oben: Uhrwerk-Lokomotive S 870 von 1953 mit Personenwagen nach amerikanischen Formen als Prototypen und eine H0-Geschenkpackung mit einer Uhrwerk-Eisenbahn als Inhalt (1953 - 1956/Katalog-Nummer S 873/2).

Mitte: Blick in das Innenleben des „Retters der Nebenbahn".

Unten: Schepptender-Dampflok der Baureihe 23 der DB in H0 mit der Achsfolge 1'C1' von 1954 - 1972/73 (Katalog-Nummer DA 800).

| 1850 | 1860 | 1870 | 1880 | 1890 | 1900 | 1910 | 1920 |

handelte es sich um die 1'C-Personenzug-Schlepptenderlok der Baureihe 24 der DB (FM 800). Die neuen Möglichkeiten, die sich durch den Kunststoff ergaben, führten zu dem Entschluss, dieses Werkmaterial auch für eine neue Serie von Modellgüterwagen zur Anwendung zu bringen. Zusammen mit einem Chassis aus Zinkdruckguss konnte dabei eine sehr günstige Schwerpunktlage der Wagen erreicht werden. Die entsprechenden Konstruktionsarbeiten begannen bereits in der ersten Hälfte der fünfziger Jahre. Für die Nachbildung wurden neueste und ältere Wagentypen der DB und der SBB ausgewählt. Bewegliche Klappen und Türen, einsteckbare Rungen und abnehmbare Behälter sorgten zusammen mit einem von Hand zu bedienenden Kranwagen für einen gewissen Spieleffekt. Die Verbindung von Aufbau und Fahrgestell erfolgte nun bis auf ein Modell ohne jegliche Verschraubung und war für Märklin patentgeschützt. Damit war auch hier eine rationelle Fertigung möglich, die sich günstig auf die damalige Preisgestaltung auswirkte. Alle nach diesem Schema gefertigten Neuentwicklungen kamen in der Zeit von 1956 bis 1960 auf den Markt. Einige Modelle haben sich bis in die heutigen Tage im Märklin-Sortiment gehalten.

■ Die modifizierte Standardkupplung

Märklin-Mitarbeiter Siegfried Staudenmayer hatte die Idee, die Standard-Bügelkupplung mit einer „Vorentkupplungsmöglichkeit" auszustatten. Ein in die Kupplung eingesetztes Zusatzglied verhindert nach dem Entkupplungsvorgang, dass der Kupplungsbügel wieder hinter den Kupplungshaken zurückfallen kann. Auf diese Weise ist es möglich, die Wagen von der Lok an jede gewünschte Stelle der Gleisanlage schieben zu lassen. Erst beim Zurücksetzen der Lok fällt der Kupplungsbügel in seine Ausgangsstellung zurück. Diese neue Kupplung wurde 1956 erstmals bei den damals neuen Modellgüterwagen realisiert

1930   1940   1956   1960   1970   1980   1990   2000

und später auf das fast gesamte Fahrzeugsortiment ausgedehnt.

▪ Das Standardgleis mit Punktkontakt

Bereits in der ersten Hälfte der 50er Jahre begann man bei Märklin mit Versuchen, auch die Gleise und Weichen der Standardserie, die immer noch mit einem durchgehenden Mittelleiter bestückt waren, mit dem weniger auffälligen Punktkontakt-Mittelleiter auszurüsten.
Um 1955 hatte man eine brauchbare Lösung gefunden und konnte zur Nürnberger Spielwarenmesse 1956 ein neues Standardgleis-System mit Punktkontakt produktionsreif vorstellen. Die Gleisgeometrie entsprach im Prinzip der Ursprungsform von 1935. 1957 begann der erste Ausbau, indem man bei den Abzweigwinkel-Weichen zusätzlich den Radius des Parallelkreises zur Anwendung brachte. Für die rationelle Fertigung der Gleise und Weichen wurden im 1957 errichteten Anbau des Göppinger Hauptgebäudes eine neue Fertigungsstraße eingerichtet. Dies machte es möglich, die Kosteneinsparungen durch die rationellere Herstellung an den Endverbraucher weiterzugeben.
So kostete ein 1/1-Gleisstück nicht mehr 0,75 DM, sondern nur noch 0,55 DM. Der Preis eines elektromagnetischen Weichenpaares konnte von 22,50 DM auf 15,00 DM gesenkt werden.
Ab Januar 1957 erfolgte bei Märklin die Umstellung des gesamten Sortiments. In der Folge entfielen beispielsweise die beliebten Buchstabenkombinationen als Artikelbezeichnung bei den Lokomotiven. Diese wurden nun in einer 3000er Gruppe eingereiht.

Linke Seite oben: Montage der dreiachsigen Schleppenderlok RM 800 (1950 - 1953/54). Diese Arbeit macht hier sichtlich Freude.

Linke Seite unten: Elektrischer Schnelltriebwagen DT 800 (1950 - 1954/55) auf einer Testanlage der Lokomotivmontage.

Oben: Das Erfolgsmodell von 1957: die V 200 (Katalog-Nummer 3021). Zur Gehäuseabnahme genügte eine Schraube.

Unten: Verschrauben von Fahrgestell und Gehäuse der Schlepptenderlok RM 800 (1950 - 1953/54).

Oben: In dieser Werbeanzeige von 1959 wird das Spielen mit einer komfortablen Märklin-Modellbahnanlage gezeigt.

Unten: DB-Schnellzugwagen der 1. Klasse (A4ymg51) in H0 mit Inneneinrichtung aus lackiertem Blech als Versuchsmuster von 1958/59.

■ Schluss mit dem Bocksprung

Was bisher patentrechtliche Gründe verhindert hatten, konnte nun beseitigt werden: die Zuführung der vollen Umschaltspannung von 24 Volt zum Motor während des Umschaltvorganges, was bei den Lokomotiven je nach Spannungshöhe einen Ruck, den so genannten „Bocksprung", auslösen konnte. Ein Unterbrecherkontakt am Fahrtrichtungsschalter machte dies möglich. Eine der ersten Lokomotiven, die davon profitieren konnte, war das im gleichen Jahr neu entwickelte Modell der Diesellokomotive V 200 der Deutschen Bundesbahn. Ohne Übertreibung kann man behaupten, dass sich seinerzeit das Vorbild und das Modell größter Beliebtheit erfreuten. Es dürfte damals kaum eine Märklin-Anlage gegeben haben, auf der diese geglückte und zudem noch preiswerte Konstruktion nicht im Einsatz war. Mehr für den skandinavischen Export gedacht war dagegen die E-Lok mit Stangen- und Blindwellenantrieb der Schwedischen Staatsbahn (SJ).

■ Fertigung neuer Wagentypen

In der ersten Hälfte der 50er Jahre begann die Deutsche Bundesbahn mit ihrem Neubauprogramm für Reisezugwagen mit einer Wagenlänge von 26,4 Metern, die über die Puffer gemessen wurden. Bei Märklin war für Modell-Nachbildungen jedoch keine Eile angesagt. Schließlich waren die Schürzenwagen von 1951 noch recht moderne Fahrzeuge und bei den Kunden sehr beliebt. Trotzdem ließ die Geschäftsleitung von allen eventuell in Frage kommenden DB-Neuentwicklungen von ihren Mustermachern entsprechende Handmodelle anfertigen. Man wollte schließlich für alle Eventualitäten gewappnet sein. Hinzu kam, dass DB und DSG aufgrund großer Altwagenbestände noch bei allen Typen über genügend Fahrzeuge verfügten. So fing man 1958 bei Märklin recht bescheiden mit der Markteinführung an und wählte hierfür drei Grundtypen aus. Neben den beim Vorbild in zehn Exemplaren vorhandenen Eilzugwagen A4 ymg54 gab es den nur als Einzelstück gelieferten Eilzug-Packwagen Pw 4ymg-54. Für den erforderlichen Speisewagen griff man auf ein Vorbild des US-Transportation Corps, den WR 4ümg-56, zurück. Dieser war beim Vorbild ebenfalls in zehn Exemplaren vorhanden und erhielt im Modell den roten DSG-Anstrich. Ein Jahr später brachte Märklin dann auch die in großen Stückzahlen beim Vorbild gebauten grünen Wagen der Gattung B4 ümg-54 auf den Markt bzw. eine Version in Blau als A4 ümg-54.

| 1930 | 1940 | **1958** | 1960 | 1970 | 1980 | 1990 | 2000 |

Oben und Mitte: Die beliebte Schlepptenderlok der Baureihe 01, oben mit passenden Reisezugwagen, verfügte über eine Telex-Kupplung. Die Aufnahme darunter lässt die zahlreichen Details erkennen, die das Modell seinerzeit zu einem Schmuckstück machten.

Zur Abrundung gab es noch den blauen ISG-Universal-Schlafwagen Typ U. Mit je einem neuen DSG-Schlaf- und einem Postwagen der Deutschen Bundespost ließ man sich noch bis 1967 Zeit. Bei den Touropa-Liegewagen und den Eilzugwagen mit Mitteleinstieg, seinerzeit sehr populäre Fahrzeuge, verzichtete man auf eine Modell-Nachbildung.

Auch die blauen und grünen Halbspeisewagen, die sich auf die Zugbildung platzbeschränkter Anlagenbetreiber positiv ausgewirkt hätten, fanden bei den damaligen Produktverantwortlichen keinen Gefallen. Die Wagen mit der damals üblichen 20-prozentigen Verkürzung hatten Drehgestelle, deren Trägerblech mit der Kupplung und den Puffern eine Einheit bildeten und zusammen ausschwenkte. Dadurch konnten die Fahrzeuge relativ eng gekuppelt werden. Anfang der 60er Jahre griff man bei Neuentwicklungen im Hinblick auf den Export auch auf Reisezugwagen ausländischer Bahnverwaltungen zurück.

■ Die Telex-Kupplung

Der im Vorjahr eingeführte neue Fahrtrichtungsschalter machte es nun auch möglich, die Tender der beiden großen Schlepptender-Dampfloks der Baureihen 01 und 44 mit einer ferngesteuerten Kupplung (Telex-Kupplung) zu bestücken.

Das Modell der elektrischen Lokomotive E 18, das einige Jahre nicht lieferbar war, wurde — zur Freude der Märklinisten — mit reaktiviertem Fahrwerk für einige Jahre wieder ins Programm aufgenommen.

Ein vielbeachtetes Modell war 1959 die vierachsige Tenderlokomotive der Baureihe 81. Mit kompletter Heusinger-Steuerung und je drei beleuchteten Stirnlampen ausgestattet, war sie wahlweise auch mit Telex-Kupplung

Unten: In den 50er Jahren gab es noch die typischen Märklin-Schachteln mit dem rot-weißen Rautenmuster.

| 1850 | 1860 | 1870 | 1880 | 1890 | 1900 | 1910 | 1920 |

Modell oder Wirklichkei
diese Frage drängt sich unwillkürlich dem Beschauer auf. Wo
Verbindung zwischen Landschaft und Modell eine Harmonie geschaffen, wie si
Strecke, auf der Schnell- und Güterzüge ihren Weg verfolgen und sich dank des automatisc
Abstell- und Rangierbahnhöfe ein naturechtes eisenbahntechnisches Getriebe. Züge kommen und gehen,
des Flügels wieder in Bewegung, ohne daß jemand sichtbar ist, der diesen Betrieb lenkt. Um so faszinierender wirkt das
ob auf den Bahnhöfen oder in den Bullaugen des Ozeanriesen. Modell oder Wirklichkeit, diese Frage ist hier in der Verschmelzung bei

Oben: Diese reich ausgestattete Märklin-H0-Anlage entstand im Jahr 1951 und vermochte zweifellos die Blicke auf sich zu ziehen.

Unten: Das Jubiläumsbild zum 100-jährigen Bestehen der Firma Märklin wurde von Rudolf Hannig gezeichnet, der in den 50er und 60er Jahren auch etliche Titelblätter der Märklin-Kataloge gestaltete.

| 1930 | 1940 | **1959** | 1960 | 1970 | 1980 | 1990 | 2000 |

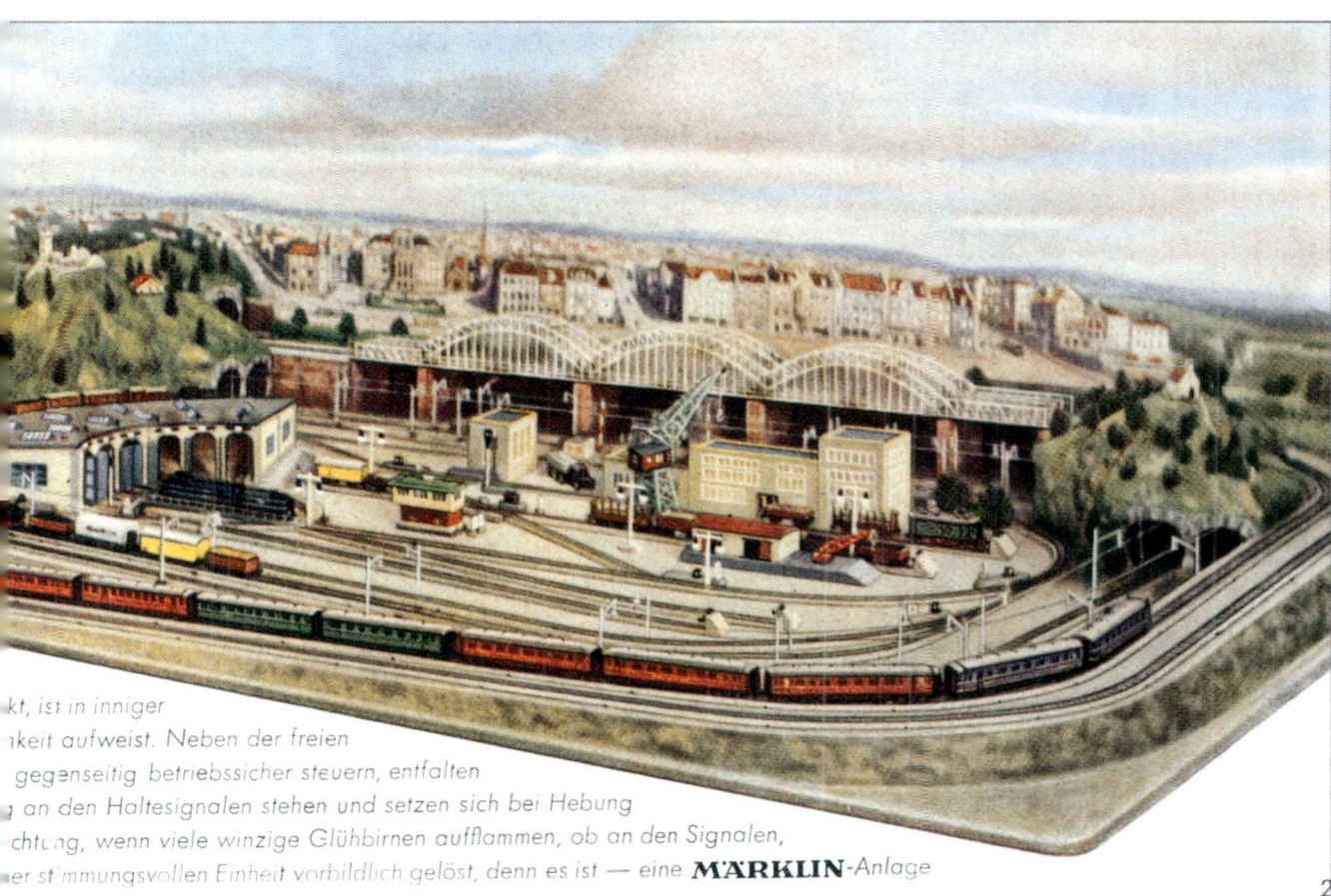

kt, ist in inniger
nkeit aufweist. Neben der freien
gegenseitig betriebssicher steuern, entfalten
g an den Haltesignalen stehen und setzen sich bei Hebung
chtung, wenn viele winzige Glühbirnen aufflammen, ob an den Signalen,
er stimmungsvollen Einheit vorbildlich gelöst, denn es ist — eine **MÄRKLIN**-Anlage

lieferbar. In jenem Jahr konnte Märklin das 100-jährige Firmenjubiläum feiern. Der Aufschwung nach dem Zweiten Weltkrieg in Bezug auf eine konsequente Weiterentwicklung der H0-Bahn bescherte dem Fabrikat einen immensen Zuspruch.

Im Jubiläumskatalog von 1959, der in Form und Aufmachung von den übrigen Katalogen abwich, wurden nicht nur die Vorteile der Märklin-Bahn aufgezählt. Hier konnte auch aufgezeigt werden, wie günstig sich die Preise bei den Lokomotivmodellen gegenüber den ersten Nachkriegsjahren entwickelt hatten. Zaghafte Schritte in Richtung Oldtimer unternahm Märklin 1960: Eine einfache, aber recht reizvolle Tenderlok, ähnlich der preußischen Gattung T 3, mit zehn Zentimetern Länge die bis dahin kleinste Märklin-Lokomotive, vermittelte Eisenbahnromantik. Sie war jedoch wegen ihres günstigen Verkaufspreises in erster Linie für den Einsteiger gedacht, der mit einer einfachen Lok sein Hobby beginnen wollte, sowie für entsprechende Anfangspackungen — heute „Start-Sets" genannt.

1960 setzte man auf das vorhandene Fahrgestell eines Plattform-Personenwagens, der seinerzeit für die H0-Uhrwerkbahn entwickelt worden war, den Aufbau eines württembergischen Personenwagens. Ursprünglich wohl als Kunststoffwagen gedacht, wurde er mit seiner Bretterimitation jedoch in Blech gefertigt. Er war in erster Linie für Einstiegspackungen gedacht, wurde aber recht preiswert auch einzeln angeboten. Er brachte es innerhalb von 25 Jahren auf die beachtliche Stückzahl von zehn Millionen verkaufter Exemplare.

Mitte: Von 1960 bis 1986/87 war die E 424 der FS auf den Katalogseiten zu finden.

| 1850 | 1860 | 1870 | 1880 | 1890 | 1900 | 1910 | 1920 |

■ US-amerikanische Fahrzeuge

Als Ersatz für die von 1948 bis 1956/57 gefertigten Dieselloks und Dieseltriebzüge nach Vorbildfahrzeugen der USA überraschten die Göppinger 1961 mit neuen amerikanischen Dieselloks und entsprechenden Güterwagen (Box Car, Gondola und Caboose). Als Vorbild für die Lok wählte man die weitverbreitete EMD-Diesellok F 7 von General Motors. Jahrzehntelang hat man dieses Spezial-Sortiment auf Sparflamme gehalten. Erst in den letzten zehn Jahren haben die Produkt-Planer des Hauses erkannt, dass mit den farbenprächtigen Vorbildern der F-7-Loks und den Güterwagen amerikanischer Bahngesellschaften der Vergangenheit und Gegenwart noch viele interessante Modelle realisierbar waren.

Oben und unten: Typische Werbebilder der Wirtschaftswunderzeit. Oben ist eine offenkundig gut situierte Familie zu sehen, vereint beim Spielen und Betrachten rund um die Modellbahnanlage. Unten tritt mehr die ausgefeilte Märklin-Modellbahntechnik in den Vordergrund, die das Spielen erst ermöglicht.

Dem Wunsch der Kunden in anderen europäischen Ländern nach Modellen ihrer nationalen Bahnverwaltungen kam Märklin, soweit das wirtschaftlich vertretbar war, ebenfalls nach. Dabei war es von Vorteil, wenn bestimmte Komponenten vorhandener Lokomotiven aus dem Fahrgestellbereich übernommen werden konnten. So konnte man aus einer ebenfalls sehr erfolgreichen Märklin-Lok, dem Modell der E 41, einer Neuheit des Jahres 1960, im gleichen Jahr die italienische Elektrolokomotive der Reihe 424 und ein Jahr später die ÖBB-E-Lok der Reihe 1141 fertigen und als Neuheit bringen.

Die technische Entwicklung ging voran und es wurde weiter nach rationelleren Fertigungsmethoden gesucht, zumal sich auch die Arbeitslöhne Ende der 50er Jahre schneller nach oben bewegten. Die Güterwagen-Modelle, die man ab 1961 neu auf den Markt brachte, hätte man natürlich auch nach der bisherigen Technik konstruieren und bauen können.

Der Anlass für die Fertigung von Wagenböden aus Blech war die Tatsache, dass der Modellbahner seine Wagen, auf der Anlage oder in der Vitrine, in der Regel nur von der Seite oder aus der so genannten Vogelperspektive sieht. Die Unterseite erblickt er nur, wenn er die Fahrzeuge in die Hand nimmt und umdreht.

■ Wegbereiter Herbert Safft

Der diplomierte Maschinenbau-Ingenieur Herbert Safft war von 1949 bis 1979 geschäftsführender Gesellschafter des Göppinger Unternehmens. Bereits zwei Jahre nach seinem Eintritt übernahm er die gesamte technische Leitung des Metallspielwarenherstellers, in dem zu dieser Zeit die Modelleisenbahn bereits Hauptumsatzträger war. Bahnbrechendes gelang dem Tüftler mit dem Punktkontakt-System für die Nenngröße H0, das die bis dahin notwendige mittlere Schiene überflüssig machte.

Sie war Herbert Safft von Anfang an ein Dorn im Auge gewesen. Bereits auf der „German Exposition Show" 1949 in New York verkündete er die baldige Abkehr von diesem Stromabnahmesystem. Zu Hilfe kam ihm dabei die im gleichen Jahr in Deutschland bekannt gewordene Möglichkeit des Punktkontakt-Systems. Safft gelang auch die sofortige Integration des Punktkontakt-Mittelleiters – patentrechtlich geschützt – in den Böschungskörper der Märklin-Metallgleise. In persönlichen Gesprächen empfand er diese Lösung als einma-

igen Glücksfall für Märklin. Schon Anfang der 50er Jahre erkannte er die Vorteile der großen Serie für Märklin und sein Verdienst bleibt es, das Unternehmen aus einer Phase stagnierender Umsätze herausgeführt zu haben.
Die Umsetzung montagefreundlicher Konstruktionen von Fahrzeugen und Gleisen führte unter seiner Leitung zu rationellen Fertigungsmethoden und verbraucherfreundlichen Preisgestaltungen. Trotz des Einsatzes neuer Materialien und Ausbringung großer Stückzahlen konnte der Bedarf bis Anfang der sechziger Jahre allerdings nicht immer voll gedeckt werden, was zu einer gewissen Kontingentierung führte. Ein Umstand, den Herbert Safft noch bei seiner Verabschiedung im Juli 1979 bedauert hatte.
In die Schaffensphase von Herbert Safft bei Märklin fallen neben der Einführung des Punktkontakt-Systems (1953) die zusätzliche Aufnahme einer Lokproduktion für Zweischienen-Zweileiter-Gleichstrom (1965), die Autorennbahn „Sprint" (1967), die Konstruktion einer N-Bahn bis zur Serienreife (1964 — 1968), die Schaffung eines Schwellenbandgleises mit Punktkontakten (1968), die Wiederaufnahme einer neu konzipierten Bahn in der Nenngröße 1 (1969), die Entwicklung der kleinsten Serieneisenbahn der Welt im Maßstab 1:220 (1969 — 1971) sowie deren Markteinführung im Jahr 1972.
Safft war an der Lösung technischer Aufgaben in vielen Fällen selbst beteiligt. Oft mussten die Ideen des Technikers jedoch hinter den wirtschaftlichen Überlegungen der Kaufleute zurücktreten.
Neben seinen unternehmerischen Aufgaben bei Märklin arbeitete Safft auch in anderen Gremien der Wirtschaft, speziell der Metall- und Spielwarenindustrie, mit. Er war Mitglied der Vollversammlung der Stuttgarter IHK und saß im Beirat der IHK Göppingen. Über zwei Jahrzehnte lang war er darüber hinaus auch im Verwaltungsausschuss des Arbeitsamtes Göppingen tätig. Jahrelang gehörte er dem Vorstand des Verbandes der Metallindustrie Nordwürttemberg-Nordbaden an und führte die Metallindustriellen-Bezirksgruppe Göppingen. Als Delegierter vertrat er die badenwürttembergische Spielwarenindustrie im Deutschen Spielwarenverband.
Die Firma Märklin hat Herbert Safft nie so ganz losgelassen. Auch während seines Ruhestandes saß er noch im Beirat des Göppinger Modelleisenbahnherstellers und beteiligte sich mit seinem über viele Jahrzehnte gesammelten Erfahrungsschatz an der Entwicklung neuer unternehmenspolitischer Zielsetzungen.
Herbert Safft, der mit seinem Wissen und Können die Entwicklung von Märklin entscheidend beeinflusst hat, starb 2001 im Alter von 80 Jahren. ▲

Dipl. Ing. Herbert Safft (ganz links) zusammen mit Gesellschafter Emil Friz (ganz rechts) und dem damaligen Verkaufsleiter Karl Heller. Mit im Bild sind die Sekretärinnen der Herren Safft und Friz.

| 1850 | 1860 | 1870 | 1880 | 1890 | 1900 | 1910 | 1920 |

Die 60er und 70er Jahre

Oben: Mit dynamischen Werbeaussagen startete Märklin in die 60er Jahre.

Unten: Unverwüstlich ist die E 94. Seit fast 40 Jahren zählt sie zu den Stars im Programm. In der Version von 2003 erhielt sie feine Dachstromabnehmer und den C-Sinus-Motor.

Der Ansturm auf Märklin-H0-Modelleisenbahnen war mittlerweile so groß, dass man mit der Produktion kaum noch nachkam und mancher Lieferwunsch nicht erfüllt werden konnte. Aus diesem Grund musste man 1962 zum Leidwesen von Handel und Endverbraucher schweren Herzens auf Neuheiten verzichten. Doch bereits im darauf folgenden Jahr konnte mit der überaus populären Rangierdiesellok der Baureihe V 60 der DB ein weiterer „Dauerbrenner" präsentiert werden. Das Modell wurde mit und ohne Telex-Kupplung ins Programm aufgenommen und hält sich dort seit mittlerweile 40 Jahren. Vor einigen Jahren spendierten ihr die Konstrukteure ein neues Fahrgestell mit Trommelkollektor-Motor und 2003 erstmals ein Gehäuse aus Zinkdruckguss. Beide Maßnahmen stehen für die lobenswerte Produktpflege bei Märklin. Bei den 24-Zentimeter-Wagen folgte ab 1963 der erste so genannte „Silberling" mit seinem effektvoll aufgedruckten Pfauenaugenmuster.

■ Das deutsche Krokodil

Nach dem Ableben von Entwicklungschef Dipl. Ing. Otto Bang-Kaup im Jahr 1951 wurde dessen Aufgabe von Dipl. Ing. Herbert Safft, dem geschäftsführenden Gesellschafter, mit wahrgenommen. Die bevorstehenden umfangreichen Entwicklungsarbeiten machten es erforderlich, diese Aufgabe einem separaten Leiter für Entwicklung und Konstruktion zu übertragen. So wurde 1963 Dipl. Ing. Helmut Kilian neu ins Unternehmen berufen.

Als erstes Triebfahrzeugmodell unter seiner Federführung erschien 1964 die elektrische Gelenklokomotive der DB-Baureihe E 94 mit der Achsfolge CoCo. Für das über die Achsen angetriebene Modell kam der große Märklin-H0-Motor zum Einsatz. Zur Zugkraftverstärkung trugen auch die drei Gehäuseteile aus Zinkdruckguss bei. Die E 94 wurde in ihrer nun fast 40 Jahre dauernden Modelllaufbahn in fast allen Vorbild-Varianten geliefert und avancierte zu einer nicht nur bei den Märklin-Freunden äußerst beliebten Lokomotive.

Die zweite Lokneuentwicklung dieses Modelljahres war nicht minder interessant: die sechsachsige Gotthard-Lokomotive Ae 6/6 der Schweizerischen Bundesbahnen. Doch damit nicht genug. Als Dritte im Bunde wurde die NOHAB-Diesellok (Achsfolge CoCo) in zwei Varianten verschiedener Bahnverwaltungen vorgestellt. Auch die drei zuletzt genannten Modelle hatte Märklin allesamt mit einem Zinkdruckgussgehäuse und großen Motor bestückt. Der erste Schnellzugwagen mit Kunststoffgehäuse war 1964 ein Modell des französischen Inox-Stahlwagen der SNCF Gattung Amf. Im gleichen Jahr begann man mit der Umstellung von hinterlegten Cellon-Fensterscheiben auf eingesetzte Fenster.

■ Die Schienenstars E 10 und E 03

Auf den meisten elektrifizierten Strecken der Deutschen Bundesbahn hatten mittlerweile

die BoBo-Neubaulokomotiven der Baureihen E 10 und E 40 die Hauptlast der Beförderung zu tragen. Dies war 1965 für Märklin ein Grund, sie in das H0-Programm aufzunehmen. Technisch entsprachen beide Nachbildungen im Prinzip dem Modell der E 41 von 1960. Die niederländischen Märklin-Freunde und nicht nur diese wurden gleichzeitig mit dem Modell der sechsachsigen E-Lok der NS bedacht.
Als die Deutsche Bundesbahn 1957 ihren neuen „Trans Europ Express" VT 11.5 in Dienst stellte, hatten viele Märklin-Freunde gehofft, diesen schönen Zug über ihre Anlagen rollen zu lassen. Die meisten Anlagen in dieser Zeit maßen aber in der Regel nur zwei Quadratmeter. Dafür war der siebenteilige Zug, auch wenn er über kurze Mittelwagen verfügte, etwas zu lang. Man griff bei Märklin deshalb auf den vierteiligen schweizerisch-niederländischen TEE-Triebzug RAm/DE zurück, der mit einer Länge von unter einem Meter den platzbeschränkten Anlagenbetreibern eher entgegen kam, und brachte ihn 1965 in der SBB-Version auf den Markt. Später machten sowohl Vorbild als auch Modell als „Northlander" auf sich aufmerksam. Das entsprechende Märklin-Modell war das erste Fahrzeug, das 1978 einer Stückzahl-Limitierung unterworfen wurde. Neuer Star unter den elektrischen Lokomotiven war sowohl bei der DB als auch bei Märklin die neue Schnellfahrlok E 03. Die Konstruktion des Modells lief damals parallel mit der Fertigung des Originals. Während das Original für Sonderfahrten im Zusammenhang mit der internationalen Verkehrsausstellung in München 1965 zur Verfügung stand, strahlte das Modell nebst Wagenzug, dem damals beim Vorbild brandneuen „TEE-Helvetia" (Hamburg-Basel), ein halbes Jahr später in Nürnberg auf dem Messestand.
Neu war auch eine Innenbeleuchtung mit Glühlampen und prismenartigem Leuchtstab, die eine gleichmäßige Ausleuchtung der Wagen gewährleistete. Ein Jahr später erhielten die TEE-Wagen ab Werk eine Inneneinrichtung, die dann ab Anfang der siebziger Jahre auch bei anderen Reisezugwagen eingesetzt wurde.

■ Loks können pfeifen

Neben den bereits 1960 eingeführten Loks mit Rauchentwickler im Schornstein (System Seuthe) brachte Märklin 1966 eine Pfeifeinrichtung auf den Markt. Die Lokpfeife fand Platz in fast allen größeren Elektro- und Diesellokmodellen. Über einen Tonauslöser und entsprechenden Zusatzbrücken konnte während der Fahrt, im Stand oder vor dem geschlossenen Signal gepfiffen werden. Die Fertigung von Zubehör, wie z. B. Bahnbauten, hatte sich in dieser Zeit fast restlos auf die Zubehör-Hersteller verlagert. Somit blieben auch die Pläne einiger Märklin-Zubehör-Entwicklungen — erwähnt seien eine ferngesteuerte Klappbrücke oder eine Be- und Entladeanlage mit entsprechenden Spezialwagen — leider in der Schublade. Individuelle Wagenwünsche sowie der Zuwachs an Spezialwagen bei der Bahn führten dazu, dass nun bei Märklin verschiedene Kon-

Oben: Zu den ersten unter Helmut Kilion geschaffenen Lokomotiven zählte die Ae 6/6 der SBB.

Mitte: Vorserien- und Serienausführung der E 03, hier aus dem Sortiment der 70er Jahre.

Unten: Das Katalog-Titelbild von 1965/66 zierten der TEE RAm und die blaue E 10.

| 1850 | 1860 | 1870 | 1880 | 1890 | 1900 | 1910 | 1920 |

Oben: Zu den über lange Zeit im Sortiment befindlichen Zügen zählte der ETA 150.

Unten: Die Baureihe E 40 wurde 2003 zusammen mit Silberlingen von der MHI neu aufgelegt.

struktionsmethoden zur Anwendung kamen. Eine Bodendetaillierung war bei manchen Modellbahnern nun das Nonplusultra. Wo es bauartbedingt nötig war, kamen auch wieder Böden aus Zinkdruckguss zur Anwendung. Bei den meisten Wagentypen genügten aber Kunststoffböden mit eingelegten Gewichten. Ab Mitte der 60er Jahre erschienen optische

Augenweiden in Gestalt des vierachsigen Druckgaskesselwagens, des Seitenselbstentladewagens und des Muldenkippwagens, die beiden letzteren übrigens mit Funktion. Neue Konstruktionsideen kamen auch beim zweiachsigen Treibstoffkesselwagen zum Einsatz. Und weil Kupplungen mitunter so verbogen sein können, dass sie unbrauchbar sind, wählte

man für deren Befestigung eine Schraubverbindung. In der ersten Hälfte der siebziger Jahre tat sich dann verhältnismäßig wenig in Bezug auf Neukonstruktionen. Für Farb- und Beschriftungsvarianten griff man auf vorhandene Typen zurück.

■ Neue Dampflok-Modelle

Bei den Dampflok-Modellen wurde Märklin erst nach einer längeren Pause wieder aktiv. Den Anfang machte 1967 das Modell Baureihe 38.10-40, der guten alten preußischen P 8. Im darauf folgenden Jahr (1968) nutzte man das Fahrgestell einer Schlepptenderlok der Baureihe 24 für die Neuentwicklung einer 1'C-Tenderlok der Baureihe 74.4-13.
Im Jahr 1969 kamen bei Märklin erstmals dreiachsige Umbauwagen hinzu, die beim Vorbild unter Verwendung von Fahrgestellen ehemaliger Länderbahn-Personenwagen entstanden. Angefangen wurde mit einem reinen 2.-Klasse- und einem kombinierten 2.-Klassewagen mit Gepäckabteil. Später kam noch ein kombinierter Wagen der 1. und 2. Klasse hinzu. Bereits vier Jahre nach ihrem Erscheinen ersetzte man bei Märklin das erfolgreiche Modell der Verserien-E-03 durch die Serienausführung der nun 103 genannten DB-Schnellfahrlok. Im gleichen Jahr (1970) erschien dann endlich wieder eine Dampflok mit stromlinienförmiger Verkleidung in Form der 03.10 der DRG. Als Fahrgestell musste das der Baureihe 18.4-5 herhalten, deren erstes Modell erst zwei Jahre später erschien. Zwölf Jahre später spendierten die Konstrukteure ein vorbildgetreues Fahrgestell mit größeren Treibrädern.
Erstmals kam als H0-Modell auch ein zweiteiliger Akkumulatoren-Triebwagen der Reihe 515 (ETA 150) mit entsprechendem Steuerwagen 815.6 heraus. 1971 fand ein zweiachsiger württembergischer Personenwagen nebst Packwagen, beide in Vollkunststoff, Einzug in das preiswerte Sortiment. Im selben Jahr gab es endlich wieder ein Modell der vielgewünschten Tenderlokomotive der Baureihe 86 mit der Achsfolge 1'D1'. Diese vollkommen neue Konstruktion — mit beidseitiger Telex-Kupplung ausgerüstet — war die Nachfolgerin des legendären Vorgängermodells, der TT 800 von 1951, deren Produktion 1956 infolge Formenschadens eingestellt werden musste.
Als 1971 im technischen Ausschuss des MOROP die Ausrundung vom Spur- zum Laufkranz der Räder für eine Aufnahme in die NEM 311 vorgestellt wurde, war Märklin der erste Großserienhersteller in Deutschland, der diesen Vorschlag sofort in die Räderfertigung einfließen ließ. Durch die Hohlkehlen-Ausbildung wird der Rollwiderstand des Fahrzeugs erheblich verringert und gleichzeitig der elektrische Kontakt zwischen Schienenkopf-Innenkante und Rad verbessert. Hinzu kommt eine Optimierung der Entgleisungssicherheit.
Dem Ruf nach längeren D-Zugwagen konnte sich natürlich auch Märklin auf Dauer nicht verschließen. So brachte man 1972 vier Wagenmodelle aus Kunststoff mit einer nur noch zehnprozentigen Verkürzung auf den Markt. Die 27 Zentimeter langen Wagen wurden in der damals gerade aktuellen Pop-Versuchslackierung angeboten. Im Kopf- und Einstiegsbereich waren die Wagen einschließlich der Drehgestelle im Maßstab 1 : 87 nachgebildet. Die eigentliche Verkürzung entstand durch Weglassen von Abteilfenstern im Zwischenbereich. Der dadurch verringerte Drehgestellabstand sollte den Überhang der Wagen in engen Gleisradien reduzieren und auch ein Berühren der Weichenlaternen bei den Weichen des M-Gleis-Systems verhindern. Aus heutiger

Umbauwagen sind besonders für den Einsatz auf Nebenlinien geeignet.

| 1850 | 1860 | 1870 | 1880 | 1890 | 1900 | 1910 | 1920 |

Klassiker im Märklin-Sortiment ist seit 1974 die Baureihe 50. Diese Ausführung mit großen Windleitblechen stammt aus dem Jahr 2002.

Sicht wäre es damals sicher ratsamer gewesen, diese Schnellzugwagen wiederum in der bewährten Blechbauweise auszuführen. Gerade wegen der Vorbildwagen mit ihren glatten Blech-Außenwänden hätte sich bei der Nachbildung besonders ein formstabiler Wagenkasten aus Feinblech angeboten. Wahrscheinlich hat damals der Trend zum „Kunststoffwagen" die Entscheidung entsprechend beeinflusst.

■ Das K-Gleis

Der von Modellbahnern und der Fachpresse oft geäußerte Wunsch nach einem Schwellenbandgleis mit Punktkontakt konnte Märklin 1969 mit dem so genannten K-Gleis erfüllen. Dabei war es gelungen, den Puko-Mittelleiter unsichtbar von oben unter den Schienenstegen und Schwellen entlang zu führen. Den Konstrukteuren gelang es auch, die Stromübertragung an den Gleis-Verbindungsenden äußerst kontaktsicher zu gestalten.
Praktisch als Nebeneffekt konnte auch eine stabile Verbindung der Gleisstücke untereinander erreicht werden, was beim Zweischienen-Zweileitergleis oft Probleme bereitet. Die ursprünglich aus Blech-Hohlprofilen bestehenden Gleise wurden im Nachhinein auf Vollprofil umgestellt. Ursprünglich war das Gleissystem auf Radien unterhalb von 500 Millimetern und Weichenwinkel von 22,5° ausgelegt. In der Folgezeit kamen Radien von über 500 Millimetern und schlanke Weichen von ca. 13° hinzu. Auch ein flexibles Gleis befindet sich im Sortiment. Bereits vor längerer Zeit wurden die Antriebe vom Weichenkörper getrennt. Sie lassen sich dadurch auf Wunsch auch „unterflur", d. h. unter der Anlagen-Grundplatte montieren. Dabei können dann die Weichenlaternen auch mit LED ausgeleuchtet werden.
Auch nach Einführung des C-Gleises 1996, das praktisch eine Weiterentwicklung des M-(Metall)-Gleises darstellt, erfreut sich das K-Gleis bei Modellbahnfreunden großer Beliebtheit. Zeitgleich mit der Schaffung des K-Gleises im Jahre 1969 wurde ein neues Lichtsignal-Sortiment eingeführt. Die Ausleuchtung der Signalzeichen erfolgte durch Kleinstglühlampen. Einen Flachgitter-Streckenmast nach damaliger DB-Norm und einen verjüngten Turmmast spendierte man in diesem Zusammenhang dem hauseigenen Oberleitungs-Sortiment.

■ Neuer Einheitsmotor

Was Insider bereits zwei Jahre zuvor vermutet hatten, wurde 1972 Realität. Märklin brachte das Modell der 2'C1'-Schnellzuglok der Baureihe 18.4-5 (ehemalige Gattung S 3/6) in Bundesbahnausführung als 18 478 heraus.
1973 führte die Göppinger Modellbahnschmiede bei Lokneukonstruktionen einen neuen

Motor ein. Statt eines großen und kleinen Motors sollte es künftig nur noch einen Motortyp geben, der in den Abmessungen weitgehend dem kleineren der bisherigen Varianten entsprach. In der Leistung (am Drehmoment gemessen) sollte er jedoch den bisherigen großen Motor übertreffen. Wichtigste Neuerung beim neuen Motor war die Umstellung von Scheiben- auf Trommelkollektor, verbunden mit einer verbesserten Anker-/Kollektorlagerung. Neben den Lokneukonstruktionen haben danach auch ältere Lokmodelle, die noch längere Zeit im Sortiment bleiben sollten, den neuen Einheitsmotor bekommen, was jedoch immer auch eine Neukonstruktion der Fahrgestelle zur Folge hatte.

Den Reigen der neuen Dampfloks mit dem neuen Antrieb eröffnete ein Modell der 2'C1'-Schnellzuglokomotive der Baureihe 003 der DB mit Windleitblechen der Bauart Witte. Ihr folgte ein Jahr später (1984) das Modell einer 1'E-Güterzuglok der DB-Baureihe 50 mit Kabinentender.

1975 erinnerte man sich in Göppingen an ein Traditionsfahrzeug, das man in den 30er Jahren schon in den Nenngrößen 0 und I gefertigt hatte, an den Kruckenberg'schen Schienenzeppelin. Bedingt durch seine Länge und der Einsatzmöglichkeit auf den kleinen Standard-Radien, rüstete man ihn — abweichend vom seinerzeitigen Vorbild — mit Drehgestellen der Bauart München-Kassel aus, die vom hauseigenen ETA-Triebwagen verfügbar waren. Brandneu war 1976 sowohl beim Vorbild als auch Modell die vierachsige E-Lok der Baureihe 111 der DB im türkisfarbenen Lack.

Vorrang hatte ab Mitte der 70er Jahre die Konstruktion einer neuen, preiswerten Güterwagen-Serie für bestimmte Käufergruppen, mit der die mittlerweile betagte Serie aus den Jahren 1951 bis 1955 abgelöst werden konnte. 1976 wurde dieses Ziel erreicht. Die ersten der neuen zweiachsigen Güterwagen, aufgebaut auf einem Einheitsfahrgestell von 11,5 Zentimetern Fahrzeuglänge, waren verfügbar. Das Fahrgestell wurde jetzt komplett aus Kunststoff gefertigt. Auch für diese Serie folgte zwei

Jahre später eine vierachsige Variante. Mittlerweile war auch das legendäre Modell des Schweizer Krokodils Ce 6/8 III, die CCS 800, ein wenig veraltet, sodass man es 1977 durch eine maßstäbliche Neukonstruktion ersetzte. Ein moderneres Gegenstück war die damals aktuelle schwere sechsachsige Güterzug-E-Lok der Baureihe 151 der DB. Entsprechend den Kundenwünschen begann man 1977 mit einer Reihe von Altbau-D-Zug- und Eilzugwagen nach bayerischen, DRG/DB- und schweizerischen Vorbildern.

Interessante Neukonstruktionen an Lokomotiven gab es bei Märklin auch 1978. Die baugleichen Kessel der Dampfloks der Baureihen 03

Oben: Mit den schlanken Weichen und dem Flexgleis erfüllt das K-Gleis-Sortiment die Wünsche vieler Modellbahner.

Unten: Die Dampflokomotiven der Baureihen 03 und 41 konnten dank ihres gleichen Kessels in einigen Varianten erscheinen.

| 1850 | 1860 | 1870 | 1880 | 1890 | 1900 | 1910 | 1920 |

Oben: Silberlinge, die V 60 mit ihrer Telex-Kupplung und die bayerische S 3/6 samt D-Zug-wagen ließen die Herzen der Märklinisten höher schlagen. Erbauer dieser wunderbaren Anlage, ganz im Stil der 80er Jahre, war der geniale Modellbauer Bernd Schmid.

Unten: Die Baureihe 151 gibt es mittlerweile in vielen Varianten von Märklin. Dabei erhielt sie neben dem Hochleistungsantrieb zuletzt auch feine Dachstromabnehmer.

und 41 machten es möglich, dass aus dem bereits vorhandenen 03-Kessel eine 1'D1'-Schnellfahr-Güterzuglok der Baureihe 41 im Modell entstehen konnte. Damit sie sich besser von der 03 abhob, bekam die 41 erst einmal die großen Reichsbahn-Windleitbleche der Bauart Wagner. Die E-Lokfreunde durften sich im gleichen Modelljahr über die Neukonstruktion einer 1'Co1'-E-Lok der Baureihe 104 freuen. Wer sie lieber mit der alten Betriebsnummer E 04 haben wollte, fand sie in Verbindung mit D-Zug-Wagen bayerischen Ursprungs in einer Zugpackung.

1979 wagte man sich gar an die Nachbildung einer Lok heran, die beim Vorbild in den 40er Jahren infolge des rückwärtigen Kriegsverlaufs gar nicht mehr gebaut wurde: Es handelte sich um die geplante Version einer dritten Kriegslok der Lokomotivfabrik Borsig, Berlin, welche die Baureihen-Nummer 53 erhalten sollte. Als Märklin-Modell jedenfalls war und ist diese Lok sehr erfolgreich. Ihr hauseigener Name lautete „Dampf-Krokodil".

Nicht minder interessant war die stangengetriebene E-Lok Ae 3/6 II der schweizerischen Bundesbahnen im braunen Ursprungslack der 20er Jahre, eine Neukonstruktion von 1980.

| 1930 | 1940 | 1950 | 1960 | 1970 | **1980** | 1990 | 2000 |

Weil der Modellbahner in der Regel auch die allerneuesten Fahrzeuge der großen Bahn einsetzen möchte, die Epochen-Beschränkung war erst im Kommen, fiel in Göppingen die Wahl in Bezug auf die Hauptneuheit des Jahres 1980 auf die Baureihe 120 der DB. Ein eher bescheidenes Gegenstück, eine kleine einfache C-gekuppelte Tenderlok nach der Baureihe 89.0 (ex pr. T 8), war eher für Neueinsteiger gedacht. Nach jahrzehntelanger Abstinenz bot man erstmals auch wieder Güterwagen der DRG an, deren Vorbilder mittlerweile beim Großbetrieb längst ihren Dienst quittiert hatten. Die Modellbahnfreunde waren jedoch in der Regel darüber erfreut, weil sie mit diesen Wagen die Eisenbahn-Romantik — zumindest auf der Modellbahnanlage — erhalten konnten.

Für die E- und Dieselloks, die bekanntlich nicht in die andere Fahrtrichtung gedreht werden

müssen, wurde zu ihrer platzsparenden Verteilung auf die Gleise des Rechteckschuppens von Märklin erstmals für H0 eine Schiebebühne entwickelt. ▲

Oben und Mitte: Seit 1980 findet sich die Baureihe 120 im Sortiment. Abwechslungsreiche Varianten, von der Weihnachtslok bis hin zur aktuellen Ausführung mit Hochleistungsantrieb, brachten dem Modell viele Freunde.

Unten: Schnittmodell der Baureihe 53, hier in der Ausführung mit Kondenstender.

Die 80er und 90er Jahre

Wegen ihrer Farbenvielfalt waren die Eurofima-Reisezugwagen sehr beliebt. 1980 begann man bei Märklin daher mit der Nachbildung. Fast alle europäischen Bahnverwaltungen hatten seinerzeit die über diese Finanzgruppe finanzierten Wagen beschafft. Märklin verkürzte von nun an alle Reisezugwagen mit einer Vorbildlänge von über 26,4 Metern auf einen einheitlichen Längenmaßstab von 1 : 100, was in der Regel eine Modelllänge von 26,4 Zentimetern ergab. Auch die Drehgestelle, die man früher (ab 1972) im Maßstab 1 : 87 belassen hatte, wurden auf den gleichen Längenmaßstab reduziert.

Eine neue Tenderlok preußischen Ursprungs, die 2'C2'-Personenzuglok der Baureihe 78 fand 1981 Aufnahme in das Märklin-Sortiment. Sie sollte sich in der Zukunft durch etliche Varianten nützlich machen. Zu den Modellen, die zwar auch schon älteren Datums, aber beim Vorbild damals noch im Einsatz waren, gehörte zudem die elektrische 1'C-Rangierlokomotive der DB-Baureihe 160. Die Plattform-Personenwagen von 1951, auch „Donnerbüchsen" genannt, fuhren nun symbolisch auf das Abstellgleis und machten Platz für Neukonstruktionen aus Kunststoff. Fürs Erste bot man sie in der Ursprungsausführung

Oben: Märklin verkürzte ab 1980 alle Reisezugwagen, wie auch die hier abgebildeten „Pop-Wagen", auf einen einheitlichen Längenmaßstab von 1 : 100, was in der Regel einer Modelllänge von 26,4 Zentimetern entsprach.

Unten: 1981 gelangte eine neue preußische Tenderlok der Baureihe 78 mit der Achsfolge 2'C2' in das Märklin-Programm, hier in einer Ausführung der Württembergischen Staatsbahn.

der DRG an, wie sie ab 1928 in Dienst gestellt wurden.
Etwas sparsamer ging es 1982 zu. Eine dreifach gekuppelte Diesel-Rangierlok mit so genanntem Blindwellenantrieb, die Baureihe V 36, war die einzige Lokneukonstruktion dieses Jahres. Beim ebenfalls neuen Teleskop-Haubenwagen konnte man nach Aufschieben der Dachhauben das Ladegut, in diesem Fall Blechcoils betrachten bzw. umladen. Gewaltiger ging es da schon 1983 zu. Für eine neue 1'E1'-Tenderlok der Baureihe 85 stand die Triebwerksanordnung der 1'E-Schlepptenderlok aus gleichem Hause Pate. Der bekannte Knickrahmen sorgt bis heute dafür, dass das Modell sicher durch den 360er Radius fahren kann. Ähnlich kraftvoll eine neuentwickelte „Kasten"-E-Lok der Reihe 152 mit Schrägstangen-/Blindwellenantrieb und der Achsfolge 2'BB2'. Die E-Loks der niederländischen Baureihe 1100, die Märklin schon einmal als SEWH 800/SEH 800 und 3013 im Programm geführt hatte, bekamen beim Vorbild als Auffahrschutz entsprechende Vorbauten. Märklin

Oben: Dank ihres Knickrahmens durchfährt die erstmals 1983 erschienene Baureihe 85 auch den 360er Radius sicher.

Unten: Die V 36, schon lange im Märklin-Sortiment, wurde 2003 in einer Ausführung mit Kuppeldach vorgestellt.

| 1850 | 1860 | 1870 | 1880 | 1890 | 1900 | 1910 | 1920 |

Mitte: Elektro-Gelenklokomotive der Baureihe 191 als Neuentwicklung des Jahres 1986.

Unten: Zu den Highlights des Jahres 1987 gehörte die Württemberger C, die spätere Baureihe 18.1.

| 1930 | 1940 | 1950 | 1960 | 1970 | **1985** | 1990 | 2000 |

brachte sie ebenfalls in dieser Ausführung und stellte als weitere Neuentwicklung gleich noch den passenden NS-Nahverkehrswagen bereit. Die Nahverkehrswagen mit Pfauenaugenmuster, die seinerzeit ab 1963 in Etappen zur Auslieferung kamen, wurden nun durch eine komplette Garnitur in Kunststoff-Ausführung im Längenmaßstab 1 : 100 ersetzt. Der Steuerwagen bekam dabei gleich die neue Kopfform der DB-Vorbildwagen.

Ebenfalls 1983 zog, was den Bedienkomfort anbelangte, erstmals Elektronik in ein neues Fahrgerät ein. Bremsverzögerung und Anfahrbeschleunigung sowie konstante Geschwindigkeit bei Berg- und Talfahrt waren die wesentlichen Merkmale.

Im Jahr 1984 wurde das 125-jährige Firmenjubiläum u. a. mit der ölgefeuerten 2'C1'-Schnellzuglok der BR 01.10 von Märklin gewürdigt. Und weil der Firmen-Stammsitz im Württembergischen liegt, wählte man erstmals für die Nenngröße H0 eine württembergische Tenderlok, die T 5 der K.Wü.St.B. mit der Achsfolge 1'C1', für eine Modellnachbildung aus. Hinzu kam eine Gruppe Oldtimer-Güterwagen, ebenfalls nach württembergischen Vorbildern und landesansässigen Firmen. Moderne Gegenstücke waren — in erster Linie für den Exportmarkt — die Schweizer E-Lok Re 4/4 IV und die belgische E-Lok der Reihe 16. Die Freunde der Schweizer Bahnen bekamen erstmals die neuen Einheits-D-Zug-Wagen Typ IV.

■ Weitere Neuheiten

Im Jahr 1985, die Deutsche Bundesbahn hatte zum 125-jährigen Bahnjubiläum der Deutschen Eisenbahn gerade ihren neuen ICE (Inter City Experimental) zum Einsatz gebracht, konnten ihn die Märklin-Freunde für ihre H0-Anlagen erwerben. Angetrieben wurde die formmäßig sehr geglückte Nachbildung des DB-Paradezuges von zwei Glockenankermotoren System Faulhaber. Den bekannten Schweizer Triebwagen „Roter Pfeil" hatte Märklin von 1936 bis 1939/40 in Nenngröße 0 im Lieferprogramm. Nun bot sich erstmals auch den H0-Freunden die Gelegenheit, ein entsprechendes Modell aus Göppingen in ihren Fahrzeugpark einzureihen. Die ebenfalls im gleichen Jahr angekündigten vierachsigen Umbauwagen folgten ein Jahr später, aber nun gleich mit der neuen Kurzkupplungskinematik und der neu eingeführten Märklin-Kurzkupplung ausgerüstet. Die doppelte

Oben: Im Jahr 1988 wurde der Rheingold-Zug in einer Vorbildausführung von 1932 vorgestellt. Als Zuglok lieferte Märklin eine passende S 3/6.

Unten: Die Württemberger C in Gold diente als Erinnerungsstück an ein Treffen von Wirtschaftsfunktionären im Jahr 1992 in München.

| 1850 | 1860 | 1870 | 1880 | 1890 | 1900 | 1910 | 1920 |

Oben: Aus der ölgefeuerten Schnellzugdampflok 012 wurde 1991 die kohlegefeuerte 011, wie sie auf diesem Foto zu sehen ist.

Unten: Im selben Jahr erschien die Schweizer Gotthard-Lokomotive Ae 6/6 in einer fein detaillierten Neuauflage, die das Modell von 1964 ablöste.

Achsanordnung bei der Rangierlok der Reihe 160 (1981) war erforderlich, um eine 1986 neu entwickelte Gelenk-E-Lok der Reihe 191 zu bestücken. Mit der Nachbildung von vier verschiedenen dreiachsigen Abteil-Personenwagen — beim Vorbild ehemals Doppelwagen der Berliner Stadtbahn — war der Wunsch nach einer längst fälligen Neukonstruktion erfüllt. Fast den Gegenpart dazu bildeten drei neue S-Bahnwagen (ABx, Bx und Bxf) der DB als H0-Modelle.

■ Die Württemberger C

Für das Modelljahr 1987 ließ Chefkonstrukteur Helmut Kilian ein „Flaggschiff" besonderer Art entwickeln: ein Modell der 2'C1'-Schnellzuglok „Litra C" der Königlich Württembergischen Staatseisenbahnen, der späteren Reihe 18.1 der DRG bzw. DB. Die Lok gab sich mit feiner Detaillierung und mit freistehenden, LED-beleuchteten Laternen sowie zierlichen Speichenrädern. Angetrieben wurde das komplett aus Zinkdruckguss gefertigte Modell von einem Glockenankermotor der Firma Faulhaber über ein freilaufendes Kegelradgetriebe. Die dreiachsigen Abteilwagen vom Vorjahr wurden nun zu drei Zweiwagen-Pärchen fest gekuppelt, mit dem preußischen

| 1930 | 1940 | 1950 | 1960 | 1970 | **1987** | 1990 | 2000 |

Oben: Die Top-Neuheit des Jahres 1994 war die große Mallet-Lok der Baureihe 96.

Mitte: Der ICE 1 erschien 1992. Hier ist eine Version in Amtrak-Ausführung zu sehen.

Unten: Märklin brachte eine ganze Palette an Schweizer Werbeloks heraus. Meist handelte es sich um die SBB-Baureihe 460. Ganz unten fällt die Re 4/4 IV „aus der Reihe".

Farbkleid versehen und mit einer ebenfalls preußischen T-18-Tenderlok bespannt, ins Programm aufgenommen. Grund war das 750-jährige Stadtjubiläum von Berlin.
Der Rheingold-Zug von 1928 in der Ausführung von 1932 — gefertigt aus Feinblech — war 1988 der absolute Star der Neuheiten-Collection. Im Rheingold-Aussichtswagen von 1962, mittlerweile zum Schweizer Panoramawagen deklariert, hatte ein digital gesteuerter Kellner im Maßstab 1:87 seinen Bedienungsrundgang aufgenommen und ein Jahr später drehten sich auf digitalen Knopfdruck im Tanzwagen die Tanzpaare nach der Musik. Bei soviel Glanz und Technik wäre fast eine kleine C-Tenderlok nach dem Vorbild der Baureihe 80 der DB übersehen worden. Die in Ganzmetallausführung mit zierlicher Heusinger-Steuerung ausgeführte Nachbildung stellt für Rangierbewegungen auf der Modellbahn eine wertvolle Hilfe dar. Mit dem zweiteiligen Dieseltriebwagenzug der Reihe G 28.2 kam 1989 einmal wieder ein für geringeres Verkehrsaufkommen einsetzbares Fahrzeug ins Sortiment. Die dreiachsige Rangierdiesellok DHG 500 von 1967 bekam im selben Modelljahr die gleichachsige DHG 700 C zur Seite gestellt. Damals ebenfalls neu: ein dreiachsiger, zweigliedriger Autotransportwagen der DB. Für einen Zug der Neuheiten von 1990 war die

| 1850 | 1860 | 1870 | 1880 | 1890 | 1900 | 1910 | 1920 |

Oben: Die lange Zeit im Märklin-Sortiment vermisste E 18 kam 1992 als neu konstruierte Baureihe 118 ins Programm.

Mitte: In Gemeinschaftsproduktion mit Trix entstand 1993 der „König Ludwig-Zug" mit der Schlepptenderlok „Tristan".

Unten: Der Pendolino (Baureihe 610) war ebenfalls ein Gemeinschaftswerk – diesmal von Märklin und Fleischmann.

| 1930 | 1940 | 1950 | 1960 | 1970 | 1980 | **1992** | 2000 |

Firma Trix, mit der man bereits seit 1988 kooperierte, der Lieferant. Von dort kam die bayerische „Glaskasten"-Tenderlok Pt L 2/2 mit passenden Lokalbahn-Personenwagen. Aus der ölgefeuerten Schnellzug-Dampflok 012 wurde 1991 die kohlegefeuerte 011. Die Schweizer Gotthard-Lok Ae 6/6 von 1964 wurde im gleichen Jahr durch ein noch feiner detailliertes Modell abgelöst. Liebhaber von französischen E-Lok-Modellen bekamen eine brandneue „Sybic" (BB 26000).

■ Gemeinschaftsproduktionen

Spektakulärste Neuheit von 1992 war wohl der neue ICE 1 (BR 401) der DB, dessen Vorbild gerade seinen Betrieb auf der Nord-Süd-Strecke aufgenommen hatte. Auch die lange Zeit im Sortiment vermisste E 18 kam als neu konstruierte Baureihe 118 ins Sortiment. Die Stromlinien-Dampflok der Baureihe 03.10 von 1970 erhielt nun endlich ein passendes Fahrwerk mit größeren Rädern. Im gleichen Jahr wurde zusätzlich das einfachere Digital-System unter dem Namen „Delta" eingeführt und der Digital-Decoder mutierte durch zusätzliche Komponenten vom bisherigen

Oben: Eine der Neuheiten des Jahres 1994: die V 200 in der Ausführung als Baureihe 220.

Unten: Fein detaillierte Dachpartie der E 19 von 1994.

| 1850 | 1860 | 1870 | 1880 | 1890 | 1900 | 1910 | 1920 |

Oben: Als eine der Neuheiten von 1994 brachte Märklin die E 19, die bei der DRG einst für den Schnellverkehr vorgesehen war, als sehr fein detailliertes Modell heraus.

Fünf-Sterne-Antrieb zum Hochleistungsantrieb. Großes Gemeinschaftsprojekt mit Trix war 1993 der „König Ludwig-Zug". Die E-Lok der Baureihe 243 der DR, die nach der Wiedervereinigung auch auf dem Gebiet der DB hilfreiche Dienste leisten konnte, nahm man bei Märklin ebenfalls für eine Modellnachbildung als Vorbild. Die modernste Lok, welche die Schweizer Bundesbahnen seinerzeit bieten konnten, die Baureihe 460 — von Märklin bereits ein Jahr zuvor angekündigt — war nun ebenfalls produktionsreif. Die bekannte US-Diesellok von GM, die F 7 (A-Unit) bekam nun erstmals ihr führerstandsloses Ergänzungsteil (B-Unit). Die Top-Neuheiten von 1994 hatten eine große Mallet-Lok der Baureihe 96 und die ehemals für Schnellfahrten bei der DRG vorgesehene E 19 sowie die ehemalige 1'E-Kriegs-Güterzuglokomotive als Vorbilder. Dies war allerdings noch nicht alles. Ebenso freudig

Unten: Die Baureihe 34 war ebenfalls unter den Neuheiten des Jahres 1994. Sie erschien unter anderem in der kohlegefeuerten Reichsbahnversion.

| 1930 | 1940 | 1950 | 1960 | 1970 | 1980 | **1995** | 2000 |

nahmen die Modellbahner die vollkommen neu konstruierte Nachbildung der bekannten Diesellok V 200 als Baureihe 220 und den zusammen mit der Firma Gebr. Fleischmann entwickelten Triebwagen der Baureihe 610 auf, der wie sein Vorbild über eine funktionierende Wagenkasten-Neigetechnik (Pendolino) verfügte. Aus der E-Lok 460 entwickelte man zusätzlich die BLS-Variante der Baureihe 465. Ein bayerischer Torfzug entstand wiederum in Zusammenarbeit mit Trix. 1995 war wieder ein Jubiläumsjahr im doppelten Sinn. Während man bei Märklin das 60-jährige Bestehen der Baugröße H0 feierte, war es beim großen Vorbild das Jubiläum „150 Jahre Eisenbahn in Württemberg". Mehrere Zugzusammenstellungen sollten im Modell an beide Anlässe erinnern. Dazu gehörte der Kittel-Dampftriebwagen der württembergischen Bauart DW. Abseits von den Feierlichkeiten erschien ein neukonstruiertes Modell der SBB Re 4/4 II. Das Highlight des Jahres bildete allerdings das Modell eines Salonwagenzuges des letzten deutschen Kaisers, Wilhelm II.

Oben: Die preußische S 10 als Zuglok der Salonwagen-Garnitur des letzten deutschen Kaisers Wilhelm II. Diese edlen Fahrzeuge erschienen 1995.

Mitte links und rechts: In der Detailansicht zeigt sich die exquisite Gestaltung der Wagen besonders gut.

Unten: Die Schlepptender-Schnellzuglok der Baureihe 17.0 der Deutschen Reichsbahn Gesellschaft (DRG), die frühere preußische S 10.

| 1850 | 1860 | 1870 | 1880 | 1890 | 1900 | 1910 | 1920 |

Die Fotos dieser Seite zeigen weitere, bemerkenswerte Neuentwicklungen für das Märklin-H0-Sortiment: **(von oben nach unten)** die Ae 8/14 von 1997 in Metallausführung, die ölgefeuerte Baureihe 044, die Baureihe 92 — und das „Krokodil in Platin", welches im Milleniumjahr 2000 erschien. Der Verkaufspreis dieser besonderen Krokodil-Lokomotive richtete sich nach dem damals aktuellen Platin-Tagespreis.

Entwicklung unter Diplom-Ingenieur Helmut Kilian

Der diplomierte Ingenieur für Elektrotechnik, Helmut Kilian, geboren am 5. Juni 1927 in Ellwangen, kam am 1. Oktober 1963 als Leiter der Entwicklung zum Modellbahnhersteller Märklin nach Göppingen.

Mit Kilians Schaffen bei Märklin verbindet sich nicht nur die Hinwendung zur größeren Detaillierung der Modelle, sondern auch die Wiederaufnahme der Nenngröße I als „neue 1" — unter Anwendung zeitgemäßer Techniken — sowie die Einführung des digitalen Steuerungssystems.

Die Entwicklung der Autorennbahn „Sprint" sowie eine nicht realisierte Märklin-N-Bahn fand ebenfalls unter Kilian statt. Das Gleiche gilt für das K-Gleissystem in H0, das als vorbildgetreues, bettungsloses Kunststoff-Gleis nach wie vor auf Modellbahnanlagen gern zum Einsatz kommt. Aus der unter Helmut Kilian entwickelten „Alpha"-Bahn ging später ebenfalls ein wegweisendes Gleissystem hervor, das „C-Gleis", dessen stabile Verbindungselemente eine logische Fortführung des Alpha-Gleises darstellen.

Eine Herausforderung für Helmut Kilian war die Entwicklung der kleinsten Serieneisenbahn der Welt im Maßstab 1 : 220.

Ab 1964 war Kilian auch ständiger Vertreter seiner Firma im Technischen Ausschuss des MOROP. Für sein langjähriges Engagement in diesem Gremium wurde ihm 1992 die Ehrenmitgliedschaft verliehen.

Im Mai 1988 wurde Helmut Kilian zum kommissarischen Geschäftsführer für den Bereich Technik bei Märklin berufen. Ab April 1990 übernahm er als Leiter die Abteilung Produkt-Management. Zum 1. Oktober 1992 ging er in den verdienten Ruhestand, war jedoch danach noch beratend für das Unternehmen tätig. Helmut Kilian verstarb am 1. Januar 2000. ▲

Oben: Helmut Kilian am Zeichenbrett. Er ist dabei, eine Übersichtszeichnung für die Baureihe 33 in H0 zu fertigen.

Unten: Helmut Kilian (2. v. l.) im Kreis seiner Kolleginnen und Kollegen aus der Entwicklungsabteilung.

| 1850 | 1860 | 1870 | 1880 | 1890 | 1900 | 1910 | 1920 |

Rückkehr der Königsspur: Die Neue 1 bei Märklin

Oben: Das Modell der Baureihe 55 ergänzte als eine der großen Dampfloks das Sortiment der „neuen Spur 1".

Leipzig im Frühjahr 1948. Auf einer Messeveranstaltung Leipziger Modelleisenbahnfreunde ist Märklins damaliger Entwicklungschef Dipl. Ing. Otto Bang-Kaup als Gastredner eingeladen. Das Hauptinteresse seiner Aussagen bezieht sich natürlich auf die Nenngröße H0, welche im Mittelpunkt des Interesses stand. Auf Anfrage zur ehemaligen Spur I von Märklin, deren Produktion 1938 eingestellt wurde, gibt der Gast die Antwort, dass man diese Spurweite kompromisslos aufgegeben habe.

■ Die Spur I kommt neu

30 Jahre später im Herbst 1968 informierte Märklin die Händler in einem Rundschreiben, dass im kommenden Jahr zur Nürnberger Spielwarenmesse wieder mit einer neuen Spur-1-Bahn zu rechnen sei. Von Lokomotiven, Wagen und Gleisen war da die Rede. Bei den Modellbahnfreunden wurden teilweise kühnste Hoffnungen wach. Wird es beispielsweise wieder eine 2'C1'-Schnellzuglok der legendären Baureihe 01 geben? Nun, wie wir mittlerweile wissen, gibt es sie nun im Jahr 2004 — 35 Jahre später — jedoch wohl schöner als je zuvor!

Doch vorerst zurück zu 1969. Der Anfang war eher bescheiden: zwei Rangierlokomotiven, je eine C-gekuppelte Tenderlok der BR 80 und eine gleichachsige Diesellok DHG 500 nach einem Industriebahn-Vorbild der Lokomotivfabrik Henschel. Als Antrieb diente ein größer dimensionierter Scheibenkollektor-Motor nach dem damaligen Märklin-H0-Prinzip. Den

Unten: Darauf haben viele Modellbahner gewartet: Die Baureihe 01, die klassische deutsche Schnellzugdampflok schlechthin, in vollendeter Modellausführung in der Baugröße 1 als Märklin-Modell.

Fahrtrichtungswechsel besorgte der bekannte Märklin-H0-Fahrtrichtungsumschalter, damals bereits millionenfach bewährt. Gänzlich neu war, dass die Lokomotiven auf Gleisen ohne Mittelleiter verkehrten. Da genügte für den Betrieb bereits ein eventuell von einer Märklin-H0-Bahn vorhandener Fahrtrafo mit einer Leistung von 30 VA.

Das Gleis bestand aus einem wetterfesten Kunststoff-Schwellenrost, bestückt mit Hohlprofilschienen. Einige Zeit später wurde auf nichtrostendes Vollprofil-Material erweitert und anschließend ganz umgestellt. Der Bogenradius mit 600 Millimetern war zwar verhältnismäßig eng, genügte aber fürs Erste. Der gleiche Radius kam auch für die Weichen zur Anwendung, der Weichenwinkel betrug 30°. Die am Anfang nur verfügbaren Handweichen wurden im Nachhinein noch durch Elektroweichen ergänzt. Für die Wagen wählte man ein Chassis mit einer Vorbildlänge über Puffer von 10,0 Metern aus, was im Modell 31,5 Zentimeter ergab. Die Auswahl für das Startsortiment beschränkte sich auf einen offenen Güterwagen und einen Muldenkippwagen für Spielzwecke. In den kommenden Jahren ergänzte man den Wagenpark durch gedeckte Güter-, Rungen- und Kesselwagen. Auch ein württembergischer Nebenbahn-Personenwagen der Gattung Ci Wü 05 gesellte sich unter Verwendung des Einheits-Chassis dazu. Bis 1977 gab es zu den erwähnten Fahrzeugen nur Farb- und Beschriftungsvarianten.

■ Sinneswechsel

1978 wurden die Weichen neu gestellt. Man hatte sich in Göppingen mittlerweile dazu entschlossen, eine vollwertige Modelleisenbahn daraus zu machen. Gleich das erste Lokmodell erregte großes Aufsehen. Ein Modell der 2'C-Personenzug-Schlepptenderlokomotive der Baureihe 38 der DB (ex. pr. P 8) zusammen mit dreiachsigen Abteil-Personenwagen preußischer Bauart machten den erneuten Einstand. Bei der Lok konnte man unter vier verschiedenen elektrischen Ausführungen wählen. Betrieb mit Wechsel- oder Gleichstrom sowie mit und ohne akustischer Geräusch- und Pfeifkulisse. Damit sich die neue Zuggarnitur nicht durch enge Radien quälen musste – was sie bauartbedingt auch gar nicht konnte – gab es einen größeren Radius von 1020 Millimetern und Weichen mit einem Abzweigwinkel von 22,5°.

Ein Jahr später bekamen die Personenwagen ihren passenden dreiachsigen Gepäckwagen. Die nächste Lokomotiv-Neuentwicklung stand 1980 in Form einer 2'C2'-Tenderlokomotive der Baureihe 78 der DB (ex. pr. T 18) auf dem Programm. Der Chronist erinnert sich noch daran, als sie an einem Herbsttag zum Stolz ihrer Schöpfer in Göppingen erstmals vom Band lief. Stillstand gab es nicht und so

Oben: Zum Wagenpark der „neuen 1" gehörte auch dieser offene Güterwagen Omm 55. Er gelangte 1969 ins Märklin-Programm.

Mitte: Viel Kurzweil für Spielbahner versprach dieser ebenfalls 1969 vorgestellte Kippwagen.

| 1850 | 1860 | 1870 | 1880 | 1890 | 1900 | 1910 | 1920 |

Oben: Ein Größenvergleich, der in die Augen sticht: Oben präsentiert sich das Modell der Baureihe 55 in der Baugröße 1, unten ist es in der Version als Z-Winzling zu sehen.

Mitte: In der Baugröße 1 entstanden im Laufe der Zeit etliche interessante Güterwagen, wie dieser Haubendachwagen für den Coiltransport.

konnte man schon ein Jahr später mit der BoBo-Diesellok der Baureihe 212 der DB aufwarten. Mit dem Modell der D-gekuppelten Schlepptenderlok Baureihe 55 der DB (ex.pr. G 8.1) kam nun erstmals eine schwere Güterzuglok ins Programm. Inzwischen hatte man auch den Güterwagenpark durch moderne Wagen der DB, wie den vierachsigen Großraumgüterwagen OOtz 74, den Seitenselbstentladewagen Ot mm 70 und einen vierachsigen Container-Tragwagen ergänzt. 1983 kam noch ein, auch beim Vorbild neuer, offener vierachsiger Güterwagen der Eaos-Bauart hinzu. Im gleichen Jahr gab es in Form von dreiachsigen Umbau-Personenwagen auch Neuentwicklungen auf dem Reisezugwagen-Sektor.

■ Jubel-Feiern

1984 feierte man bei Märklin das 125-jährige Firmenjubiläum und bot zwei auf jeweils 5000 Stück begrenzte Auflagen des Schweizer „Krokodil" Be 6/8 II in unterschiedlicher Farbgebung an. Im darauf folgenden Jahr feierte die Deutsche Eisenbahn ihr 150-jähriges Jubiläum, was Märklin zum Anlass nahm, zwei unterschiedliche „Adler"-Züge in der Ursprungsversion von 1835 und in der Nachbau-Ausführung von 1935 in feinster Ausführung und limitiert zu realisieren.
Ein Teleskop-Haubenwagen der DB mit aufschiebbaren Hauben war 1985 eine weitere Bereicherung des Güterwagenparks.

■ Die neue 1

Ab 1987 erhielten alle Wagenmodelle Federpuffer und Klauen-Kupplungen. Diese lassen sich einfach gegen Schraubenkupplungs-Nachbildungen austauschen, was das Puffer-an-Puffer-Fahren ermöglicht. Die bisherigen Allstrom-Motoren wurden durch Permanentmagnet-Motoren ersetzt und die Dampflokomotiven erhielten Gestänge aus Metallguss. Märklin nannte die verbesserte Bahn im Maßstab 1 : 32 ab da „die neue 1".
Auch bei den Gleisen tat sich einiges. Der Normalkreis bekam einen Parallelkreis mit 1176 Millimetern Radius. Weichen und Antriebe wurden ab sofort getrennt geliefert. Auch ein Gleisbausatz, bestehend aus Schienenprofilen, Verbindungslaschen und einzelnen Schwellen, wurde angeboten. Die Verbindungsstege an den Schwellen sind unterschiedlich lang, so dass bei entsprechender Steckkombination das Gleis auch in beliebigen Radien verlegt werden kann.
Quasi als Ergänzung zum Krokodil schuf man 1987 auch eine Garnitur von Schweizer Güterwagenmodellen nach Vorbildern der Epochen II und III im grauen Anstrich. Neben den Aufbauten waren auch die Wagen-Chassis schon weitgehend detailliert und durchbrochen dar-

| 1930 | 1940 | 1950 | 1960 | 1970 | **1987** | 1990 | 2000 |

gestellt. Die Radsätze lagen abgefedert in ihren Achslagern und viele Teile waren extra eingesetzt.

Die Feiern zum 750-jährigen Jubiläum der Stadt Berlin — zwei Jahre vor der Wende — waren wohl der Anlass für einen preußischen Personenzug in Urprungsausführung der Epoche I. So wurde aus der 78er eine T 18 und die grünen Bundesbahn-Abteilungen legten ein farbigeres Kleid an, wie es zu preußischen

Oben: Braunes Krokodil als Jubiläumsmodell von 1984.

Mitte: 1985 erschien diese Nachbildung des Adler-Zuges in limitierter Auflage.

Unten: Wagenboden-Detaillierung eines Schweizer K 3.

| 1850 | 1860 | 1870 | 1880 | 1890 | 1900 | 1910 | 1920 |

Oben: Die Zugpackung „Berliner Vorortverkehr" erschien als einmalige Serie im Modelljahr 2003. Sie enthält eine T 9 sowie Abteilwagen der Königlich Preußischen Eisenbahn-Verwaltung.

Unten: Modell einer T 3 in der Ausführung der Museumslokomotive von „Eurovapor", eines Veranstalters von Dampfzugfahrten.

1930   1940   1950   1960   1970   **1987**   1990   2000

Links: Sehr vorbildgetreu präsentiert sich diese Modellbahnanlage im Maßstab 1 : 32.

| 1850 | 1860 | 1870 | 1880 | 1890 | 1900 | 1910 | 1920 |

Oben: 2003 erschienen ein Schnellzugwagen mit Gepäckabteil, der BD4üm-61 der Deutschen Bundesbahn, sowie ein Halbspeisewagen AR4ümg-54 (ebenfalls DB-Ausführung).

Unten: Seit 1999 sind Modelle der V 200 im Sortiment.

Zeiten üblich war. In den nachfolgenden Jahren hat man bei vorhandenen und neu entwickelten Lok- und Wagenmodellen immer wieder auch an eine entsprechende Länderbahn-Variante gedacht.

Wenn hier nicht auf alle Farbvarianten bei den Wagen eingegangen werden kann, so soll wenigstens auf die Neuentwicklungen hingewiesen werden. So schufen die Konstrukteure in den Jahren 1990 und 1991 eine ganze Reihe von Güterwagen nach Vorbildern der Länderbahnzeit (Verbandsbauart) und diversen Privat-Güterwagen aus dieser Zeitepoche, die dann bei den Modellen in die Epochen I bis III zugeordnet wurden.

1989 zog mit der dreigliedrigen Güterzug-E-Lok EG 589 der Länderbahn wieder eine große Elektro-Lokomotive ins Märklin-1-Sortiment ein, der im folgenden Jahr als Bundesbahn-Variante die E 91 im grünen Farbkleid folgte. Praktisch als Gegenstück zur gewaltigen Stangen-E-Lok hatte man in Göppingen noch eine kleine Köf der Baureihe 323 parat.

■ 100 Jahre Modelleisenbahn

1991 konnte Märklin das Jubiläum „100 Jahre Modelleisenbahn" begehen: Schließlich hatte man 1891 mit einer Systembahn in Nenngröße I angefangen. Die Geburtstags-Überraschung für die 1-Bahner war ein Jubiläumszug mit dem Modell einer preußischen Tenderlok der Gattung T 3 nebst zwei passenden Güterwagen der K.P.E.V., einer davon beladbar mit einem Oldtimer-Lastkraftwagen mit histori-

schen Ansichten des Hauses Märklin. Ab 1993 ermöglichte man den Kunden, vorhandene Märklin-Lokomotiven in autorisierten Fachwerkstätten auf Digitalbetrieb nach dem Motorola-Format umrüsten zu lassen. Im darauf folgenden Jahr wurde in die neu produzierten Loks generell der geregelte Digital-Hochleistungsantrieb integriert. Darüber hinaus besteht auch die Möglichkeit zum Einsatz auf Anlagen mit Delta- oder Gleichstrom-Fahrbetrieb.

1994 kam mit dem Modell der BoBo-Diesellokomotive der Baureihe 218 der DB wieder eine größere Diesellok neu ins Programm. Das Wagenprogramm bekam im gleichen Jahr Zuwachs durch einen vierachsigen Schwerlastwagen der DB-Bauart SSym-45 und zwei Jahre später durch den Einheits-Leichtkesselwagen (ELK) mit freitragendem Kessel, ebenfalls in vierachsiger Ausführung. Die Drehgestelle der beiden vorgenannten Wagen der Bauart „Einheits-Leicht Drehgestell" verleitete dann auch zur Entwicklung eines so genannten Wannentenders, der mit der gleichen Drehgestelltype bestückt ist. Er fand 1996 vorbildgerecht Verwendung bei dem vorhandenen Modell der Baureihe 38. Ein 1995 neu konstruiertes Modell der dreifach gekuppelten Diesellokomotive V 36 mit Blindwellenantrieb fand zuerst als Doppelgespann und ab 1996 als Einzelmodell in den Handel.

1997 konnte Märklin mit einem Modell der legendären BoBo-Diesellok V 200 aufwarten. Zuerst wählte man die Schweizer Ausführung in Form der Am 4/4 und ab 1999 folgte die Ursprungsausführung mit der Aufschrift

| 1850 | 1860 | 1870 | 1880 | 1890 | 1900 | 1910 | 1920 |

Oben: Das Modell der E 91 kann mit besonderen Eigenschaften aufwarten: Im Digitalbetrieb lassen sich die Pantographen automatisch ein- und ausfahren. Außerdem verfügt die Lok über eine Geräuschelektronik.

Unten: Kalitransportwagen aus dem gleichnamigen Güterwagenset. Die beiden in der Packung enthaltenen Waggons besitzen Klappdeckel, die sich öffnen lassen.

1930 1940 1950 1960 1970 1980 1990 **2003**

| 1850 | 1860 | 1870 | 1880 | 1890 | 1900 | 1910 | 1920 |

Das Insider-Modell 2004 kommt in Gestalt der Schnellzuglok 01 der Deutschen Bundesbahn zur Auslieferung an die Mitglieder. Bei diesem Supermodell handelt es sich um eine Neuentwicklung.

„Deutsche Bundesbahn". Eine bereits 1998 vorgestellte 1'C-Tenderlok der preußischen Gattung T 93 in der Ursprungsausführung erschien 1999 auf dem Markt. Es war gleichzeitig die erste 1-Lokomotive mit integrierter Fernentkupplung in Verbindung mit dem hauseigenen Digital-Steuerungssystem.

■ Ins neue Jahrhundert

Das 150-jährige Bestehen der „Geislinger Steige" im Jahr 2000 war für Märklin Anlass, einen typisch württembergischen Personenzug aus den Anfangsjahren der Bahn in der Königsspur nachzubilden. Das Set „Königlich Württembergische Staatsbahn" bestand aus einer 2'B-Schlepptenderlokomotive mit dem Namen „Esslingen" und zwei vierachsigen Plattform-Personenwagen.

Auch dem bayerischen „Märchen"-König Ludwig II. hat man 2000/2001 ein eisenbahnerisches Denkmal im Maßstab 1:32 gesetzt. Die 1B-Lokomotive „Tristan" mit drei verschiedenen Hofzugwagen in Königsblau, die mit einer reichhaltigen Goldverzierung versehen waren, dürften einen der Höhepunkte im Märklin-1-Sortiment darstellen. Selbstverständlich wiesen die Wagen eine komplette Inneneinrichtung auf, damit sich der imaginäre Miniatur-König darin wohlfühlen konnte. Dies war aber noch nicht alles, mit dem man im Milleniumsjahr auf 45-Millimeter-Gleisen aufwarten konnte. Zusätzlich erschien eine so genannte Premium-Packung mit zwei Lokomotiven (Tenderlok BR 91 und Diesellok V 100 der DR)

1930　　1940　　1950　　1960　　1970　　1980　　1990　　**2003**

nebst Wagen, Gleisanlage und digitaler Steuereinrichtung. Etwas in dieser Art hatte es bislang in dieser Baugröße noch nicht gegeben. Durch seine Preiswürdigkeit fand das Set regen Zuspruch.

Im Jahr 2001 war es endlich so weit: Die ersten Modelle nach Vorbildern der 26,4-Meter-Wagen der DB konnten vorgestellt werden. Begonnen wurde mit je einem Wagen der 1. und 2. Wagenklasse. Damit sich die Wagen auf den beiden infrage kommenden Radien des Hauses (1020 und 1176 Millimeter) berührungsfrei begegnen können, wurde die Länge auf 750 Millimeter begrenzt. Die Verkürzung fällt bei den Modellen praktisch nicht ins Gewicht.

Fabrikneue Automobile transportierte die Deutsche Bundesbahn seit den 50er Jahren doppelstöckig in speziell dafür hergerichteten Waggons, die später bei Vorhandensein genügender Spezialwagen in offene Güterwagen zurückgebaut werden sollten. Märklin bietet in der Nenngröße 1 seit 2002 eine solche Garnitur an, bestehend aus zwei festgekuppelten Wagen.

■ Modell der Superlative

Erst nach der Nürnberger Spielwarenmesse im Februar 2003, zum Modellbahntreff in Göppingen im Mai desselben Jahres, konnte Märklin das Modell der neuen 2'C1'-Schnellzuglokomotive der Baureihe 01 der DB (01 067) präsentieren. Bei dieser Lok handelte es sich, ohne übertreiben zu wollen,

Oben: Digital gesteuerter „Krupp-Ardelt"-Kran. Wie sein Vorbild besitzt der Kran Stützstempel zur Stabilisierung.

Mitte: Salonwagen für König Ludwig II., gezogen von der Lokomotive „Tristan".

| 1850 | 1860 | 1870 | 1880 | 1890 | 1900 | 1910 | 1920 |

Oben: Die Maxibahn ist auch als preiswerte Ergänzung des „Spur 1"-Fuhrparks optimal geeignet.

Mitte: Vor allem für die jungen Fans der elektrischen Eisenbahn ist die Maxi konzipiert worden. Die robusten Fahrzeuge sind durchweg „kinderzimmertauglich".

um ein Modell der Superlative. Schwer zu sagen, was man an dieser Spur-1-Dampflok mehr bewundern soll: die Detailtreue, die vielen Feinheiten oder die technischen Vorzüge. Hier wurde nichts dem Zufall überlassen. Kompromisse dürften bei der Planung und Konstruktion weitgehend tabu gewesen sein. Vorerst wird das Modell exklusiv für die Mitglieder des Märklin-Insider-Clubs produziert. Die Auslieferung an die Kunden über den Fachhandel erfolgt ab dem Frühjahr 2004. Bei soviel Glanz geraten die übrigen Neuheiten des Jahres 2003 fast in den Hintergrund. Trotzdem sind sie nicht minder interessant. Die Schnellzugwagen von 2001 erhielten Ergänzung in Form von kombinierten 1.-Klasse-Wagen mit Speiseraum, Halbspeisewagen und einen ebenfalls kombinierten 2.-Klasse-Wagen mit Gepäckabteil. Zu den Formen-Neuheiten gehörten Schwenkdach- und Klappdeckelwagen für den Kalitransport. Erwerben kann der Käufer sie im Doppelpack. Abschließend soll erwähnt werden, dass Märklin seit 1979 auch spezielles Spur-1-Zubehör anbietet. Dazu zählen Bausätze für Bahnbauten und Brücken sowie Signale, Oberleitungsmaterial und Figuren.

■ Erlebnisbahn Maxi

In der Baugröße 1 brachte Märklin 1984 eine neue Produktlinie heraus, genannt „Maxi". Es handelte sich um eine Spielbahn für Haus- und Gartenbetrieb, die mit der Modell-Linie des Hauses kompatibel war. Gehäuse und Fahrgestelle entstanden vornehmlich aus Stahlblech, das oberflächenbehandelt und mit einer Einbrennlackierung überzogen wurde. Die Fahrzeugbaugruppen waren durch solide Schraubtechnik miteinander verbunden. Europäische und auch nordamerikanische Loks und Wagen dienten den Fahrzeugen der Maxi-Bahn als Vorbilder. Das Sortiment der Triebfahrzeuge erstreckt sich auf zwei- und dreiachsige Dampfloks sowie Diesel- und

1930　1940　1950　1960　1970　1980　1990　**2003**

E-Loks. Im Inneren der Fahrzeuge sitzt jeweils ein Delta-Wechselstrom-Decoder, der einen Mehrzug-Spielbetrieb in begrenztem Umfang möglich macht. Die Lokomotiven fahren auch mit Gleichstrom — es muss lediglich eine Gleichrichterplatine eingewechselt werden, was sich auf unkomplizierte Weise bewerkstelligen lässt. Nach über 60 Jahren präsentierte Märklin in jüngster Zeit auch wieder eine Echtdampf-Lokomotive, eine spezielle Schlepptenderlok, die mit verblüffend realistischen Abdampfwölkchen den Betrachter in ihren Bann zieht.

Das Sortiment an Maxi-Triebfahrzeugen wurde inzwischen dahingehend weiterentwickelt, Modelle zu schaffen, die es in Bezug auf Ausführung und Detaillierung mit den übrigen Märklin-1-Fahrzeugen aufnehmen können. Am Anfang stand 1998/99 der so genannte „Glaskasten" der Baureihe 98.3. Im Jahr 2000 kam die 2'C1'-Schlepptenderlok der Baureihe 18.5 dazu — wie ihre Vorgänger noch überwiegend aus Stahlblech gefertigt. Unter der Maßgabe, ein vollwertiges Modell zu einem günstigeren Anschaffungspreis zu realisieren, erschien 2001 die DB-Baureihe V 60 mit Telex-Kupplung und Zinkdruckguss-Gehäuse. Im Jahr 2003 setzte Märklin diese Produktreihe mit der E 44 fort, einem Modell, das nicht minder vorbildgerecht und ebenfalls überwiegend aus Zinkdruckguss hergestellt war. ▲

Oben: Im königlichen Blau zeigen sich die 218 und die S 3/6.

Unten: Das Handmuster der Baureihe E 44. Die Güterzuglok ergänzt das Maxi-Sortiment.

Auf schmaler Spur: Minex

Mit der Bezeichnung Minex ist hier nicht der weitgehend aus Aluminium in halber Größe des Märklin-Metallbaukastens gefertigte Miniatur-Metallbaukasten (1939 bis 1941) gemeint. Märklin Minex war vielmehr eine eigentlich ganz reizvolle Schmalspurbahn im Maßstab 1 : 45 auf 16,5 Millimeter breiten Gleisen in der Nenngröße 0e. Zwei Lokomotiven – eine dreiachsige Tenderlok und eine Diesellok mit gleicher Achsfolge – bildeten den Triebfahrzeugpark. Die Tenderlokomotive entsprach beim Vorbild einer Schmalspurlok der Württembergischen Eisenbahngesellschaft (WEG). Das Modell wies eine exakte Nachbildung der Allan-Steuerung auf. Zwei Haftreifen erhöhten die Zugkraft. Das Kunststoffgehäuse war fein detailliert, mit Dreilicht-Spitzensignal und eingesetzten Fenstern. Das Fahrgestell wurde aus Zinkdruckguss gefertigt.

Als zweites Triebfahrzeug gab es eine ebenfalls dreiachsige Diesellok, die wie die Tenderlok an beiden Enden über eine automatische Kupplung (Relex-Kupplung) mit Vorentkupp-

Mitte: Zugzusammenstellung, wie sie beispielsweise im Märklin-Katalog von 1970 angeboten wurde. Die dreiachsige Diesellok hatte eine Schmalspurlok der Südwestdeutschen Eisenbahngesellschaft (SWEG) zum Vorbild. Das 12,3 Zentimeter lange Modell verfügte an beiden Enden über eine automatische (Relex-) Kupplung.

Unten: Ebenfalls im 70er Katalog war diese Zugzusammenstellung angeboten, mit der 14,3 Zentimeter langen Tenderlok und zwei Plattform-Personenwagen.

| 1930 | 1940 | 1950 | **1969** | 1970 | 1980 | 1997 | 2000 |

lung verfügte. Der Antrieb des orangefarbenen Diesellokmodells erfolgte über den hinteren Radsatz. Die Antriebs- und Umschalttechnik übernahm man von H0, dergleichen die Bügelkupplung. Der Wagenpark bestand aus Personenwagen, G- und O-Wagen sowie einem Muldenkippwagen, teilweise in verschiedenen Farbgebungen. Als Gleismaterial fand das bewährte Punktkontakt-Metallgleis in H0 Verwendung. Als Zubehör stand noch ein Flügelhauptsignal im gleichen Maßstab zur Verfügung. Angeboten wurde die Minex-Bahn im dem Zeitraum zwischen 1969 und 1972. Das Interesse der Kundschaft dürfte nicht ganz den Erwartungen entsprochen haben. ▲

Als Gleismaterial nutzten die Loks und Wagen der Minex-Bahn das Märklin-Metall-Gleis in H0

Rekordhalterin seit über 30 Jahren: die Mini-Club

Rechte Seite: Auch im Maßstab 1 : 220 lassen sich realitätsnahe Motive gestalten, wie dieses Beispiel einer gelungenen modernen Mini-Club-Anlage sehr schön zeigt.

Oben: In einer Anzeige, die 1968 in der MIBA erschien, machte Märklin der Fachwelt und den Kunden klar, dass man im Prinzip auch über die Fähigkeit verfügte, eine N-Bahn zu produzieren.

Unten: Eine Brücke für die Mini-Club. Getreu dem Wahlspruch „Nur für Erwachsene" begegnen sich auf diesem Werbefoto eine Männer- und eine Frauenhand.

Seit 1972 ist die Märklin Mini-Club als kleinste Serieneisenbahn der Welt auf dem Markt. Die Einführung der neuen Systembahn warf schon 1968 ihre Schatten voraus. Sie waren allerdings so undeutlich, dass — abgesehen von den wenigen Eingeweihten — selbst Fachleute nicht erkannten, was sich daraus entwickeln sollte. In Publikumszeitschriften schaltete Märklin eine Anzeige, die eine V-200-Diesellok und zwei D-Zug-Wagen in einer Männerhand zeigte, offensichtlich im Maßstab 1 : 160. Daneben stand: „Märklin-Spur N gibt's schon seit über 4 Jahren. Aber Sie können sie nicht kaufen."

Ursache für diese Anzeige war vermutlich Druck von außen. Nachdem mehrere Wettbewerber die Spur N in diesem Maßstab anboten und der Absatz stieg, wunderte sich die Modellbahn-Fachwelt, dass der Marktführer in der Nenngröße H0 nicht mitzog. In der Anzeige stellte das Göppinger Unternehmen nun klar, dass man sich sehr wohl schon seit einiger Zeit Gedanken darüber gemacht hatte, wie man in den Markt jener Bahnen expandieren könnte, die kleiner waren als die populäre H0-Spur. Die Bevölkerungsentwicklung und Strukturveränderungen auf dem Wohnungsmarkt legten es nahe, dass eine Bahn, die weniger Platz braucht, eine Ausweitung der Zielgruppen erlaubte. Aber daraus sollte bei Märklin ja nun vorerst nichts werden. In der Fachwelt wurde zur Begründung angeführt, dass der kleine Maßstab nicht mit dem Dreileiter-Wechselstromsystem betrieben werden könnte, dessen Zuverlässigkeit und Einfachheit Märklin so berühmt gemacht hatte. Zu wenig Platz wäre in den Lokomotiven für den Fahrtrichtungsumschalter, hieß es, und auch der nötige Anpressdruck für den Schleifer könnte möglicherweise wegen des geringen Gewichts der Loks nicht erzeugt werden. Ein Systemwechsel Märklins zum Gleichstrom wäre möglicherweise von Teilen des Marktes als Einknicken vor der Konkurrenz aufgefasst worden, wurde ebenfalls gemutmaßt. Von solchen Überlegungen war freilich in der Anzeige keine Rede. Märklin berief sich stattdessen auf Meinungsforschungen. Sie hätten ergeben, dass die Bundesbürger zwar den Vorteil der Platzersparnis des Maßstabs 1 : 160 erkennen würden. Aber sie lehnten „eine so stark verkleinerte Märklin-Bahn rundweg ab", hieß es im Text. „Tiefenpsychologische" Gründe wurden gar ins Feld geführt: „Weder Jugendli-

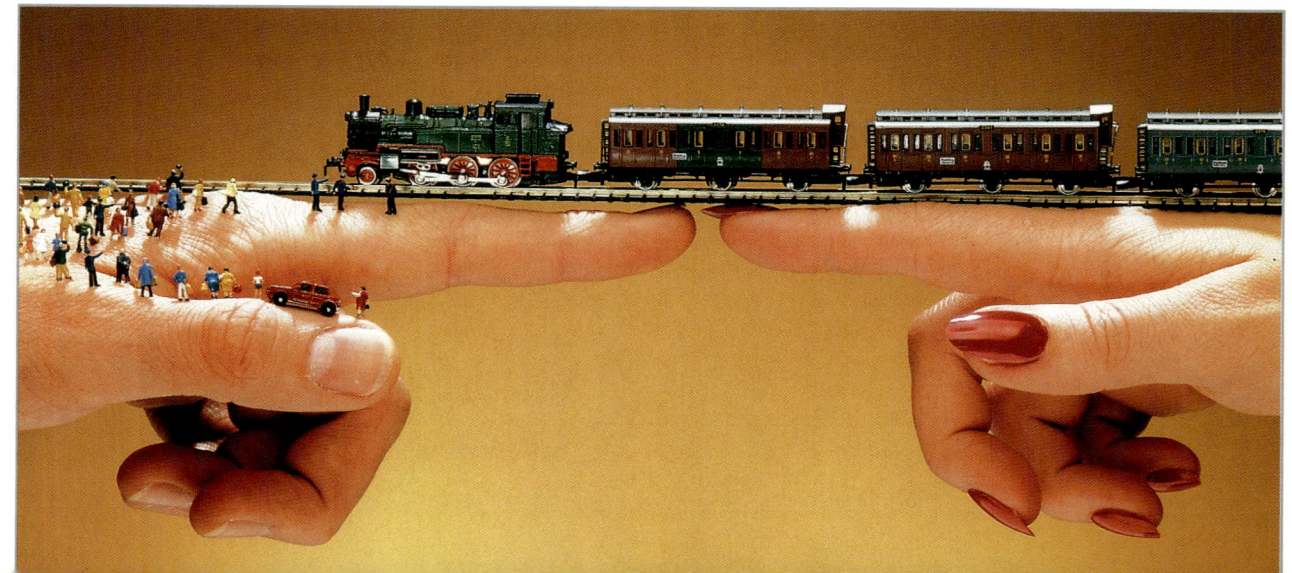

1972

| 1850 | 1860 | 1870 | 1880 | 1890 | 1900 | 1910 | 1920 |

Oben rechts: „Nur für Erwachsene" ist die Mini-Club und zudem sehr edel — wie die Perlen und die weiße Spitze.

Oben: Mann und Frau freuen sich gemeinsam über die kleine Bahn. Mit dem Zollstock werden die Begriffe „Freizeit" und „Heimwerken" assoziiert.

Unten: Ein Anzeigenmotiv, das in der Zeitschrift „Stern" erschien, zeigt eine plastische kleine Welt, geformt aus menschlichen Händen.

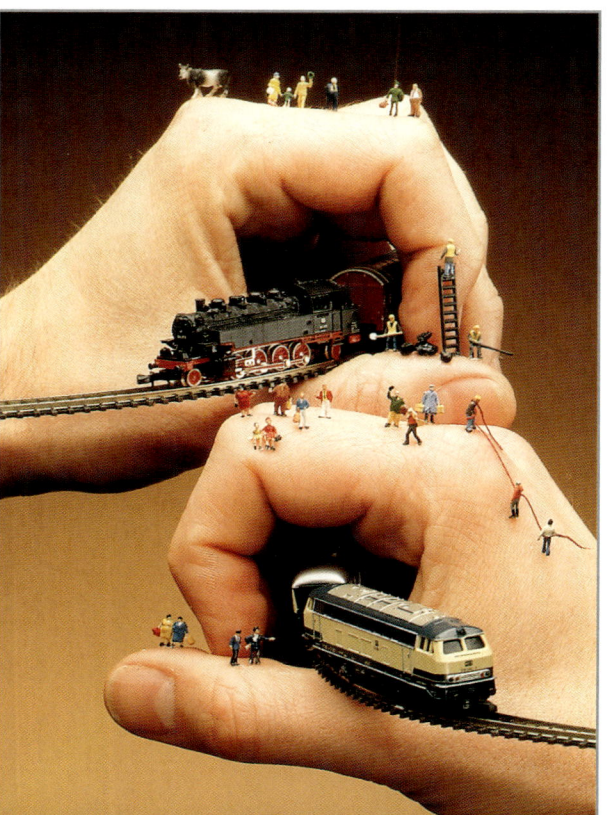

che noch Erwachsene sehen in diesen Miniaturen noch eine Eisenbahn." Die Assoziation zu den „Giganten der Schiene" falle einfach zu schwer.

Erst vier Jahre später sollte sich dies als werbetechnische Nebelkerze erweisen. Denn da präsentierten die Göppinger eine Bahn, die noch viel kleiner war. Aber das wussten die meisten Leute bei Märklin damals wahrscheinlich noch selbst nicht. Heute heißt es, die Entwicklung der 1972 präsentierten Mini-Club habe einenhalb Jahre gedauert. Und noch viel später, als sich mit Minitrix wie selbstverständlich ein N-Bahn-Pionier unter dem Märklin-Dach wohlfühlte, erzählte man im Göppinger Stammhaus, dass in den 60er Jahren Märklin-Manager auf den Spielwarenmessen ein Köfferchen dabei hatten. Und wenn die Rede auf die Nenngröße N kam, wies der Mann auf das Köfferchen und sagte: „Hier ist sie drin." Man müsse ihm nur eine bestimmte Absatz-, Umsatz- und Gewinnmarge garantieren, dann werde er es aufmachen. Es blieb — wie in der Anzeige versprochen — geschlossen.

■ Mini-Club setzt Maßstäbe

Dafür stellte Märklin im Olympiajahr 1972 einen neuen Weltrekord auf, der bis heute nicht gebrochen wurde: Auf der Nürnberger Spielwarenmesse präsentierte die Göppinger „Fabrik feiner Modellspielwaren" die kleinste elektrische Serieneisenbahn der Welt, genannt „Märklin mini-club".

Vor den staunenden Fachbesuchern zog ein 45 mm langes Dampflokmodell der Baureihe 89 mit nicht viel längeren Wägelchen unbeirrt seine Kreise auf Schienen mit einer Spurweite von nur 6,5 mm. Der Mythos Märklin war wieder einmal gewahrt worden. Um dauerhaft zu dokumentieren, dass man die absolut Kleinste konstruiert hatte, ließ Märklin für die Systembahn im Maßstab 1 : 220 die Nenngrößen-Bezeichnung Z eintragen. Der letzte Buchstabe des Alphabets, ein Vorschlag des damaligen Entwicklungschefs Helmut Kilian, fand als Baugrößen-Bezeichnung ohne weiteres Aufnahme in die NEM-Normen. Denn es war nicht anzunehmen, dass ein anderer Serienhersteller diesen Miniaturisierungsgrad in absehbarer Zeit unterschreiten würde.

Bei diesem Rekord fiel kaum ins Gewicht, dass die Göppinger für die kleinste Spur tatsächlich vom Dreileiter-Wechselstromsystem auf das Zweileiter-Gleichstromsystem umgestiegen waren. In der Spur H0 war und ist der Wechselstrom seit Jahrzehnten das Markenzeichen Märklins. Anzeigen- und Katalogtexter wurden nicht müde, die Systemvorteile des Dreileiter-Gleises zu preisen. Auf der einen Seite bietet es höhere Betriebssicherheit und größere Flexibilität beim Anlagenbau; auf der anderen Seite schaut die Gleichstrom-Gemeinde oft verächtlich auf Mittelschleifer und Punktkontakte.

Diese Diskussion hatte sich jedenfalls bei der Mini-Club jetzt erübrigt. Um so gespannter

Oben: Märklin als Wertanlage. Vor der grandios wirkenden Tastenkulisse eines edlen Steinway-Flügels zieht eine kleine S 3/6 mitsamt stilechter Wagengarnitur vorüber.

Unten: Zweimal Küken. Das Vogelbaby und die Kleinste aus dem Hause Märklin, die Mini-Club. Bis heute konnte sie den Titel „Kleinste elektrische Serieneisenbahn der Welt" verteidigen.

| 1850 | 1860 | 1870 | 1880 | 1890 | 1900 | 1910 | 1920 |

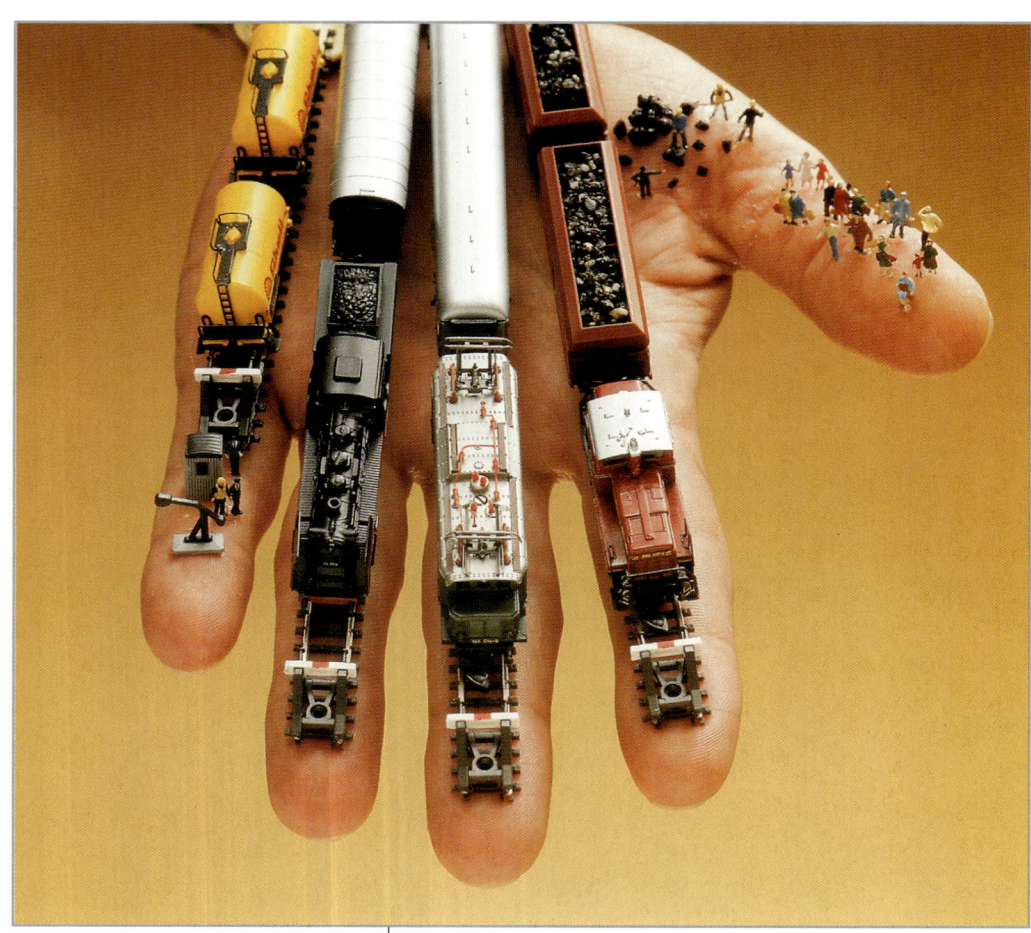

Oben: Zu den typischen Werbemotiven der 70er Jahre gehört auch dieses Bild. Auf den fünf Fingern einer Hand präsentieren sich Güter- und Personenwagen sowie die V 60, E 44 und die Schlepptenderlok 003.

Unten: Neben der legendären Agentenkamera von Minox, im Original kaum größer als ein Feuerzeug, kommt die zierliche 218 von Mini-Club in ihrer Winzigkeit gut zur Geltung.

war die Modellbahn-Gemeinde nun darauf, ob die Züge aus Göppingen ihre legendäre Betriebssicherheit auch in diesem winzigen System unter Beweis stellen würden. Obwohl Märklin, stolz auf seine technologische Leistung, in Prospekten und Katalogen mit Superlativen nicht sparte, traf die Innovation Mini-Club in der Modellbahn-Welt nämlich nicht auf einhellige Begeisterung. Schnell wurde sie totgesagt. „Zu klein", meinten die einen, „zu empfindlich", die anderen, „nicht ernst zu nehmen", die Dritten.

Die Modellbahngeschichte sollte sie alle widerlegen. Märklins „Kleinste" wurde zur festen Größe im Markt der elektrischen Eisenbahn. Und die Öffentlichkeit konnte ja auch davon ausgehen, dass Märklin sich die Sache mit der „Kleinsten" gut überlegt hatte, besonders nachdem die Göppinger ganz bewusst nicht auf den Zug der N-Bahnen im Maßstab 1 : 160 aufgesprungen waren. Mit ihrem Coup setzten sie selbst Maßstäbe, anstatt sich den inzwischen etablierten N-Bahn-Normen anzuschließen — um nicht zu sagen: unterzuordnen. Wer immer sich künftig in der Nenngröße Z engagieren wollte, musste sich den von Märklin vorgegebenen Normen fügen.

■ Das erste Sortiment

Aber zunächst war das Sortiment, das auf der Messe ausgestellt wurde und im folgenden Herbst zu den Händlern kam, schon ziemlich komplett. In der richtigen Annahme, dass sich die Zubehörhersteller zunächst abwartend verhalten würden, bediente Märklin selbst die ersten Z-Bahner mit allem, was zu einer funktionierenden Anlage gehörte. Neben der 89, die wie bei der Spur H0 mit den Jahren das meistgebaute Modell der Mini-Club wurde, vervollständigten Nachbildungen der Diesellokbaureihe 216 und 260 sowie eine Schlepptender-Schnellzuglok der Baureihe 003 das erste Zugmaschinen-Sortiment. Dazu kam eine Reihe zeitgenössischer Güterwagen,

Schnellzugwagen, wie man sie für einen D-Zug der damaligen Zeit brauchte, und zwei der württembergischen Länderbahn nachempfundene Personenwagen. Von Anfang an gab es im Gleissystem drei unterschiedliche Radien. Als Besonderheit glänzten schlanke Weichen und maßstäblich lange D-Zug-Wagen. Im Programm fanden sich nicht nur „bahn-affine" Gebäude, wie Güterschuppen oder Bahnhof, sondern auch Wohnhäuser zur Darstellung einer kleinen Stadt.

■ Gelungene Miniaturisierung

Um all dies in der gewohnten Qualität produzieren zu können, mussten auch die erfahrenen Göppinger Modellbahnbauer Neuland betreten. Noch im 21. Jahrhundert stehen zur Herstellung von Mini-Club-Lokomotiven und -Wagen in der Fabrik in der Stuttgarter Straße Maschinen, die in der Schweiz hergestellt wurden. Als sich Märklin damals entschloss, die kleinste elektrische Serieneisenbahn der Welt zu produzieren, hatte man sich nämlich überlegt, „In welcher Branche gibt es ähnliche Probleme?", und da lag die Schweizer Uhrenindustrie nahe. Durch die Übertragung der Problemlösungen dieser feinmechanischen Industrie auf den Modelleisenbahnbau ist die Mini-Club überhaupt erst möglich geworden. Was den Mythos am Ende ausmacht, schildert Klaus Kern, Leiter der Enwicklungsabteilung in Göppingen: „Wir haben damals den Standpunkt vertreten: Märklin macht etwas anderes, etwas, an dem man die technologische Marktführerschaft ablesen kann – die kleinste elektrische Systemeisenbahn der Welt." – Die Herausforderung war groß. Obwohl den Zahlen nach der Unterschied zwischen der Spur N mit 1 : 160 und der Spur Z mit 1 : 220 nicht so groß scheint, gilt es zu bedenken, dass Volumen und damit auch Gewicht in der dritten Potenz abnehmen. Fahrzeuge werden leichter, die Zugkraft der Lokomotiven lässt nach. „Mängel an Gewicht konnten wir durch den Einsatz der Druckgusstechnik kompensie-

ren.", erläutert Kern. Ein weiteres Problem stellten die mögliche Verschmutzung der Gleise und die daraus resultierenden Kontaktschwierigkeiten dar. „Staubkörnchen wurden zu riesigen Felsen." Nicht ohne Grund stellte Märklin für die Spur Z 1978 einen Schienenreinigungswagen vor, der mit extra schnell laufenden Reibrädern die Schienenoberfläche sauber hielt. Für H0 hatten die Göppinger ein vergleichbares Fahrzeug bis dahin nicht für nötig gehalten – übrigens auch ein Vorteil des Wechselstromsystems.

■ Zielgruppe im Visier

Begleitet wurde die Einführung der Z-Bahn von einer Werbekampagne, die auf Erwachsene abgestellt war. Dahinter steckten vermutlich nicht nur psychologische Überlegungen – für Kinderhände war und ist die Mini-Club vielleicht doch ein bisschen zu filigran, sondern vielmehr die bewusste Hinwendung zu einer Zielgruppe, die auch bei anderen Maßstäben immer mehr in den Vordergrund rückte. Außerdem bot sich der kleine Maßstab ja nicht so sehr für das Spielen mit Be- und Entladevorgängen an, sondern mehr für die Beschäftigung mit Zügen, die mit richtig vielen Wagen auf vorbildgerecht langen Strecken

Oben: Neuartige Stilelemente können auf diesem Werbefoto entdeckt werden: elegante Damenhände oder ein hochhackiger Schuh und insbesondere die Farbe Schwarz. Sie stehen für eine Ausrichtung auf die Männer als ausschließliche Zielgruppe. Werbemotive dieser Art verzichteten damals gänzlich auf die Darstellung von Anlagenzubehör.

Unten: Werbung anno 1975. Den Frauen wurde nahegelegt, ihren Männern lang gehegte Bubenwünsche zu erfüllen: Zum Geburtstag gibt es eine kleine Mini-Club-Dampflok.

| 1850 | 1860 | 1870 | 1880 | 1890 | 1900 | 1910 | 1920 |

Oben: Viel Verkehr auf kleinem Raum. Bei dieser Anlage wurde bewusst auf eine detaillierte Landschaftsgestaltung verzichtet. Im Vordergrund steht vielmehr der Mehrzugbetrieb mit den Fahrzeugen der Mini-Club.

Unten: Genüsslich seine Pfeife stopfen und gemütlich vor sich hinschmauchen. Dieses Verhalten kennzeichnete die Klientel, die Märklin 1972 für seine Mini-Club im Visier hatte.

fuhren. Dementsprechend war auch das Sortiment von vornherein auf Modellbahner ausgerichtet: Die Radien der gebogenen Gleise und insbesondere der Weichen waren im Verhältnis zur Spur N und erst recht zu H0-Normen relativ großzügig gehalten, sodass die D-Züge mit ihren langen Wagen auch in den Kurven einen eleganten Eindruck machten.

Es waren diese elegante Erscheinung und damit die neuen Kundenkreise, an die zuvor niemand ernsthaft gedacht hatte, die der neuen Spurweite letztendlich das Überleben sicherten. So entwickelte sich die kleine Bahn über bisher drei Jahrzehnte, ungeachtet der Unkenrufe beim Start, zu einem Klassiker.

■ Die Lok auf der Pfeife

Eines der ersten Motive der Werbekampagne zeigte die kleine Dampflok, wie sie auf einer Tabakspfeife fährt und so die Blicke der Kunden auf sich zieht. Das Motiv erfüllt gleich mehrere Forderungen an die Werbung: Die Zielgruppe wird zum einen auf die Erwachsenen festgelegt. Zum anderen ist Mini-Club doch nicht ein Hobby für jedermann, sondern mehr für diejenigen, die das Besondere lieben. An der Werbung für die Mini-Club lassen sich gut der Wandel und die Konstanten des Geschmacks vom Anfang der 70er Jahre bis in unsere Tage verfolgen. Da sich 1972 eine Modellbahn im Maßstab 1:220 nicht gerade von selbst verkaufte, wurde die Markteinführung der Mini-Club mit einer Werbekampagne begleitet, die bis in die großen Nachrichten- und Unterhaltungsmagazine reichte. 1975 kam das nach wie vor berühmteste Motiv der Mini-Club-Werbung auf: das Dampflokmodell der Baureihe 89 in einer Glühbirne. Es wird bis heute gepflegt — so sehr, dass Märklin es zum 30-jährigen Jubiläum der kleinen Bahn als Briefbeschwerer herausbrachte. „Die liebenswerte mini-club ist viel mehr und viel weniger als eine konventionelle Modellbahn", schrieb Märklin 1978 auf die Rückseite des Neuheitenprospektes. Sehr schnell stellten die Anzeigendesigner dem Mann — bald ohne Pfeife —

eine Dame zur Seite, die natürlich auch nicht rauchte. Es ergab sich nämlich, dass die nach der Erstausstattung meist schnell gewünschten Ergänzungsstücke gerne auch von Frauen geschenkt wurden, die froh waren, ihrem Mann nicht immer nur Socken, Oberhemden und Schlipse unter den Tannenbaum legen zu müssen. „Zugpackungen – Herzenswunsch der Männer", hieß es 1978, und damit wurden Mann und Frau gleichermaßen angesprochen. „Lösen Sie Geschenkprobleme dauerhaft", riet der Prospekt 1979. In jenem Jahr hatten sich die großen Lokomotiven das Rauchen schon abgewöhnt. Auch viele Kunden legten Zigarette und Pfeife beiseite und hatten so vielleicht mehr Geld für ihr Hobby. Wobei zwar sicher ist, dass Modellbahnspielen und -sammeln nicht krank macht. Aber ob es wirklich keine Sucht ist …?

Auf jeden Fall zeigt die Mini-Club-Werbung durch die Jahrzehnte, dass die kleine Systembahn mehr als die H0-Modellbahn auch für außergewöhnliche Aktivitäten gedacht war und ist. Berühmt sind die Anlagen im Aktenkoffer, bei denen die „Freizeit"-Assoziation aufgegeben wurde. Das Szenario sah vielmehr so aus: Wenn es auf der Konferenz zu langweilig wird, macht der frustrierte Teilnehmer seinen Koffer auf – Deckel zum Tisch hin, damit niemand sieht, was drin ist – und lässt seinen Zug ein paar Runden drehen, um sich dann mit bester Laune wieder ins Tagesgeschehen einzuschalten. Eine zugegebenermaßen ziemlich unglaubwürdige Handlung. Doch in der Werbung sind Übertreibungen natürlich erlaubt.

Immerhin kam von Märklin selbst der Anstoß zu Wettbewerben mit ungewöhnlichen Anlagen. Da zogen die kleinen Züge ihre Kreise auf Hutkrempen und in Bratpfannen, auf Plattenspielern und im aufgeklappten Aktenordner. Typische Erwachsenen-Accessoires haben nach wie vor eine beherrschende Stellung in der Mini-Club-Werbung. Tassen, Wochenzeitungen, teure Armbanduhren signalisieren Freizeit, Bildung und gehobenen Lebensstil. Modellbahnfremde Umgebungen dominieren auch in der Mini-Club-Werbung des 21. Jahrhunderts, was im Gegensatz zu den Bildern steht, die von den beiden anderen Märklin-Nenngrößen vermittelt werden. Seit nunmehr fast zwei Jahrzehnten drücken die Werbeverantwortlichen der Mini-Club ganz deutlich sichtbar den Stempel „nur für Erwachsene" auf. Und so sind es immer wieder die Menschen, die mit ins Bild gerückt werden. Da darf auch über kleine Schwächen geschmunzelt werden, anders als bei den reinen Modellbahnern, wo alles genau stimmen muss. Im Neuheitenprospekt 2000 zum Beispiel bewundert ein Herr im reiferen Alter die Baureihe 85 als Neuheit auf einer Mini-Club-Schiene, die er in seinen Händen hält. Die Lok ist entgleist.

Dieses unterschiedliche Bild in der Werbung spiegelt die Produktpalette der Mini-Club wider: In keiner anderen Spur gibt es so viele Fantasiemodelle wie bei der Kleinsten. Der Mini-Club-Adventskalender zum Beispiel. Oder die Osterüberraschung. Dasselbe gilt auch für die unzähligen Werbemodelle. Aber dazu später.

■ Messeanlage Geislinger Steige

Doch zunächst zu den Anlagen. Dazu versetzen wir uns erst einmal in die Heimat der Mini-Club. Mit ein bisschen Kondition gelangt der Wanderer vom altehrwürdigen Märklin-

Oben: In den ersten Jahren der Mini-Club zählte dieses Werbemotiv zu den beliebtesten: die 89 in der Glühbirne.

Mitte: Adventskalender 2003.

Unten: Bernhard Stein perfektionierte seinerzeit den Landschaftsbau in 1 : 220.

| 1850 | 1860 | 1870 | 1880 | 1890 | 1900 | 1910 | 1920 |

Oben und unten: Der professionelle Modellbauer Bernhard Stein fertigte einen Abschnitt der Geislinger Steige als Mini-Club-Ausstellungsanlage für den Märklin-Stand auf der Nürnberger Spielwarenmesse 1981. Um dieses Projekt zu verwirklichen, ließ sich Stein auch schon mal mit dem Flugzeug über die Steige tragen, um sich einen Überblick aus der Vogelperspektive zu verschaffen. Mit einigen Kompromissen, wie beispielsweise der steileren Böschung zwischen Gleis- und Straßenebene, gelang es ihm, eine verblüffend realistisch wirkende Nachbildung zu schaffen.

| 1930 | 1940 | 1950 | 1960 | 1970 | **1981** | 1990 | 2000 |

Bernhard Stein legte einen besonderen Wert darauf, auch die Betonabstützungen darzustellen, die zur Sicherung der Trasse an der Böschung angebracht wurden.

Werksgelände in Göppingen auch zu Fuß zum Albaufstieg bei Geislingen. Einer, der sich hier 1980 auf diese Weise ein Bild von der Landschaft machte, war Bernhard Stein, ein professioneller Modellbahnbauer. Nicht viel später hatte er ein Teilstück der Geislinger Steige, des wohl berühmtesten Abschnitts der Eisenbahnstrecke Stuttgart — Ulm, im Modell gestaltet.

Grundlage war ein Auftrag von Märklin. Die Größe der künftigen Anlage war vorgegeben: Die Geislinger Steige sollte in den Ausstellungsstand der Nürnberger Spielwarenmesse 1981 passen. Das bedeutete, sie musste 8 mal 0,7 Meter groß sein. Stein hatte drei Monate Zeit für ein Unternehmen, das es in dieser Präzision, mit diesem Umfang und mit dieser Öffentlichkeitswirkung noch nicht gegeben hatte; ein Unternehmen, das praktisch erst durch das Erscheinen der Mini-Club auf dem Markt möglich geworden war. Wegen ihres kleinen Maßstabs eignet sich die Kleinste von Märklin ideal für die Wiedergabe des Vorbilds in den richtigen Dimensionen. Das wussten nicht nur Modellbauer. Sogar die Deutsche Bundesbahn nutzte die Mini-Club, um Anwohnern ihrer Neubaustrecken die Dimensionen des Projekts vor Augen zu führen.

Stein machte sich mit Notizblock und Fotoapparat auf, das Vorbild zu erkunden. Einmal blickte er zu „jener Stelle, wo die weit gezogenen Gleisbögen im Buschwerk verschwanden. Eben in diesem Augenblick tauchte der TEE auf. Majestätisch und voller Kraft strotzend legte sich die vorgespannte 103 in die leicht geneigte Kurve ..."

An den Schmalseiten des nachgebildeten Abschnitts verschwinden die Züge im Berg. Dort hat Stein jeweils einen zweigleisigen Schattenbahnhof eingerichtet, damit nicht die gerade hineingefahrene Lok als „Gegenzug" gleich wieder zum Vorschein kommt. Vielmehr hält sie und startet gleichzeitig den zweiten Zug, sodass immer eine andere Garnitur erscheint als die, die gerade hineingefahren ist. Insgesamt sind vier Züge auf der Strecke. Sie schalten sich selbst die Blockabschnitte, sodass keiner auf den anderen auffahren kann. Vollautomatischer Zugbetrieb ist hier also angesagt. Bernhard Stein brauchte 100 Kilogramm Modellgips, um die Schwäbische Alb und den die Anlage dominierenden Berg „Alter General" überzeugend nachzubilden. Er bohrte Löcher für 2500 Mini-Fichten. Den im Gebirge ebenfalls vorhandenen Laubwald stellte er nicht aus handelsüblichen Modellbäumen her. „Für die Gestaltung von ganzen Wäldern waren sie ... zu gleichmäßig und ergaben kein realistisches Bild. So versuchte ich es schließlich mit Isländisch Moos, das ich, entsprechend zugeschnitten, flächendeckend aufklebte." So schuf er „Flächenwirkungen, die aus mäßiger Vogelperspektive doch dem Gesamteindruck eines nieder- bis mittelwüchsigen Laubwaldes sehr nahe kamen".

Nur wenig Abwechslung bot sich an der Strecke selbst. Eine alte Signalbrücke, die der normale Betrachter vermutlich übersieht, zieht ihn auf der Anlage ebenso in ihren Bann wie das von Stein so genannte „lauschige Plätzchen", eine gefasste Quelle am Rande der Trasse, die zunächst als Versorgungsbrunnen für die Bahnarbeiter gedient haben mag, später entschieden aufgewertet wurde durch ein Denkmal des Oberbaurats Michael Knoll, der für den Bau der Strecke 1845 bis 1850 verantwortlich zeichnete. Stein baute es nach.

■ Noch einmal Geislinger Steige

Fast zwei Jahrzehnte später entsteht ganz in der Nähe des Originals noch eine Geislinger Steige im Mini-Club-Format. Sie steht heute im Heimatmuseum der Stadt Geislingen. Diese Anlage bildet die ganze Steige im Maßstab 1 : 250 ab, von Geislingen nach Amstetten einschließlich beider Bahnhöfe. Der etwas kleinere Maßstab im Vergleich zur Nenngröße Z ist ein kleiner Kompromiss bei dieser Super-Anlage.

Friedrich Welle, hauptberuflich tätig bei der Württembergischen Metallwarenfabrik (WMF), einem Geislinger Unternehmen und einer der Sponsoren des Projekts, garantiert, dass die Topographie der Gegend in der Anlage „bis auf zwei Meter genau" wiedergegeben ist. Um diese Präzision zu gewährleisten, sei der Gebirgsbau mit den Dämmplatten der Spantenbauweise vorgezogen worden. Welle ist einer der 13 Männer, die diese Anlage gebaut haben. Bei der Beschreibung der Anlage vergisst er auch nicht die geschichtlichen und geographischen Daten des Vorbilds. Die Anlagenbauer haben von März 1998 bis Juni 2000 ungefähr 3000 Arbeitsstunden in ihr Modell gesteckt.

Am Fuß der Steige beginnt das Modell bei Kilometer 60,650 am Gaswerk Geislingen. Es endet bei Kilometer 67,850 in Amstetten. Der dargestellte Landschaftsabschnitt misst in der Länge 6,3 Kilometer und in der Breite bis zu 350 Meter. Im Modell sind das 25,8 Meter mal 1,4 Meter. Vorbildgetreu nachgebildet wurden neben der Landschaft des Rohrachtales auch mehr als 500 Gebäude. Die Anlage stellt den Ausbauzustand des Jahres 1925 dar, sieben Jahre vor der Elektrifizierung. Eigentlich waren keine aufwändigen Kunstbauten wie Brücken oder Tunnels nötig. Die Steigung im Hauptabschnitt beträgt 1 : 44 oder 25 ‰. In Wirklichkeit überwinden die Züge auf 5624 Metern Strecke einen Höhenunterschied von 113 Metern. Als weiteres Problem kommt hier hinzu, dass die Kurvenradien recht eng sind: 950 württembergische Fuß oder 272 Meter an der engsten Stelle. Deshalb fahren noch heute selbst die schnellsten Hochgeschwindigkeitszüge zwischen Geislingen und Amstetten in beide Richtungen mit Geschwindigkeiten deutlich unter Tempo 100. Damals waren keine hohen Geschwindigkeiten im Gebirge angesagt. Vielmehr hatte die schwierige Beschaffenheit der Strecke zur Folge, dass die meisten Züge, die sie passieren wollten, Schublokomotiven brauchten, und deshalb gab es in Geislingen ein Bahnbetriebswerk, in dem bis zu 17 Loks stationiert waren. Dabei handelte es sich teils um eben diese Schublokomotiven, teils aber auch um Loks für die damals von der Hauptstrecke Stuttgart — Ulm abgehenden Nebenstrecken nach Wiesen-

1930　　1940　　1950　　1960　　1970　　**1981**　　1990　　2000

steig, Boll, Donzdorf oder Schwäbisch Gmünd. Im Gegensatz zu den Bahnbauten im weitesten Sinne sind die Dorf- und Stadtgebäude und die einzeln stehenden Gehöfte und Mühlen nur in Umrissen wiedergegeben, aber — soweit vorhanden — nach Originalbauzeichnungen oder Fotografien. Viele Häuser stehen aber auch nach wie vor in Geislingen, sodass die Besucher der Anlage aus dem Museumsfenster ihren eigenen Standort relativ zum Modell leicht bestimmen können. „Bis jetzt hat uns noch kein Alt-Geislinger einen Fehler nachweisen können", sagt Welle. Zu den historischen Bauten, die im 21. Jahrhundert nicht mehr vorhanden sind, gehören auch mehrere Bahnwärterhäuser. Sie waren so platziert, dass die Beamten Sichtverbindung zueinander hatten und mithin keine Teilstrecke des Albaufstiegs unbeobachtet blieb. Auch zahlreiche Eisenbahner-Wohnhäuser säumen die Strecke. Eines davon wurde „Bremserhaus" genannt, obwohl es deutlich größer war als der gleichnamige Witterungsschutz an den Güterwagen. Das kam daher, dass in ihm tatsächlich viele Bremser nächtigten. Weil in der Länderbahnzeit zunächst die Waggons von Hand gebremst wurden, musste an der Geislinger Steige auf jedem dritten Wagen ein Eisenbahner stehen und das Bremsrad drehen. Entsprechend viele Männer wurden zwischen Geislingen und Amstetten benötigt.

Die beiden Hauptgleise sind betriebsfähig. An beiden Enden der Anlage können die Züge nach Passieren eines „Wendekastens" auf dem Gegengleis wieder zurückfahren. Die Weichenzungen auf der Strecke sind zwecks Verringerung der Unfallgefahr festgelötet. Der sehr lange Güterzug, der in Amstetten auf die Weiterfahrt wartet, wird in der Modellbahnwirklichkeit nicht eingesetzt, da die Züge recht schnell fahren müssen und bei den zweiachsigen Waggons, wie es sie zu Länderbahn- und Reichsbahnzeit eben gab, im Maßstab 1 : 220 die Entgleisungsgefahr höher ist als etwa bei den vierachsigen Reisezugwagen hinter der württembergischen C, die den klassischen Schnellzug der Länderbahnzeit durch die Kurven zieht. Auch wurden die

Bernhard Stein verwirklichte neben der Geislinger Steige auch weitere spektakuläre Bahnlinien im Modell, so auch die Nord-Süd-Strecke: Hier kreuzen sich die geschwungene alte und die pfeilgerade trassierte Neubaustrecke.

Waggons sicherheitshalber fest gekuppelt. In Amstetten traf neben einer regelspurigen Nebenstrecke auch eine Schmalspurbahn auf die Hauptstrecke. Hier galt es, die schmalen Schienen und die Anlagen nachzubilden, mit deren Hilfe normalspurige Waggons auf Rollböcke der Schmalspurbahn geschoben werden konnten. „Wir haben einfach die Schwellen um zwei Millimeter gekürzt. Aber fragen Sie nicht, wie kompliziert das bei den Weichen war." Betriebsfähig sind die Schmalspurgleise allerdings nicht.

Vom Rhein bis in den Schwarzwald

Natürlich sind die Nachbildungen der Geislinger Steige nicht die einzigen Mini-Club-Anlagen, die minutiös dem Vorbild nachempfunden wurden. Stein baute neben anderen Landschaften auch noch die rechtsrheinische Hauptstrecke in der Nähe der Loreley, ebenfalls für den Märklin-Stand auf der Spielwarenmesse, in einem über acht Meter langen Modell nach.

Unten: Diese Anlage wurde nach Motiven aus dem Schwarzwald geschaffen.

Sven Rohmann, ein anderer Modellbahnbauer, nahm sich die Höllentalbahn zum Vorbild. Hier im Hochschwarzwald wurden die schweren Dampf-Tenderloks der Baureihe 85 eingesetzt, hier wurden Versuche mit besonderen Stromsystemen durchgeführt, und das Vorbild eines anderen Modells, das ebenfalls zu den schönsten Mini-Club-Nachbildungen gehört, die E-Lokbaureihe 44, war hier jahrzehntelang zu Hause. Rohmann tüftelte an einer U-förmigen Anlage aus drei Modulen, deren eines dem Höllentalbahnhof Hirschsprung nachempfunden ist. Hierbei handelt es sich um einen eingleisigen Durchgangsbahnhof mit vier Bahnsteiggleisen, einem Lokschuppen, einer Holzverladung und einem „Dienstwohnheim". Der Bahnhof Hirschsprung ist übrigens, ganz im Gegensatz zu den beiden vorhergehenden Motiven, auch im Original leicht aus der Vogelperspektive zu besichtigen: Ein markierter Wanderweg führt auf der anderen Seite des Tales hoch auf die Berge, von wo aus sich ein Blick auf weite Teile der Strecke bietet. Es ist eine Aussicht, die schon „live" stark an eine Mini-Club-Anlage erinnert.

Im Gegensatz zu Steins Anlagen ist Rohmanns Umsetzung des Vorbilds „nachempfunden", also nicht bis in jedes Detail exakt nachgebildet. Er ging ebenfalls die Strecke ab, besorgte sich alte Pläne, passte sie aber seinen Bedürfnissen an. So finden in seinem Lokschuppen zwei Lokomotiven Platz. Bei den Gebäuden griff er auf das Angebot der Zubehörindustrie zurück, das er teils stark modifizierte, anstatt zu versuchen, im völligen Eigenbau die Häuser möglichst vorbildgetreu nachzubauen. Das Ergebnis ist gleichwohl gelungen, auch dank des naturnah ausgestalteten Waldes um die Station herum. Minutiöse Funktionalität baute er dagegen an anderer Stelle ein: Er ließ badische Formsignale anfertigen, setzte bewegliche Weichenspannwerke ein und legte großen Wert darauf, dass seine Anlage „bespielbar" ist. So fahren in seinen Bahnhof Hirschsprung schwere Güterzüge mit der Baureihe 50 in Doppeltraktion ein — Züge, mit denen ebenfalls eindrucksvoll unter Be-

1930   1940   1950   1960   1970   **1981**   1990   2000

Oben: Neben der „Geislinger Steige" schuf Bernhard Stein noch eine weitere sehenswerte Anlage: Die rechte Rheinstrecke, rund um den berühmten Loreley-Felsen diente ihm als Vorbild.

weis gestellt wird, was die Mini-Club am besten kann: die Dimensionen des Vorbilds weitgehend kompromisslos veranschaulichen.

■ Das Krokodil

Die kleinste Serieneisenbahn der Welt ist aber nicht nur ideal, um fast kompromisslos das Vorbild nachzubauen. Schon drei Jahre nach ihrer Einführung schaffte sie, wozu ihre großen Schwestern Jahrzehnte brauchten: Sie wurde zur Wertanlage. 1975 merkte das allerdings noch kaum jemand. Märklin produzierte damals in ziemlich kleiner Auflage einen zweiachsigen Tankwagen auf der Basis des 8611 aus dem Anfangssortiment. Nur dass da nicht „Esso", „Shell" oder „BP" draufstand, sondern „Lauff". Es gilt als das erste Werbemodell der Mini-Club und wurde ein Dutzend Jahre später mit 500 Mark (250 Euro) gehandelt. Wieder ein gutes Jahrzehnt später sprach man schon von 1000 bis 2700 Mark. Der Lauff-Wagen ist damit eines jener Modelle, die es in der noch

Mitte und unten: Natürlich darf auch bei der Mini-Club das legendäre Krokodil nicht fehlen. Ab 1979 tauchte es im Katalog und in einprägsamen Werbemotiven auf.

217

kurzen Geschichte der Mini-Club zu respektablen Wertsteigerungen gebracht haben. Damit es überhaupt soweit kam, musste Märklin selbst einige Anstöße geben. Das geschah 1983 mit dem inzwischen legendären „Goldenen Krokodil". Märklin hatte ja vier Jahre zuvor die schweizerische Gebirgslok auch auf die Schienen der Spur Z rollen lassen — ein Muss, da weltweit Märklin unter anderem mit dieser Lok identifiziert wird. Bei einer Pressekonferenz verschenkten die Göppinger Manager 50 vergoldete Exemplare dieser Maschine an die Gäste. Noch am selben Tag erhielten die Beschenkten von Sammlern Angebote im vierstelligen D-Mark-Bereich für diese wunderschöne Lokomotive. Inzwischen ist ihr Wert auf über 5000 Euro angestiegen. Aber dies ist wahrscheinlich eine Fantasiezahl, da kaum einer der heutigen Besitzer auch nur im Traum daran denken dürfte, sein „Goldenes Krokodil" zu verkaufen. (Übrigens gab es damals auch mindestens zwei Gold-Krokodile in der Spur I, aber die sind nach einigen Vorführungen im Märklin-Museum nie wieder an die Öffentlichkeit gekommen.)

Auch später wurden immer wieder limitierte Sonderauflagen verschenkt und am Markt angeboten — und selbst wenn die Auflagen so gering waren wie bei der Gold-Lok, so hat es doch bislang kein Mini-Club-Modell mehr mit solcher Symbolkraft für Wertigkeit gegeben. Ungeachtet dessen gibt es aber sehr wohl einige Modelle, die im Marktwert die Tausend-Euro-Grenze überschritten haben, ohne dass sie im Laden so viel gekostet hätten: Zu nennen wären eine Dampflok der Baureihe 18 in einer Acrylvitrine (1991) oder das Eisenbahnmuseum von 1992 mit einer silbernen Baureihe 89 oder die goldene Dampflok der Baureihe 10 von 1997, von der später noch die Rede sein wird. Dramatische Wertsteigerungen bei Mini-Club-Modellen aus der normalen Produktion sind aber seltener als bei den großen Spuren. Um das zu verstehen, muss man sich ins Bewusstsein rufen, dass sich der hohe Wert einiger Vorkriegsmodelle der größeren Spuren nur deshalb ergeben hat, weil die historischen Katastrophen der ersten Hälfte des 20. Jahrhunderts die Menge der hergestellten Exemplare stark dezimiert haben. Wer aber 1972 mit der Mini-Club begann, der wird sie nicht bis zur Unkenntlichkeit beim Spielen strapaziert und kaum in Inflations- oder gar Kriegswirren verloren, sondern in der Regel pfleglich behandelt haben. Ebenso wenig wird sie jemand bei Desinteresse einfach entsorgt haben, denn 1972 war schon allgemein klar, dass Modellbahnen und insbesondere solche aus der „Fabrik feiner Modellspielwaren" auch ohne Verknappung einen Wert an sich darstellten. Der Sammlermarkt für Modellbahnen war eben schon einigermaßen etabliert. In der Konsequenz heißt das: Wer Märklin-Mini-Club-Modelle sammelt, sollte nicht auf dramatische Wertsteigerung spekulieren. Aber er kann auch relativ sicher sein, dass seine Modelle eine Wertanlage darstellen.

■ Mini-Club goes West

Den Sprung über den Großen Teich wagte Märklin mit der Mini-Club im Jahr des 125-jährigen Firmenjubiläums: Auf der Spielwarenmesse von 1984 befuhr die F-7-Diesellok von General Motors im Maßstab 1 : 220 brummend die Modellgleise. Es war die Lokomotive, die dem Dampfbetrieb in den Vereinigten Staaten von Amerika den Garaus machte, lange bevor dies in Europa der Fall war. Diese Lokomotive ist aus der Eisenbahngeschichte

Zum 125-jährigen Märklin-Jubiläum erschienen erstmals auch US-amerikanische Fahrzeuge im Mini-Club-Programm, wie die berühmte F 7 und veschiedene bunte Güterwagen.

| 1930 | 1940 | 1950 | 1960 | 1970 | **1984** | 1990 | 2000 |

Nordamerikas ebenso wenig wegzudenken wie der berühmte Golden Spike, der in die Schwelle genagelt wurde, als sich im Mai 1869 die Central Pacific und die Union Pacific Railroad in Promontory Point in Utah trafen. Eine Nachbildung des goldenen Nagels gab es übrigens auch von Märklin, allerdings nicht im Mini-Club-Maßstab: 1984, zum 125-jährigen Jubiläum, war er Bestandteil einer Sonderpackung eines Güterzugbegleitwagens der Union Pacific Railroad. Er misst immerhin 46 Millimeter.

Doch zurück zu den Modellen der F 7, die seit Jahrzehnten einen festen Platz im Märklin-H0-Programm hatten und haben. Wegen ihrer Robustheit und Vorbildtreue sind diese Modelle sehr gefragt. Für das Fahrwerk der Mini-Club-Diesellok griffen die Märklin-Ingenieure zunächst einmal ins Regal. Sie bedienten sich des Untergestells der bereits im Programm befindlichen deutschen Elektrolok-Baureihe 111. Damit wurde das Modell zwar ein bisschen länger, als es den Vobildmaßen entsprach, aber das tat dem Eindruck keinen Abbruch. Die Loks erschienen mit einem Zweilicht-Spitzensignal. Die vordere Kupplung kann gegen einen Schienenräumer ausgetauscht werden, was den schnittigen Eindruck der Front deutlich verbessert. Als erste Farbvarianten standen die F 7 der Atchison Topeka und Santa Fé Railroad sowie der Southern Pacific in den Regalen. Dazu kamen komplette Wagen-Neuentwicklungen in Gestalt des offenen Güterwagens Gondola, des gedeckten Güterwagens Box Car und des Güterzugbegleitwagens Caboose, ohne den sich die amerikanische Eisenbahn-Romantik ohnehin nicht so richtig einstellen würde. Die Auflage eines US-Programms hatte zur Folge, dass sich in den Vereinigten Staaten eine Mini-Club-Gemeinde entwickelte, die es an Kreativität mit der deutschen durchaus aufnehmen konnte. Neben einer Zubehörindustrie, die für original amerikanische Gebäudemodelle sorgte, etablierten sich auch Kleinserienhersteller, die das Mini-Club-Sortiment aus Deutschland ergänzten. Dieses wiederum wuchs im Laufe der Zeit so beachtlich, dass manche Enthusiasten es als eigenes Sammelgebiet führen. Besonders interessant für sie ist, dass Märklin hin und wieder nur in den USA Zugpackungen und Modelle vertreibt, die in Europa nicht angeboten werden. Bei den Zugpackungen liegt das daran, dass ihnen wegen des anderen Stromsystems Trafos mit einer Primärspannung von 120 Volt beiliegen müssen. Ab 1986 ließ Märklin auch Dampfloks in amerikanischer Livree über die Mini-Club-Schienen rollen. Den Güterwagen folgten die klassischen Aluminium-Personenwagen, und bislang einmal gingen die Göppinger bis in die Pionierzeit

Oben: Die Baugröße Z erlaubt dank eleganter Radien die Darstellung vorbildgetreu langer Züge, wie diesen, von einer F 7 gezogenen.

Mitte: 1985 erschien der Amtrak-Zug mit den eleganten Streamliner-Wagen. Sie garantierten beim Vorbild, gemäß den abgebildeten Accessoires, gediegenes Reisen.

Unten: Eine Mikado-Dampflok der Southern Railway gehörte ebenfalls zu den Z-Modellen nach US-Vorbild.

zurück: Im Jahr 2000 boten sie zum 20-jährigen Bestehen von Märklin USA eine 2C-Dampflok mit drei Personenwagen und einem Personen-/Gepäckwagen aus dem 19. Jahrhundert an. Der „Casey-Jones"-Zug erinnerte an ein schweres Eisenbahnunglück im Jahr 1900, nach dem die Rolle des gleichnamigen Lokführers anschließend in Geschichten und Liedern verklärt wurde.

■ Werbebotschafter

Auf einem weiteren Markt etablierte sich die Mini-Club erfolgreich: bei den Werbemodellen. Was ist ein Werbemodell? Ein Güterwagen, auf dem „Tennessee Central" steht, ist kein Werbemodell und auch das Modell der Elektrolokomotive der Baureihe 152, auf dem in großen Lettern das Wort „Siemens" prangt, ist wahrscheinlich keines. Wenn aber der Elektrokonzern bei Märklin eine Sonderserie von Lokomotiven oder Wagen oder gar Zugpackungen mit der Aufschrift „Siemens" bestellt, um sie an gute Kunden oder solche, die es werden sollen, als Werbegeschenk zu verteilen, dann handelt es sich um ein Werbemodell. Man kann davon ausgehen, dass diese Züge schneller im Wert steigen als etwa Katalogartikel, die in jedem Modellbahnladen erhältlich sind. Ob sie auch eine bessere Geldanlage sind als normale Finanztransaktionen, lassen wir hier mal offen.

Dann gibt es noch Varianten der normalen Katalogartikel, die von Dritten mit Zusatzaufschriften versehen werden und etwa Reklame für ein bestimmtes Modellbahn-Geschäft machen. Obwohl sie in verhältnismäßig kleiner Auflage gefertigt wurden, können sie kaum als Wertanlage bezeichnet werden, da sie in der Flut der anderen Werbemodelle einfach untergehen. Weil sie so klein sind und eine Startpackung nicht viel Platz in Anspruch nimmt, wurden die Loks und Wagen der kleinsten Serieneisenbahn der Welt nämlich immer wieder gerne als Werbegeschenke verteilt. Unternehmen lassen sich ihr Logo oder einen Werbespruch auf die kleinen Wagen drucken, und je schöner das Ergebnis, um so gesuchter sind die Artikel hinterher. Wobei ambitionierte Sammler sich einen echten Sport daraus machen, eines der besonders schönen und besonders seltenen Exemplare ihrer Sammlung einzuverleiben.

Märklin-Geschäftsführer Paul Adams sieht Werbewagen und Werbeloks als „deutlich steigendes Geschäft. Hier können wir potenzielle Kunden begeistern." Er verweist darauf, dass solche Fahrzeuge wegen der allgemeinen Faszination der Modelleisenbahn auch für Nicht-Eisenbahner interessant sind. „Es ist einfach schön, so ein Modell in der Hand zu haben", sagt der Manager. „Und nicht selten will jemand dann mehr. Ein wichtiges, ausbaufähiges Geschäft."

Bestimmte Modelle der Mini-Club sind geradezu prädestiniert als Werbewagen, weil sie große Flächen für Aufdrucke aufweisen. Dazu gehört etwa der weiße Kühlwagen 8600, der in der DB-Ausführung ohne Werbeaufdrucke seit einigen Jahren gar nicht mehr im Programm ist. Mit Aufdrucken hat Märklin von

Die Werbemotive der neueren Zeit stellen auch das Sammeln der kleinen Fahrzeuge in den Mittelpunkt. Dieser ältere Herr mit dem ehrwürdigen grauen Bart strahlt die Muße und Gelassenheit aus, mit der Modellbahnliebhaber sich ihrer Leidenschaft, dem Sammeln, hingeben.

diesem Waggon jedoch unzählige Varianten gefertigt. Im Jahr 1997 hat der Produzent von Sammlerkatalogen, Joachim Koll, die ihm bekannten Wagen aufgelistet, aber seither gibt es schon wieder viele neue, sodass ein echter Sammlerüberblick zurzeit fehlt. Nicht ganz so viele unterschiedliche Bedruckungen gibt es für den Containerwagen 8615, den zweiachsigen Kesselwagen 8612 und den gedeckten Güterwagen der Reichsbahnbauart mit Bremserhaus 8661. Wirklich interessant wird die Geschichte mit den Werbemodellen, wenn der Auftraggeber etwas mehr investiert und beispielsweise die Geschenkpackung wählt, bei der er dem Waggon noch ein anderes kleines Werbegeschenk beilegen kann. Märklin selbst nutzt diese Möglichkeit gerne, zum Beispiel zur Spielwarenmesse als „Give-away" für die Kunden: Da finden sich Niederbordwagen mit miniaturisierten Rennautos der inzwischen wieder eingestellten „Alpha"-Produktlinie. Oder es wird für die neue Währung mit einem Schokoladen-Euro geworben. 1986 lud Märklin Journalisten mit so einer Packung zur Jahrespressekonferenz ein. Ort und Zeit standen auf dem Kühlwagen 8600 – so klein, dass man sie nur mit der beigefügten Lupe lesen konnte.

Wagen als Visitenkarte

Beliebt bei Sammlern, Spielern und Werbekunden sind auch Batterie-Startpackungen. Sie bestehen aus einem Fahrgerät, das nur die drei Einstellungen „vorwärts", „rückwärts" und „Stopp" erlaubt, einer Lok – vorzugsweise der Tenderlok der Baureihe 98 oder der Rangierlok V 60/260 – sowie einem oder zwei Wagen und einem Gleisoval. All das hat in einer Schachtel Platz, die nicht wesentlich größer ist als ein DIN-A5-Terminkalender. Die ursprüngliche Idee hinter diesen Werbemodellen war natürlich, ein originelles Geschenk mit einem gewissen Spielwert zu verteilen. Es soll sogar Leute geben, die statt einer papiernen Visitenkarte einen mit

Anschrift, Telefonnummer und E-Mail-Adresse beschrifteten Containerwagen zu verschenken. Manch ein so Beschenkter mag damit zur Modellbahn hingeführt worden sein, obwohl er zum Beispiel auf einem Kundentreffen seines Computerlieferanten eigentlich ganz andere Dinge erledigen oder lernen wollte.

Eigentlich sind Werbemodelle nur eine Untergruppe der Fantasiemodelle. Hier hat die Mini-Club ein Feld besetzt, das etwas abseits der Modellbahn im engeren Sinne liegt. Bei ihnen lässt das Design keinen Zweifel, dass hier nicht an Vorbildtreue gedacht war. Vielmehr steht der Spaß am Schenken, Auspacken und Ausprobieren im Vordergrund. Klaus Stetter, in Göppingen verantwortlich für das Pro-

Oben: Werbewagen in der Baugröße Z. Sie werden teilweise nur für bestimmte Auftraggeber in begrenzter Auflage hergestellt, finden sich mitunter aber auch als Katalogartikel im Mini-Club-Sortiment.

Unten: Wieder ein Werbemotiv aus jüngerer Zeit: Die Mini-Club hat nichts von ihrer Faszination verloren.

duktmanagement der kleinen Bahn, bringt es auf den Punkt: „Hier kann man kreativ sein." Dazu zählen auch Messe- und Presse-Geschenke sowie andere Modelle, die spezifisch für Veranstaltungen entworfen und produziert wurden. „Es geht dabei um Themen, die wir erfinden, und darum, was den Leuten gefällt." Stetter nennt das Solar-Set, das Osterhasen-Fun-Set und den Adventskalender, der 2003 zum wiederholten Mal angeboten wird. Auch der Weihnachtswagen gehört dazu. Kreativ sind die Designer bei Märklin selbst, aber auch Künstler und Agenturen. Letztere entwarfen die blaue Krauss-Maffei-Pacific S 3/6 oder die Micky-Maus-Lok, die es ja auch auf den Schienen der Deutschen Bahn gab. Aber der Anstoß dazu kam von den Kreativen der kleinen Bahn. So könnte sich die Frage „Wer war zuerst da, die Henne oder das Ei?" bei der Modellbahn ganz anders stellen. In Modellbahnkreisen sind solche Erwägungen mittlerweile hinter dem Sammelaspekt zurückgeblieben. Wer kritisiert, das Sammelgebiet sei durch die vielfältigen Aktivitäten unübersichtlich geworden, sollte bedenken, dass es darum ging und geht, mit der Vermarktung dieser Idee der Mini-Club Zielgruppen zu erschließen, deren Mitglieder andernfalls überhaupt nicht zur Modellbahn gekommen wären. Die damit ermöglichten großen Auflagen stellen sicher, dass das Preisniveau für die Modellbahnartikel nicht in astronomische Höhen aufsteigt. Und deshalb ist es für den wahren Modellbahner auch nicht so wichtig, ob sie zu einer Geldanlage werden.

■ Juwelen auf Schienen

Edelmetall als Finish von Rollmaterial hat bei der Mini-Club eine lange Tradition. Eines der ersten Modelle war 1982 der Schienenzeppelin, der zum zehnjährigen Bestehen der kleinen Bahn in einer Sonderserie produziert wurde. Er war echt mattversilbert. Selbstverständlich drehte sich der Heckpropeller während der Fahrt, aber für den tatsächlichen Vortrieb wirkte der Motor auf die Hinterachse. Das Modell war ein Märklin-Muss. Die Göppinger Firma hatte den Exoten schon vor

Das Solar-Set aus dem Jahr 2002 gehört in seiner Art zu den Fantasiemodellen, für die Märklin bestimmte Themen kreativ umsetzt.

dem Krieg im Programm. Danach tauchte er mehrmals im H0-Sortiment auf. Dabei schrieb das Original nur recht kurz, aber dafür nachhaltig, Eisenbahngeschichte. Das Experimentierfahrzeug des Ingenieurs Franz Kruckenberg stellte am 21. Juni 1931 mit 230 Kilometern pro Stunde auf Schienen einen neuen Weltrekord auf, der mehr als 20 Jahre hielt. Aber nicht nur mit der elegant wirkenden Versilberung beschritt Märklin Neuland: Der 117 Millimeter lange Z-Schienenzeppelin hatte zwei Achsen wie sein Vorbild. Das war insofern bemerkenswert, als die H0-Variante auf zwei zweiachsigen Drehgestellen ruhte und Märklin das Experiment mit nur vier statt acht Rädern in der kleinsten Spur wagte. Bedeutet doch eine Halbierung der Anzahl der Räder auch eine Halbierung der Möglichkeiten der Kontaktaufnahme — und das ausgerechnet im Maßstab 1 : 220, wo die Frage der Stromabnahme hier doch wesentlich heikler ist als bei den anderen Baugrößen. Das Edelmetall-Outfit unterstrich im Image der Mini-Club nicht allein die Wertigkeit, sondern auch die Orientierung auf die Zielgruppe der Erwachsenen. Kleine Juwelen können ja nicht nur auf Modellbahnanlagen, sondern mindestens ebenso gut in Vitrinen ihren Platz finden.

Dem Schienenzeppelin folgte 1983 das berühmte Goldene Krokodil, von dem weiter oben schon die Rede war. Aber auch andere, versilberte oder mindestens silberfarbene Loks zierten seither das Mini-Club-Programm. Wenn sie wegen der hohen Herstellungskosten und der geringen Auflage auch nicht immer den Weg ins offizielle Sortiment fanden, so gelang es Sammlern doch meist, sie sich zu beschaffen. Zu nennen wäre hier eine silberfarbene Dampflok der Baureihe 89, die 1992 in einer als Werbegeschenk ausgegebenen Zugpackung „mini-club-Museum" lag. Von ihr gibt es nur ungefähr 50 Stück. Drei Jahre vorher war ein ganzer Edelmetall-Zug ins Programm gerollt: der „California Zephyr", bestehend aus einer amerikanischen F-7-Diesellok und fünf Personenwagen, alle echt versilbert. Intern verraten alte Märklinisten schon einmal, dass die Herstellung so aufwändig war, dass mit dem Ladenverkauf die Kosten nicht wieder hereinkamen.

Das versuchte man bei anderen Modellen zu verhindern, indem der Endverkaufspreis gleich in Juwelier-Dimensionen angesiedelt wurde. Da gibt es zum Beispiel eine Dampflok der Baureihe 78 aus massivem Sterling-Silber zum 20-jährigen Bestehen der Mini-Club 1992. Sie wurde in einer Acrylverpackung ausgeliefert. Das bisher spektakulärste Modell dieser Art ist aber die goldene Dampflok der Baureihe 10 von 1997, zum 25-jährigen Jubiläum der Mini-Club. Schon der Herstellungsprozess unterscheidet sich deutlich von dem anderer Modelle. In die Gussform floss 18-karätiges Gold. Ein wahrhaftiger Goldschmied polierte das Gehäuse. Diamanten und Rubine wurden gefasst und eingesetzt. Das Spitzensignal besteht aus drei, das rückwärtige Signal aus zwei Edelsteinen. Auch die Räder und Gestänge sind vergoldet. Täglich sind nur zwei solcher Lokomotiven gebaut worden — wieviel es insgesamt waren, wird nicht verraten.

Oben: 1982, zum zehnjährigen Jubiläum der Mini-Club, brachte Märklin der schnittigen Schienenzeppelin in edler Ausführung heraus.

Unten: Kerzen brennen zu Ehren der Mini-Club: Als Geburtstagsschmankerl stand im Jubeljahr der Schienenzeppelin im Mittelpunkt.

| 1850 | 1860 | 1870 | 1880 | 1890 | 1900 | 1910 | 1920 |

Oben: Hoch interessante Fahrzeuge, wie der VT 11.5 und die Dampflok der Baureihe 10, bereicherten das Mini-Club-Sortiment noch bevor die H0-Bahner entsprechende Fahrzeuge kaufen konnten.

Unten: Das Modell eines SVT bereicherte als Neukonstruktion in Einmalserie das Mini-Club-Programm 2002. Das Werbefoto gibt stilgetreu das Ambiente des Zuges wieder.

So wie bei dieser Lokomotive eine eigene Schatulle und sogar ein Paar Handschuhe zum Lieferumfang gehörten, damit der Schweiß an den Fingern beim Anfassen keine Spuren auf dem glänzenden Gehäuse hinterlässt, versuchten die Göppinger auch immer wieder, schon mit der Verpackung den besonderen Flair der Kleinsten zu unterstreichen. Immer wieder fanden sich limitierte Modellauflagen in Holzkästchen. Hier wäre zum Beispiel eine weitere Variante der Baureihe 10 in Blau zu erwähnen, die 2000 ausschließlich für die Märklin-Händler-Initiative anlässlich ihres zehnjährigen Jubiläums hergestellt wurde. Auch bei Veranstaltungen im ganz kleinen Kreis brachte Märklin Mini-Club-Modelle in geringer Auflagenhöhe heraus, die schnell einen großen Wert erreichten. Das wird sicher auch weiterhin so sein. Und es wird immer Menschen geben, die sich glücklich schätzen, eines der wenigen Exemplare zu besitzen, und andere, die jahrelang danach suchen.

■ Technische Herausforderung

Bei der kleinsten elektrischen Serieneisenbahn der Welt stellte die Technik Märklin vor die größte Herausforderung. Sie musste genau so zuverlässig sein wie alles, was die Kunden bis

dahin von Märklin gewohnt waren: Auspacken, anschließen, losfahren — so funktionierte schließlich jede elektrische Eisenbahn der Göppinger. Das hat zwar, wenn man die Nenngröße H0 betrachtet, in hohem Maße mit den qualitätsorientierten Fertigungsmethoden zu tun. Aber es ist auch dem Umstand zu verdanken, dass das Dreileiter-Wechselstromsystem von sich aus zahlreiche Vorteile bietet. So setzen sich selbst mehrere Jahrzehnte alte Loks klaglos in Bewegung, wenn sie nach Jahren des Stillstands auf dem Speicher wieder auf die Schienen gestellt werden. Die Mini-Club konnte jedoch aus physikalischen Gründen nicht als Dreileiter-Wechselstrom-Bahn umgesetzt werden: Einmal war in den kleinen Loks einfach zu wenig Platz für einen elektromagnetischen Umschalter, wie er in den 70er Jahren noch gang und gäbe war. Zweitens war das Gewicht zu gering, um eine sichere Stromabnahme mit einem Schleifer zu gewährleisten. Dazu kam, dass jedes Staubkörnchen auf der Schiene zu einem Wackerstein wurde, wenn man es im Maßstab 1 : 220 betrachtete — mit entsprechenden Auswirkungen auf die Stromaufnahme. Märklin musste also mit dem Zweileiter-Gleichstromsystem, auf das sich die meisten seiner Konkurrenten verließen, auf Anhieb richtig gut sein.

Klaus Kern, der Leiter der Entwicklungsabteilung bei Märklin, beschreibt die Anforderungen: „Die Details wurden deutlich kleiner. Das mussten wir beim Bau der Formen berücksichtigen." So hat die Entwicklungsabteilung zunächst weiche Formen hergestellt und ausprobiert, ob die Produktion in der bisherigen Weise überhaupt möglich ist. „Schließlich haben wir die Grundfertigung nicht getrennt, wohl aber eine eigene Montageabteilung für die Mini-Club eingerichtet." — „Um die systembedingten Probleme zu kompensieren, achten wir zum Beispiel darauf, dass bei Drehgestellloks stets beide Drehgestelle angetrieben sind", erläutert Kern. „Das erhöht ebenso die Zugkraft wie die Doppel- oder Mehrfachtraktion. Vorausgesetzt, es ist kein Öl auf der Schiene."

Dass die Herausforderungen bewältigt wurden, davon legt der Erfolg der kleinen Bahn beredtes Zeugnis ab. Schon zwei Jahre nach der Vorstellung des Systems kam wie selbstverständlich die Oberleitung, mit der ein Mehrzugbetrieb auf den kleinen Gleisen möglich wurde. Auch die Kehrschleifen-Garnitur machte mit einem Problem Schluss, das „Wechselstromer" gar nicht kannten: Loks können unter Gleichstrom nicht einfach eine Schleife drehen und dann in der anderen Richtung auf dem alten Gleis zurückfahren. Der Kurzschluss, der da zwangsläufig entstehen würde, kann nur mit einer bestimmten Schaltung vermieden werden.

Die Technik, die Märklin präsentierte, hielt sich mehr als drei Jahrzehnte nahezu unverändert. Mehrmals wurden die Trafos so verbessert, dass die im wahrsten Sinne der Wortes geregelte Langsamfahrt leichter möglich war. 1977 wurde die Kupplung in ihrer genialen Einfachheit verändert. Sie erhielt oben eine

Oben: In der Baugröße Z wurden auch die beiden ersten Schweizer Werbeloks nachgebildet: die Heizer-Lok (links) und die Alpaufzug-Lok (rechts).

Unten: Diamanten und Rubine schmücken die Baureihe 10, die als Sammlermodell zum 25-jährigen Jubiläum der Mini-Club erschien.

Schräge, damit Verbindung und Trennung reibungsloser vonstatten gingen. Die leichte Kuppelbarkeit spielte bei den federleichten Wagen und Loks eine besonders große Rolle. Auch die meistgebaute Lok, die Dampflok der Baureihe 89, wurde technisch verbessert. Die mittlere Achse wurde als Pendelachse ausgelegt, um die Stromaufnahme zu verbessern. In den ersten sieben Produktionsjahren hatten die Wagen der Mini-Club Kunststoffräder. Das hatte nicht nur den Vorteil der preisgünstigen Produktion; man musste das rechte und linke Rad auch nicht gegeneinander isolieren. Nur die Laufeigenschaften ließen anfangs zu wünschen übrig, weil sich der Kunststoff hin und wieder verzog. So wurde zunächst eine ringförmige Aussparung an der Innenseite eingeführt. Die ersten Metall-Radsätze kamen mit den beleuchteten TEE-Wagen 1977, bei denen sie zur Stromaufnahme dienten. Später wurden bei allen Waggons nur noch Metall-Radsätze montiert. Die Achsen sitzen in einer Kunststoffverkleidung in der Nabe. Seither sind die Laufeigenschaften der Waggons deutlich besser geworden. Schließlich kamen ab 1977 bei den Lokomotiven und ab 1989 bei den Wagen Speichenräder, soweit es die Vorbildtreue erforderte.

„Wir mussten einen komplett eigenen Motor entwickeln, während es die Motoren für die Spur N auf dem Markt zu kaufen gab", sagt Klaus Kern, der Leiter der Entwicklungsabteilung. „Unser Antriebsaggregat haben wir ja inzwischen von dreipolig zu fünfpolig weiterentwickelt. Damit sind inzwischen alle Loks ausgestattet, die neu ausgeliefert werden. Das kleine Kraftpaket sorgt nicht nur für höhere Zugkraft, sondern auch für mehr Laufkomfort. Das wiederum erhöht nicht nur den Spielspaß, sondern auch die Kontaktsicherheit." Mit ihrem Ankerdurchmesser von 7,45 Millimetern und dem vier Millimeter langen Ankerblech nehmen die Motoren maximal 300 mA Strom auf und schaffen in der Minute bis zu 40.000 Umdrehungen.

Ganz wichtig für die Vorbildtreue ist auch die Drucktechnik. Sie ist seit den Anfängen der Mini-Club so weit fortgeschritten, „dass wir Schriften bis 0,15 Millimetern Höhe lesbar darstellen können", erklärt Klaus Kern. „Das entspricht Buchstaben oder Zahlen, die auf der richtigen Lok oder dem Wagen gerade mal 33 Millimeter hoch sind, also auch schon eine recht kleine Beschriftung." Ebenfalls perfektioniert wurde der Vierfarbdruck, wie er etwa bei den Werbeloks zum Einsatz kommt. „Das sieht jetzt aus wie fotografiert." Diese Entwicklung musste aber auch sein, weil sich die Werbe- und Designerbranche immer neue und schwierigere Motive einfallen lässt, die auf

Rechts: In einmaliger Serie erschien auch eine V 100 mit passenden Eilzugwagen.

Unten links und rechts: Zum 30-jährigen Geburtstag der Mini-Club und 50-jährigen Bestehen des Landes Baden-Württemberg erschien 2002 ein Set mit Begleitbuch.

Bahnfahrzeugen realisiert werden sollen. „Das sind echte Herausforderungen für uns." Beispiele für die immer differenzierter werdenden Designs und die darauf abgestimmten Bedruckungstechniken sind die neuesten Lokomotiven, etwa die Elektroloks der SBB-Serie 460 „Swiss Collection".

In den Kreisen der Mini-Club-Fans hat sich inzwischen auch schon das Digital-System für Lokomotiven einen respektablen Anteil erobert, obwohl Märklin selbst bei der kleinsten Bahn die Digitalisierungs-Empfehlung bislang auf Magnetartikel, wie Weichen und Signale, beschränkt. Dabei gab es 1988 im damals separat angebotenen Mini-Club-Katalog schon einmal die Ankündigung digitaler Loks. Seinerzeit schmückten eine amerikanische Mikado-Lokomotive und ein Schienenbus in den Farben der Chiemseebahn als digitale Versuchsobjekte den Katalog. Ausgeliefert wurde in beiden Fällen jedoch nur die Analog-Version. Wer also heute seine Mini-Club digitalisieren will, muss auf Fremdfabrikate bei den Decodern zurückgreifen. So ganz fremd müssen die aber gar nicht mal sein. Für Minitrix, also eine Produktlinie der Märklin-Gruppe, gibt es einen kleinen Decoder, den Praktiker längst für die Mini-Club adaptiert haben. Daneben bieten Kleinserienhersteller alles Nötige zur Digitalisierung an. Noch benötigen die Mini-Club-Fahrer allerdings ein gerüttelt Maß an elektronischen Vorkenntnissen, um den Digitalbetrieb auf der Mini-Club-Anlage umzusetzen. Ohne Lötarbeiten geht es nicht. Märklin selbst gab bislang keine Prognose zu der Frage ab, wann das Stammhaus das Digital-System für seine Kleinste anbieten wird. An Entwicklungen für die Mini-Club, die keinen Eingang in die Serie gefunden haben, sind etwa Magneträder zu nennen. Daran war tatsächlich einmal gedacht worden. Damit sollten Zugkraft und Kontaktsicherheit erhöht

Oben: Bei den neueren Z-Anlagen geht der Trend zu mehr Realismus im Landschaftsbau.

Unten: Ein Modell aus dem Angebotszeitraum 2003/2004 ist das in Epoche-III-Ausführung erschienene Modell der E 18. Die kleine Maschine verfügt über einen Fünfpol-Motor und eine LED-Beleuchtung.

| 1850 | 1860 | 1870 | 1880 | 1890 | 1900 | 1910 | 1920 |

Oben: Die V 100 in der ozeanblaubeigen Ausführung der DB wurde als Neukonstruktion 2002 auf den Markt gebracht.

Mitte: Mit den Güterwagen-Sets nach aktuellen Vorbildern lassen sich tolle Züge zusammenstellen. Vorbildgerecht beladen ist das Set „Holz-Transport", gebildet aus verschiedenen Schweizer Güterwagen.

Unten: Die Schiebeplanenwagen weisen unterschiedliche Betriebsnummern auf.

werden. Statt der jetzt üblichen Neusilberschienen wären dann Schienen mit Stahlprofilen nötig gewesen. Aus wirtschaftlichen Gründen wurde diese Entwicklung nicht umgesetzt. Auch eine echte Heusinger-Steuerung für die Dampfloks war geplant. Neben dem Kostenargument sprach gegen eine Realisierung, dass man die Montage aber auch den Arbeiterinnen nicht zumuten wollte. Schon jetzt stellt die Montage eines Gestänges für das Modell einer Altbau-Elektrolok oder Dampflok allerhöchste Ansprüche an die Mitarbeiterinnen. Diese Arbeiten können nach wie vor nicht automatisiert werden.

■ Großer Bahnhof

2003 — im 31. Jahr des Bestehens der Mini-Club, wagte Märklin mit einem maßstabsgetreuen Modell des Anhalter Bahnhofs in Berlin den Weg zu einem umfassenderen, themenorientierten Angebot. Dank des voluminösen Gebäudes, dessen Grundriss bereits die Ausmaße einer kleinen Anlage hat, kann der vorbildorientierte Modellbahner sich eine Welt der Epoche II schaffen. Die Mini-Club folgt damit der Märklin-Tochter Trix, bei der schon seit einigen Jahren Themen ausgestaltet werden. Dabei kommen nicht nur Loks und Wagen ins Angebot, sondern auch exakt darauf abgestimmte Gebäude und Funktionsmodelle. Aber noch nie gab es so einen anspruchsvollen, exakt an einem konkreten Vorbild orientierten und kompromisslos umgesetzten Gebäudebausatz für die Mini-Club wie das Modell des Anhalter Bahnhofs, von dessen Vorbild nur noch ein Portikus steht. Was hier 2003 realisiert wurde, macht die Ansätze der vergangenen Neuheitenprogramme zu einem schlüssigen Konzept. Nun sind Neuheiten nicht nur an mehr oder weniger spektakulären Jubiläen ausgerichtet, sondern an konkreten „Welten".

„Wir müssen Kooperationen mit den Landschaftsbauern eingehen und Themen besetzen", sagt Märklin-Geschäftsführer Paul Adams dazu. „Es ist doch so, dass ein vorbildgetreuer Landschaftsbau in maßstäblichen Dimensionen nur in dieser Nenngröße realistisch möglich ist."

| 1930 | 1940 | 1950 | 1960 | 1970 | 1980 | 1990 | **2003** |

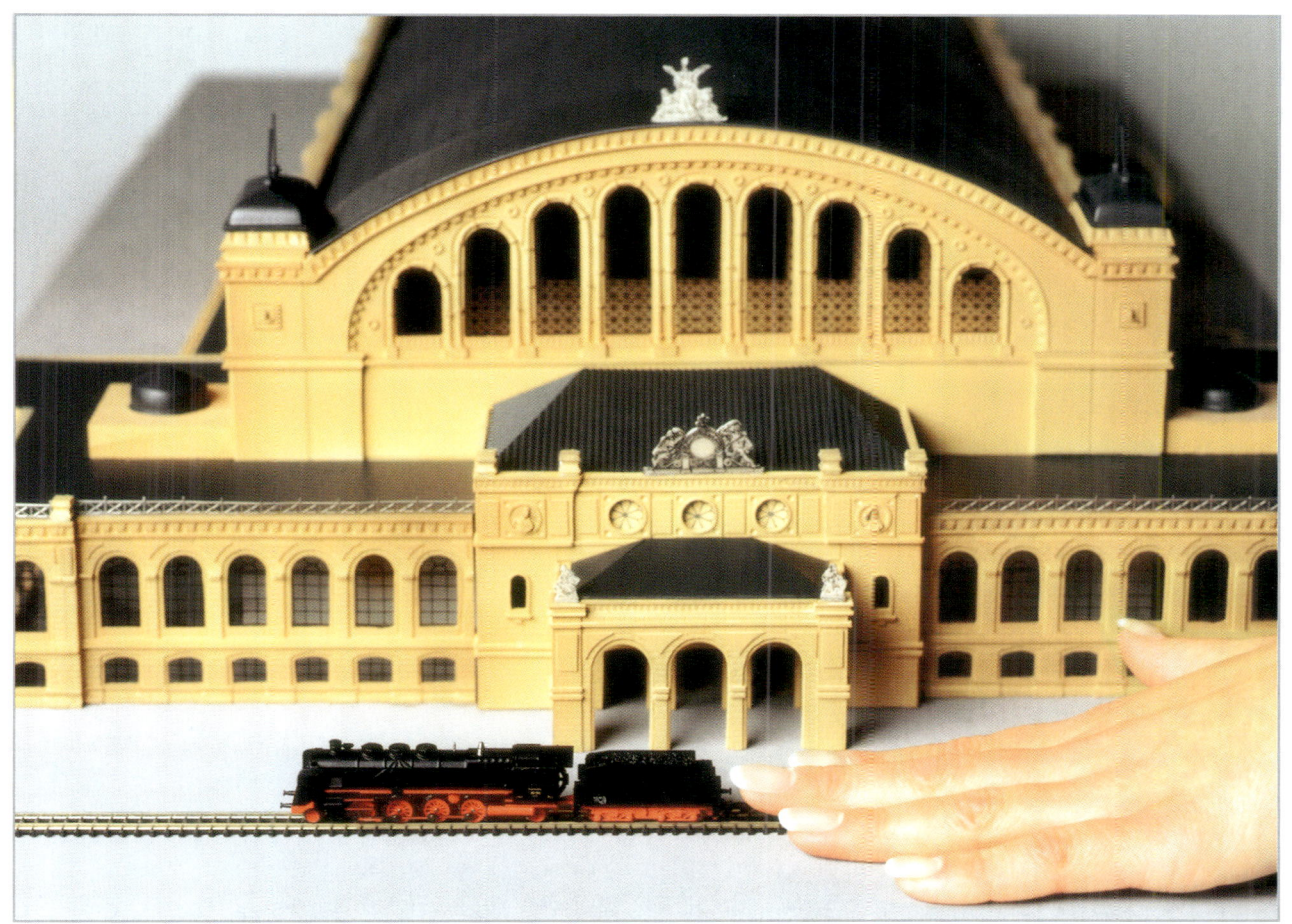

Oben: Aus dem Bausatz zum Modell des berühmten Anhalter Bahnhofs in Berlin entstand dieses monumentale Gebäude. Seine Höhe beträgt 180 mm.

Mitte: Als Neuheiten des Jahres 2003 präsentierte Märklin für die Nenngröße Z auch diverse Lichtsignale.

Unten: Das Modell der preuß. P 10 (Baureihe 39) wird von einem fünfpoligen Mini-Club-Motor angetrieben.

Zu den Neuheiten, die „zusammenpassen", zählten 2003 auch Zugpackungen, wie etwa der Vorkriegs-D-Zug mit der hydropneumatischen Diesellokomotive V 120, der sehr gut in den Anhalter Bahnhof ein- und ausfahren kann. Das gilt übrigens auch für das Modell der Rangierlok der Baureihe 89, deren erste Exemplare bei der Deutschen Reichsbahn Gesellschaft 1934 ihre Bewährungsproben auf den Gleisen dieses Bahnhofs zu bestehen hatten. Darüber hinaus wurden die Mini-Club-Kunden mit der Neukonstruktion der Baureihe 39 bedacht, einer wichtigen Personenzuglok der Vorkriegszeit. Sie ist im regulären, schwarzroten Farbkleid für alle Kunden erhältlich, als Variante im Fotografieranstrich nur für die Mitglieder des Insider-Clubs. Auch diese Lok passt ausgezeichnet zum Anhalter Bahnhof. Doch selbst derjenige, der auf die Epochen-Stringenz bei seiner Mini-Club keinen Wert legt, ist mit dem Bahnhofsgebäude gut bedient. Es lässt sich hervorragend als Präsentationsumgebung für Schienenfahrzeuge nutzen, wie Märklin seit der Spielwarenmesse im Februar 2003 auf zahlreichen Ausstellungen demonstrierte.

Wirft man einen Blick zurück zu den Anfängen, so erkennt man, dass die Themenbezogenheit — wenn auch eher aus den Zwängen der Anfangssituation heraus geboren — eigentlich schon 1972 hinter dem ersten Sortiment der kleinsten elektrischen Serieneisenbahn stand. Damals versammelten sich — von der Baureihe 89 und dem württembergischen Plattform-Personenwagen einmal abgesehen — nur zeitgenössische Bundesbahn-Modelle der Epoche IV auf den kleinen Schienen. Auch die Gebäude und Bahnanlagen, die Märklin dazu anbot, passten in die 70er Jahre des 20. Jahrhunderts und ergaben zusammen mit den Fahrzeugmodellen ein stimmiges Bild. ▲

Märklin auf der Straße

Bereits im Jahr 1934 präsentierte Märklin erstmals eine elektrisch angetriebene Autobahn auf dem Markt. Obwohl es zwei Autos in Form von Rennwagen gab, sprach man nur von einer „Autobahn". Die Steuerung der Autos erfolgte über zwei in den Fahrbahnen liegenden Kontaktstreifen, welche den Strom über Schleifer an den Motor weitergaben. Die Fahrbahnstücke bestanden aus zwei getrennten lithographierten Blechteilen, welche auf einer Platte aus Isoliermaterial befestigt waren. Eine Brückenüberführung und ein Rundenzähler waren die einzigen Zubehörteile. Was den Maßstab anbelangte, so passte die Autobahn bestens zur Eisenbahn der Nenngröße I, wurde aber von Märklin nie mit dieser in Verbindung gebracht. Unter einer gemeinsamen Katalog-Nummer lieferten die Göppinger entweder ein rotes oder ein weißes Rennauto — mit unterschiedlichen Startnummern (5 und 7). Steuern ließen sich die Fahrzeuge mit einem Schieberregler mit sieben

Oben: Unteransicht des Prototypen der Miniatur-Autobahn von 1937. Ein 700er Motor der 00-Tischbahn fungierte als treibende Kraft.

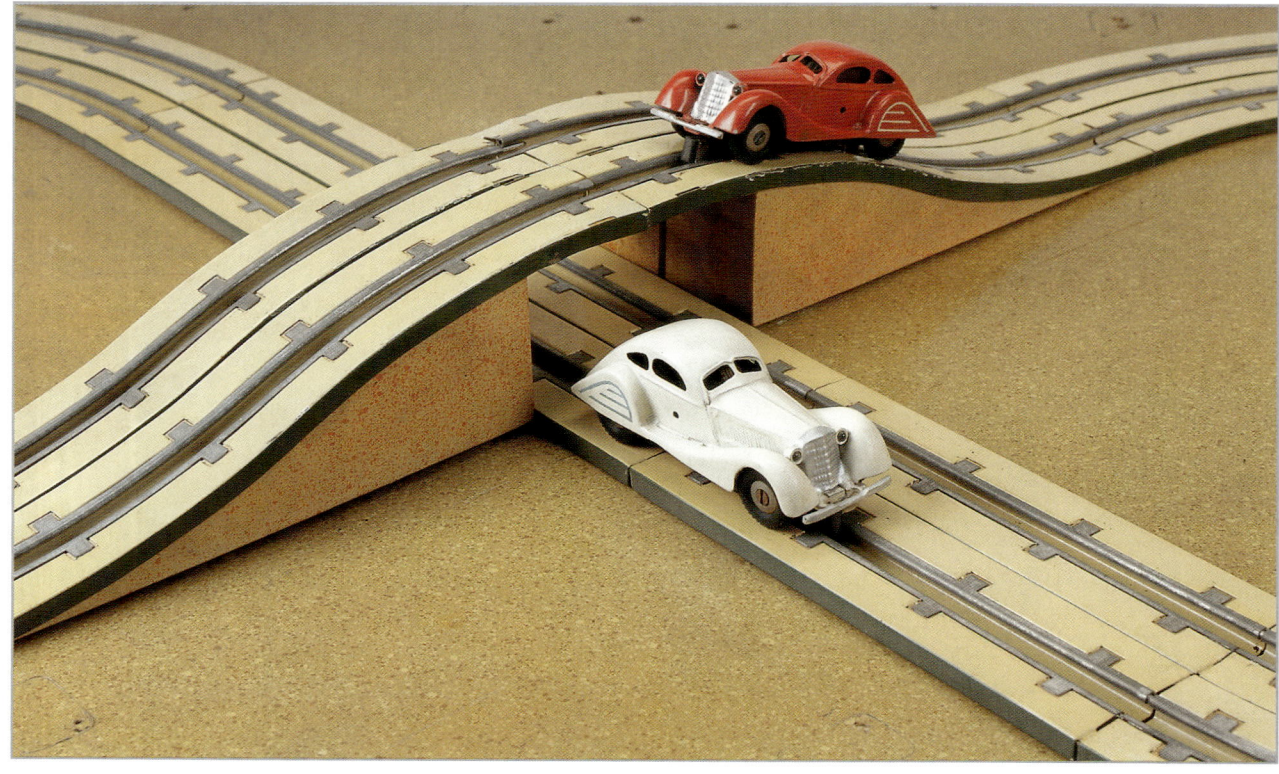

Unten: Eine Überführung hätte für weiteren Spielspaß sorgen sollen (Prototyp aus dem Jahr 1937).

1934 1940 1950 1960 1970 1980 1990 2000

Geschwindigkeitsstufen für 20 Volt-Betrieb aus dem Märklin-Eisenbahn-Sortiment. Mit der Einstellung der Eisenbahn in der Nenngröße I im Jahr 1938 wurde schließlich auch die Autobahn aus dem Sortiment genommen.

■ Die Nachfolgerin steht schon bereit

Im Neuheiten-Prospekt von 1937 wurde eine elektrische Miniatur-Autobahn für 20 Volt-

Oben: Auto- und Eisenbahn im Einklang: Die Schauanlage von 1934 brachte die Autobahn (1:32) und die Eisenbahn (1:45) zusammen.

Unten: Die zweifarbige Limousine im Maßstab 1:45. Sie sollte als Neuheit 1937 erscheinen, ging aber nicht in die Fertigung.

233

| 1850 | 1860 | 1870 | 1880 | 1890 | 1900 | 1910 | 1920 |

Oben: Unteransicht mit dem 700er Motor.

Mitte: Die beiden für 1937 angekündigten Automodelle.

„Acht" mit Überführung eine Grundfläche von 130 x 63 Zentimetern, ein einfaches Oval eine Breite von 54 Zentimetern benötigen. Die Modell-Autokarossen, die Muster waren aus Blech gefertigt, beinhalteten einen Lokomotiv-Motor der damals üblichen 00(H0)-Bauart 700 der Miniatur-Tischbahn. Die Regelung sollte eher so wie bei den „Großen" mit einem Geschwindigkeitsregler aus dem Eisenbahn-Sortiment erfolgen.

■ Heim-Autorennbahn „Sprint"

In den 60er Jahren kamen Auto-Rennbahnen allerorts — im wahrsten Sinne des Wortes — groß ins Rennen. Auch Märklin sah sich veranlasst, neben seinem Hauptgeschäft, der Modelleisenbahn, auf diesem Sektor tätig zu werden. 1967 war es soweit, die o. g. Autorennbahn „Sprint" war geboren. Mit der einstigen Autobahn der 30er Jahre hatte sie nur noch den Maßstab von 1 : 32 gemeinsam. Die Betonung der neuen Bahn lag auf Rennbahn. Nun waren Schnelligkeit und Reaktionsvermögen von den Spielenden gefordert. Die Ausführung entsprach den damaligen hohen technischen Möglichkeiten. Zwei so genannte Formelrennwagen, ein Mercedes W 196 und ein Ferrari Supersqualo machten den Anfang. Als Dritter gesellte sich noch ein Sportwagen, der Porsche Carrera 6, dazu. Hochwertige Gleichstrommotoren mit Mehrstufengetriebe sorgten für den notwendigen Speed. Die Vorderachse war lenkbar angeordnet. Für entsprechende Fahrbahnhaftung sorgten Gummireifen. Die Stromübertragung von den Metallschienen zum Motor erfolgte ähnlich der Märklin H0-Modellbahn mit gefederten Skischleifern. Handregler mit Drucktaste für das Abgreifen des Drahtwiderstandes gab es in zwei verschiedenen Ausführungen. Die doppelgleisigen Fahrbahnstücke aus Kunststoff mit Spurrille und Kontaktbahnen für die Stromzuführung entsprachen den damals allgemein üblichen Kriterien. Fast jährlich kamen neue Fahrzeugmodelle hinzu und

Betrieb angekündigt. Obwohl die Bestellnummern und die Maße für die benötigten Aufbauflächen schon festlagen, sollte sie — aus welchen Gründen auch immer — nicht in den Handel kommen. Trotzdem ist es interessant, auf diese Bahn einen Blick zu werfen, zumal alle Muster von damals heute noch vorhanden sind und im Märklin-Archiv aufbewahrt werden.

Die angekündigte Bahn war kleiner als ihre Vorgängerin und entspricht — gemäß den Automodellen — dem Maßstab 1 : 45 der Nenngröße 0. Die Autos — eine Limousine in so genannter Stromlinienform — wurden in zwei verschiedenen Farben (rot und weiß) angekündigt. Eine weitere Farbvariante (rot-weiß) ist ebenfalls als Muster vorhanden. Entsprechend den Prospektangaben sollte eine

Geschenkpackung der „Sprint"-Autorennbahn. Sie wurde im Maßstab 1 : 32 ausgeführt und war bis 1982 im Angebot.

auch das Fahrbahn-Sortiment wurde mit Fahrbahnwechsel, Engstelle und Steilkurve ständig ausgebaut. Rennzentrale, Rundenzähler, Tribüne und Boxen vervollständigten die Sprint-Rennbahn.

Mit dem allgemein nachlassenden Interesse an Autorennbahnen kam, nachdem man das Sortiment schon wieder etwas reduziert hatte, auch bei Märklin 1982 das endgültige Aus für die spritzige Bahn. Vielleicht war man im Hause gar nicht so sehr traurig darüber. Schließlich würde die damals bevorstehende Einführung des digitalen Steuersystems für die Märklin-Modellbahn alle Kräfte in Anspruch nehmen.

Eine 1969 zusätzlich avisierte Rennbahn „Sprint electronic" — ohne feste geführte Fahrspuren auf entsprechenden Leiterbahnen — kam nicht zur Auslieferung. Bei diesem System war jedem Fahrzeug ein entsprechender Electronic-Regler zugeordnet. Eigentlich schade, denn damit wäre ein Fahren mit jederzeitigem Aus- und Einscheren, wie beim Rennbetrieb im Großen, möglich gewesen. ▲

| 1850 | 1860 | 1870 | 1880 | 1890 | 1900 | 1910 | 1920 |

Unendliche Geschichte: Das Märklin Digital-System

Den Vorläufer des Märklin Digital-Systems gab es eigentlich schon 1936. Das Ganze funktionierte noch ohne jegliche Elektronik. Dennoch ließen sich am Fahrregler per Knopfdruck Informationen zu Loks und Triebwagen übertragen, die bei jedem einzelnen Fahrzeug eindeutig die Fahrtrichtung auf den Schienen festlegte. Der Herdentrieb, dem die große Fraktion der Gleichstromloks aus den Sortimenten des Wettbewerbs prinzipbedingt bis heute folgt, war damit im Hause Märklin passé. Seit dieser Zeit laufen Märklin-Loks mit Wechselstrom, der bis auf die Spannung fast schon dem Strom aus der Steckdose gleicht.

Dass 1935, im Premierenjahr der Baugröße H0, die Gleichstrommotoren und Selenzellengleichrichter noch erste Wahl waren, sei an dieser Stelle nur nebenbei erwähnt.
Zurück zum Wechselstrombetrieb anno 36: Die Fahrtrichtung der Loks legte der bald als „eingebauter Lokführer" apostrophierte Fahrtrichtungsschalter fest. Ein kleiner Elektromagnetischer Schalter, Fachleute sagen auch Relais dazu, reagiert auf einen Überspannungsimpuls, der etwa anterthalbfach höher als die maximale Spannung des Fahrstroms liegt. Bei älteren Trafos geschah dies mit einem beherzten Druck auf den Fahrregler,

Oben: Wundersame Dinge geschehen in den digitalen Lokomotiven. Es ist der Decoder, der ihnen ein völlig neues Fahren ermöglicht: der „eingebaute Lokführer" jüngster Generation.

Rechte Seite: Auch wenn eine Anlage noch so perfekt gemacht ist, das Fahrvergnügen steht stets im Vordergrund. Dank digitaler Komponenten steigt der Spaßfaktor noch um ein Vielfaches an.

Unten: Kinderleichter Einstieg in die Welt der digitalen Märklin-Bahn: das Premium-Startset mit zwei kompletten Zügen und reichlich Gleismaterial. Da ist helle Freude mit im Spiel.

1930 1940 1950 1960 1970 **1980** 1990 2000

| 1850 | 1860 | 1870 | 1880 | 1890 | 1900 | 1910 | 1920 |

Doppeltraktion zweier Ae 6/6 vor einem schweren Transitgüterzug auf einer Schweizer Rampenstrecke. Dank digitaler Steuerung ist diese Spielsituation kein Problem.

späteren Exemplaren genügte ein zarter Linkstipp des Drehknopfs über die Position 0 hinaus. Im normalen Fahrbetrieb hielt eine kleine Feder den Schaltschieber im Zaum. Ab etwa 22 Volt gelang es dem Relais, die Federkraft zu überwinden, die Fahrtrichtung wechselte. Anfangs rückte der Schaltschieber eine kleine Walze bei jedem Impuls eine Stufe weiter, später übernahm eine beweglich gelagerte Wippe diesen Part – bei einigen Loks hat sich daran bis auf den heutigen Tag nichts geändert.

■ Der Vorläufer: die Perfektschaltung

Ohne falsche Bescheidenheit bezeichnete Märklin dieses System als Perfektschaltung.

Ganz so perfekt wie elektronische Fahrtrichtungsschalter oder gar digitaltaugliche Delta-Module und Decoder funktionierte das Ganze, gemessen mit heutigen Maßstäben, allerdings nicht. Bei sämtlichen Varietäten des mechanischen Umschalters war nie ausgeschlossen, dass der Motor für einen kurzen Augenblick die überhöhte Schaltspannung abbekam und je nach Temperament, sprich Fertigungsgüte des Relais und seiner Einstellung, diese Attacke mit einem mehr oder weniger großen Satz nach vorne quittierte. Als „Bocksprung" ging dieses lange Zeit untrügliche Kennzeichen einer Märklin-Lok in die Annalen der Modellbahngeschichte ein, und als kurioses Phänomen wird es bis heute an den Stammtischen der Gilde, ob Märklinist oder Gleichstromer, genüsslich bis leidenschaftlich

1930　　1940　　1950　　1960　　1970　　**1980**　　1990　　2000

Sonntagsruhe in einem Betriebshof. Das Ein- und Ausfahren der Lokomotiven ist dank digitaler Mehrzugsteuerung für den Lokeinsatzleiter eine reizvolle Aufgabe.

diskutiert. Zur Ehrenrettung des nunmehr fast siebzigjährigen Prinzips sei aber ergänzt, dass wahre Könner in der Lage sind, mit etwas Feingefühl in der Hand am Regler auch eine vollmechanische Märklin-Lok ruckfrei zu schalten.

■ Märklin Digital – nicht zu kaufen

Doch dann brachen neue Zeiten an. Auf der Nürnberger Spielwarenmesse 1980 machten die Göppinger dem Publikum mit einer vollständig digitalisierten Modellbahn den Mund wässrig; zu kaufen gab es das neue Betriebssystem allerdings noch nicht. Doch die Elektronik, in allen Lebensbereichen unaufhaltsam auf dem Vormarsch, schlich sich dann auch, wenn auch fast unbemerkt, in einige der Göppinger H0-Loks — und zwar an jene Stelle, an der vor allem nach Ansicht der Konkurrenz ein Handlungsbedarf herrschte: am Fahrtrichtungsschalter. Ein knapper Vierzeiler in der Februarausgabe des Märklin Magazins von 1982 verkündete, dass die neuen Modelle der E-Lokbaureihe 194 sowie die heute beim Vorbild schon längst zum Mythos avancierte 103 und schließlich das legendäre Schweizer Krokodil Be 6/8 II dank einer Vorschaltelektronik künftig auf ihre Bocksprünge verzichten würden. Als angenehmen Nebeneffekt lieferten die Halbleiter bei jedem Tempo auch noch konstant helles Licht. Kenner des Märklin-Programms werden sich erinnern: Diese Technik feierte bereits 1978 in der P 8 auf Märklins Kö-

| 1850 | 1860 | 1870 | 1880 | 1890 | 1900 | 1910 | 1920 |

Einige der wunderschön beklebten Werbelokomotiven hat Märklin nachgebildet. Sie geben sich vor der Schiebebühne ein Stelldichein. Nach und nach fahren sie dann in den Bahnhof, um Schnellzüge zu bespannen.

nigsspur 1 ihre Premiere. Zwischenzeitlich ließ der Fortschritt die Bauteile so weit schrumpfen, dass sie sogar unter die Haube der meisten H0-Loks passten. Die Göppinger Ingenieure entwickelten die lediglich dem alten Relais vorgeschaltete Elektronik zu einem kompakten Bauteil weiter, das ein winziges Industrierelais ansteuerte und damit auch in die kleinen Exemplare des H0-Sortiments passte. Dennoch führte der Werdegang der Technik letztendlich in eine ganz andere Richtung.

■ Es geht los

Im Jubiläumsjahr 1984 — Märklin feierte seinen 125. Geburtstag — präsentierte die Novemberausgabe der Hauszeitschrift gleich auf den ersten Seiten das neue Digital-System samt seiner Komponenten. Konsequent aus dem Prototyp-System von 1980 weiterentwickelt, erfüllte es die geheimen Wünsche der Modellbahner zu erschwinglichen Preisen. Rechtzeitig zum 50-jährigen H0-Jubiläum standen zwei Monate später die ersten zehn digitaltauglichen Loks samt dazugehöriger Gerätschaften für den digitalen Fahrspaß in den Auslagen ausgewählter Spielzeugläden. Rein äußerlich waren die Maschinen nicht von ihren analogen Schwestern zu unterscheiden. Auf den Verpackungen prangte wie üblich die vierstellige Artikelnummer, allerdings mit der ungewöhnlichen Stammnummer 36**. Sie sollte bis auf Weiteres als Kennzeichen der digitalen Loks gelten. Weitaus markanter unterschieden sich die inneren Werte der

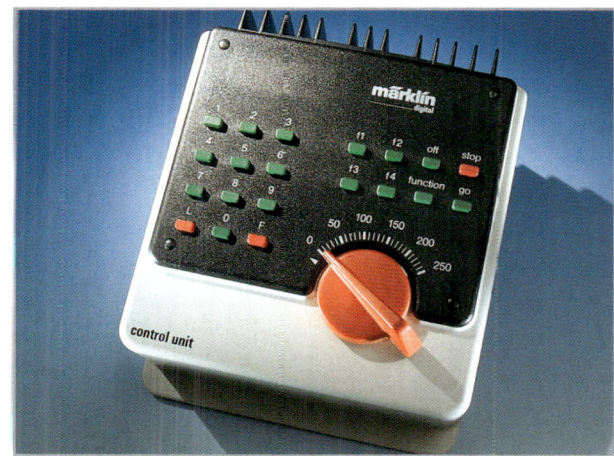

Oben links: Die Control Unit ist bis heute das perfekte Fahrgerät für das Märklin Digital-System.

Oben rechts: Der Transformer übernimmt die Stromversorgung der Anlage.

Digitalloks von ihren Vorgängerinnen. Statt des Fahrtrichtungsschalters nahm ein Digitaldecoder mit der Bezeichnung „Decoder c 80" den Platz unter dem Gehäuse ein. Das „c" steht dabei für control = steuern. Er konnte all das, was sämtliche Relaistypen, einschließlich ihrer elektronischen Abkömmlinge leisteten, wenn man ihn mit gewöhnlichem Fahrstrom aus dem Trafo fütterte. Seine ganze Vielfalt spielte der Elektronikzwerg aber erst gemeinsam mit diversen Komponenten aus, die am Anlagenrand zur Steuerung des Digital-Systems anzuordnen waren.

Der Booster dient zur Verstärkung der Leistung.

■ Die Komponenten des Digital-Systems

Wie funktioniert das Digital-System? — Ganz anders als bei konventionellen Modellbahnen steht beim Märklin Digital-System das Gleis beständig unter Strom; zwischen Punktkontakten und Schienen liegt kontinuierlich die vom Trafo her bekannte Spannung von 16 Volt an. Damit nicht alle Loks zu Herdentieren werden und auf Knopfdruck am System mit Höchstgeschwindigkeit losbrausen, braucht jede von ihnen unabhängig von allen anderen Maschinen Informationen darüber, wann sie in welche Richtung mit welchem Tempo fahren darf. Kurzum, sie muss, fast wie im richtigen Leben, den Fahrstrom individuell verarbeiten können. Den Part des Lokführers aus Fleisch und Blut übernimmt im Maßstab 1 : 87 der bereits zitierte Decoder. Die Loko-

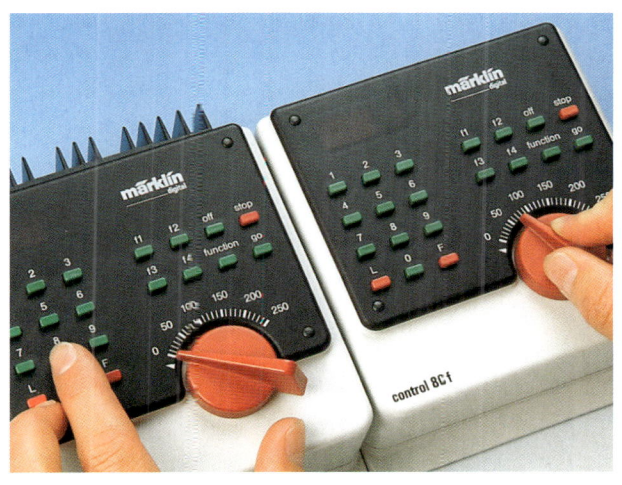

Links: Auch das Control 80 f ist ein komplettes Fahrgerät.

Unten: Für eine mittelgroße Anlage genügen zwei Keyboards, ein Memory und natürlich die Control Unit.

| 1850 | 1860 | 1870 | 1880 | 1890 | 1900 | 1910 | 1920 |

motive versteht eine besondere, elektronische oder vielmehr digitale Sprache, die in unterschiedlichen Frequenzen, ähnlich einem Radiosender, dem Fahrstrom aufgesattelt ist. Damit jede Lok das „Wunschprogramm" des Modellbahners empfangen kann, muss sie sich, wieder wie beim Radio, auf den Sender einstellen; sie braucht jetzt, ähnlich wie bei der Post, eine Adresse, die man auch mit einer gewöhnlichen Hausnummer vergleichen könnte. Mit einem achtstelligen Codierschalter, gerne auch „Mäuseklavier" genannt, lässt sich bei jedem Decoder eine Adresse/Hausnummer zwischen 1 und 80 eingeben. Der Modellbahner kann also dank des Digital-Systems bis zu 80 Lokomotiven steuern.

■ Die Sendezentrale

Woher aber kommt die digitale Post und vor allem wie kommt sie zur Lok? — Digitale Modellbahnsteuerungen brauchen zusätzlich zum Transformator eine Sendestation. Diese verpackt die Fahr- und Steuerbefehle in ein digitales Format, sodass sie der Decoder richtig entziffern kann. Bei der Urversion des Digital-Systems aus dem Hause Märklin mutierte der sattsam bekannte Transformator, um eine Silbe gekürzt, in der Leistung aber gesteigert, zum neudeutschen „Transformer" und versorgte, ebenfalls international verständlich, die „Central Unit", das eigentliche Zentrum oder Gehirn des Digital-Systems, mit Strom. Den Posten des Fahrreglers übernahm im Jahr des Digitalstarts die „Control 80". An diesem Gerät stach gegenüber dem gewöhnlichen Fahrtrafo zunächst der zehnstellige Ziffernblock ins Auge, mit dem man die Adressen der Loks, immer zweistellig — also 01 oder 23 — eintippte. Als Bonbon konnte das System neben den Fahrbefehlen an die adressierte Lok auch noch Kommandos für eine zusätzliche Funktion per Knopfdruck übertragen. Märklin belegte die Taste „function" mehrheitlich mit der schaltbaren Spitzenbeleuchtung. Aber auch Telex-Kupplung und Rauchsatz fanden

| 1930 | 1940 | 1950 | 1960 | 1970 | **1984** | 1990 | 2000 |

sich im Repertoire der Tastenbelegung. Bei aller Vielfalt gestaltete sich der Anschluss des Systems als Kinderspiel. Die „Central Unit" wurde lediglich mit den gelben und braunen Anschlüssen des „Transformers" (ersatzweise genügten auch die Lichtanschlüsse eines normalen Transformators, der aber mindestens eine Leistung von 30 VA abgeben sollte) verbunden. Wie schon in der Frühzeit der Baugröße H0 verbanden ein rotes und ein braunes Kabel die „Central Unit" mit dem Gleis – der digitale Fahrspaß konnte beginnen. Neben dem Fahrstrom jagten wie bei einer modernen Telefonleitung, die neben Gesprächen auch das Internet oder Radioprogramme ins Haus trägt, im Bruchteil einer Sekunde und in rasend schneller Folge digitale Daten vom Steuergerät zu den Decodern. Spätestens

Oben: Für den sinnvollen Betrieb einer Großanlage ist das Märklin Digital-System eigentlich unumgänglich.

Links: Einstellen der Lokadresse am „Mäuseklavier".

Linke Seite: Die Drehscheibe, Herz eines jeden Bw, lässt sich selbstverständlich auch digital steuern.

Unten: An den beiden „Poties" lassen sich die Höchstgeschwindigkeit und die Anfahr- sowie Bremsverzögerung einstellen.

1850 1860 1870 1880 1890 1900 1910 1920

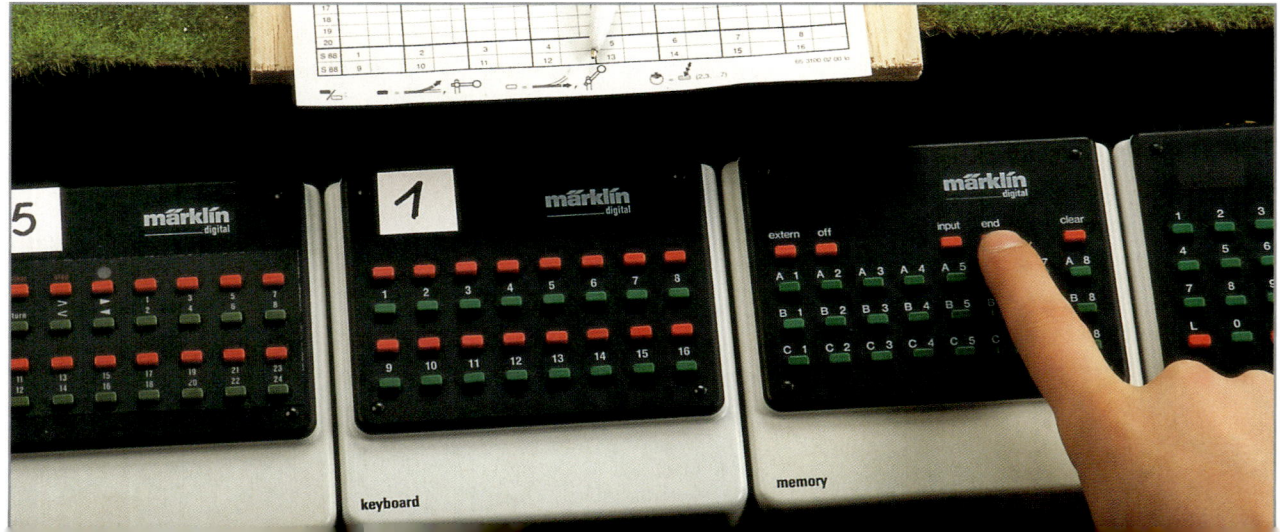

Rechts: Zwischenbahnhof an einer eingleisigen Strecke. Die zahlreichen Ein- und Ausfahrten lassen sich dank des Memory sicher und mit jeweils einem einzigen Knopfdruck schalten. Darüber hinaus bleibt genügend Freiraum für spielintensive Rangierfahrten.

Unten: Festlegen einer Fahrstraße mit dem Memory.

bei dieser Betrachtung wird deutlich, wie wichtig die sprichwörtlich gute Stromübertragung des Märklin-Systems sein muss, damit nichts von den übermittelten Daten verloren geht und jede Lok immer auf demselben Stand der Dinge wie die Sendestation ist.

■ Digital schalten und walten

Was des einen Freud, ist des andern Leid. Nicht alle Modellbahner haben ihre uneingeschränkte Freude, wenn es um die Elektrik der Modellbahn geht. Manch einem reicht es schon, wenn zwei Kabel zur Anlage führen, alles darüber hinaus ist für ihn ein heilloses Drahtgewirr. Wer sich vor den komplizierten Verdrahtungen analoger Anlagen scheute, braucht heute aber nicht mehr auf eine perfekt funktionierende Modellbahn zu verzichten, welche die Betriebsabläufe wie beim großen Vorbild erlaubt. Dank bestimmter Steuerkomponenten ist die Verdrahtung übersichtlicher und die Fahrstraßenschaltung einfacher geworden. Das Märklin Digital-System kann nämlich weitaus mehr, als 80 Loks steuern und überwachen.

■ Das Keyboard – elektronisches Stellwerk

Für den gesamten Stellwerksdienst in digitaler Form bedarf es lediglich eines zusätzlichen weißen Kästchens am Rande des Schienenstrangs, das man praktischerweise einfach links an die „Central Unit" anstecken kann. Dieses elektronische Stellwerk hört bei Märklin von jeher auf den Namen „Keyboard" und erlaubt, bis zu 16 Weichen oder Signale in der Standardbauform als zweispulige Magnetartikel anzusteuern. Märklin Digital kann sogar mit bis zu 256 (16 mal 16) dieser Magnetartikel umgehen. Das heißt, auf der linken Seite der „Central Unit" lassen sich bis zu 16 „Keyboards" aneinander reihen. Damit nicht jedes dieser Kästchen die gleichen 16 Weichen oder

Unten: Das Keyboard erlaubt das Schalten von 16 Magnetartikeln.

| 1850 | 1860 | 1870 | 1880 | 1890 | 1900 | 1910 | 1920 |

Auf größeren Anlagen ist es hilfreich, wenn der Märklinist Blockstrecken mit Hilfe von Schaltgleisen anlegt. Sie sorgen zusammen mit den Reed-Kontakten für einen sicheren Fahrbetrieb.

Signale schaltet, ermöglicht ein vierstelliges Mäuseklavier, jeweils an der Rückseite angebracht, die Stellpulte von 1 bis 16 durchzunummerieren. Gewöhnliche Signale und Weichen sind natürlich nicht in der Lage, auf das zu reagieren, was ihnen die „Keyboards" via „Central Unit" auftragen. Direkt mit dem System verbunden, würden sie sehr schnell in Rauch und üblen Gerüchen aufgehen. Wie die Loks brauchen auch die Magnetartikel einen Decoder. Als Datendolmetscher stellte Märklin den Signalen und Weichen den „Decoder k 83" zur Seite, der sich um bis zu vier Signale oder Weichen — jeweils doppelspulig — kümmert. Das „k" des „k 83" steht für „Keyboard", also für das Schalten von Weichen und Signalen. Ein achtstelliger Codierschalter unter der Haube des „k 83" erlaubt es, eine zu den maximal 16 „Keyboards" passende Sammeladresse einzustellen, mit der jede Weiche und jedes Signal per Tastenpaar am „Keyboard" seine Befehle erhält. Zur Energieversorgung und ebenso zur Übertragung der Befehle dient das schon vom Fahrbetrieb her bekannte Kabelpaar in den Farben Rot und Braun. Dieses lässt sich entweder direkt an der „Central Unit" anklemmen — Experten raten wegen der besseren Strom- und Datenübertragung in jedem Fall dazu — oder auch an jeder beliebigen Stelle der Gleisanlage (Rotes Kabel für den Mittelleiter, Braunes für die Schienen).

Die Anschlüsse von Weichen und Signalen dagegen werden direkt in den Decoder gestöpselt, so wie beim analogen Betrieb der Anschluss an die kleinen Stellpulte erfolgt, nur übernimmt der Decoder im Digitalbetrieb auch die Stromversorgung der Magnetartikel. Auf keinen Fall aber dürfen die gelben Anschlüsse von Signalen und Weichen ihren Strom direkt aus der gelben Buchse des „Transformers" bekommen. Wer seine Gleisanlage an einer beliebigen Stelle anzapft, um seine Magnetartikeldecoder zu versorgen, vergibt die Chance, jemals wieder analoge Loks, vielleicht seine Lieblingsstücke aus den fünfziger Jahren, fahren lassen zu können. Weichen und Signale bekämen keinerlei Schaltimpulse mehr und auch den Magnetartikeldecodern würden die hohen Umschaltspannungen des konventionellen Trafos auf Dauer schaden. Läuft der Fahrbetrieb auf der Anlage konventionell, müssen die Decoder immer direkt mit der roten und braunen Klemme der „Central Unit" verbunden sein.

■ Das Rückmeldemodul s 88 — Schaltgleise spielen mit

Neben „Keyboard" und „Control 80" kann noch ein drittes, recht kleines Kästchen, das nicht nur ob seiner Größe etwas zu Unrecht im Schatten der anderen Komponenten steht, Einfluss auf das Betriebsgeschehen nehmen. Seine Bezeichnung lautet etwas sperrig: Rückmeldemodul „Decoder s 88". Ein Decoder in der bisher beschriebenen Form war der „s 88" aber nicht, eher das gerade Gegenteil. Das Rückmeldemodul empfängt handfeste elektrische Impulse beispielsweise von Schaltgleisen oder Reed-Kontakten und speist sie sinnvoll codiert ins digitale Netz ein, wo sie via „Central Unit" wiederum Steuerbefehle übernehmen können. Wegen dieser Funktion bezeichnen Fachleute den „s 88" im Gegensatz zum Decoder auch als Encoder.

■ Der Booster — Leistung satt

Mit all den bislang erwähnten Digitalkomponenten wird bereits ein fürstlicher Betrieb möglich. Der „Transformer" stellt mit seiner respektablen Ausgangsleistung von 50 VA auch das nötige Potenzial zur Verfügung. Doch auch die stärksten Trafos kommen irgendwann an ihre Grenzen. Schließlich lassen sich achtzig Loks beim besten Willen nicht mit einem „Transformer" versorgen. Die Zauberformel zur Lösung dieses Problems lautet bei Märklin Digital „Booster". Dieser Leistungsverstärker kann Strom aus einem zweiten „Transformer" mit den digitalen Steuerbefehlen der „Central Unit" verknüpfen und in einen — zusätzlichen — Stromkreis einspeisen. Die digitalen Informationen bleiben in allen Gleisbereichen, egal, ob sie direkt aus der „Central Unit" oder aus dem „Booster" versorgt werden, gleich.

■ Das Interface — Steuern per Computer

Mit all den Komponenten des ersten Digitaljahres steht bereits das Rüstzeug für einen vielfältigen digitalen Fahrspaß zur Verfügung. Bei großen Anlagen überfordert der Betrieb zuweilen aber selbst die routinierten Fahrdienstleiter am „Keyboard" recht schnell. Digital gesteuerte Weichen und Signale sind zwar einfach und zentral per Knopfdruck zu bedienen, sie verhindern aber keineswegs Zusammenstöße und Unfälle. Betriebssicherheit sollte aber auch im Digitalbetrieb herrschen. Wie so oft im Leben hilft auch bei der Modellbahn der Kollege Computer weiter. Dadurch, dass digitalisierte Magnetartikel nur auf genau definierte Befehle reagieren, lassen sich diese Befehle mit einem Computer in genau festgelegte Abhängigkeiten bringen. Wenn beispielsweise das Einfahrsignal vor einem Bahnhof auf Grün steht, kann ein Computer verhindern, dass die Ausfahrsignale genau in diese Richtung ebenfalls auf Grün gestellt werden. Zusammenstöße werden so vermieden. Ein PC kann also die Flut der digitalen Befehle sinnvoll verwalten und auch miteinander verknüpfen. Damit die Daten von einem handelsüblichen PC auch zur digital gesteuerten

Oben: Zur Leistungsverstärkung sind hier mehrere Booster und Transformer unterhalb der Anlage installiert worden.

Unten: Das Interface stellt eine logische Verbindung zwischen der Anlage und dem Computer her.

| 1850 | 1860 | 1870 | 1880 | 1890 | 1900 | 1910 | 1920 |

Rechts: Rangieren mit der digital steuerbaren Telex-Kupplung macht richtig Spaß. Hier stellt die V 60 einen Rungenwagen auf ein Abstellgleis.

Oben: Steuern, Fahren und Schalten per Mausclick. All dies ist keine Vision mehr, sondern praktisch möglich.

Modellbahn fließen können, hat Märklin ein spezielles Verbindungsgerät mit serieller Schnittstelle, das „Interface", entwickelt.

■ Das Memory

1986, bereits ein Jahr nach der Digitalpremiere, wuchs das System weiter. „Memory" lautete der wohlklingende Name eines weiteren Steuerkästchens, das sich wie das „Keyboard" in fast beliebiger Anzahl und Reihenfolge links an die „Central Unit" anstecken lässt. Mehrere „Memorys" muss man zuvor genau wie die „Keyboards" codieren, das heißt anhand des Mäuseklaviers durchnummerieren. Mit dem „Memory" lassen sich Fahrstraßen, also mehrere hintereinander befahrene Weichen und die zugehörigen Signale, wie bei einem Gleisbildstellwerk der großen Eisenbahn, per Knopfdruck schalten. Zu diesem Zweck muss man einzelne Schaltbefehle des „Keyboards"

in der gewünschten Reihenfolge im „Memory" speichern und per Tastendruck wieder abrufen. Um die Fahrstraße zu programmieren, drückt man zunächst die Taste „load" (bei jüngeren Ausgaben des „Memory" lautet die Bezeichnung „input"), dann kann man die gewünschte Fahrstraßentaste (A 1 bis C 8) aufrufen. Ab diesem Zeitpunkt merkt sich das „Memory" alle von einem digitalen Steuergerät ausgelösten Befehle. Diese können vom „Keyboard", „s 88" oder auch von einem weiteren „Memory" kommen. Ein Tastendruck auf „memo" (bzw. „end") beendet die Aufzeichnung. Die Fahrstraße ist nun gespeichert und kann per Tastendruck geschaltet werden. Jetzt liegt es ausschließlich am Programmierer, ob das „Memory" sinnvolle Fahrstraßen stellt oder irgendeinen Blödsinn anrichtet (Bsp.: Nur wenn sich die Windmühle dreht, schaltet das Einfahrsignal auf Grün usw.). Auf Wunsch kann man die Fahrstraßen auch gegeneinander verriegeln. Das heißt, Fahrstraßen, die sich kreuzen, lassen sich erst gar nicht schalten. Die beim Vorbild gar nicht so seltenen Unfälle durch Flankenfahrten können damit auf ein Minimum reduziert werden.

■ Und so ging es weiter

Das Jahr 1986 hatte auch für Fremdgänger etwas parat. Modellbahner, die zeitweise frivol im Sortiment der Konkurrenz zu wildern pflegen, ließ Märklin nicht allein. Für fast alle Modelle mit Gleichstrommotoren, dazu zählten auch die Hamo-Loks aus eigenem Haus, boten die Göppinger den Decoder „c 81" feil, der all das konnte, was sein Pendant „c 80" beherrschte.

Highlight des Modelljahres 1987 war zweifellos das „Switchboard". Dieses Gerät kann exakt das gleiche wie das „Keyboard", weist aber keinerlei Knöpfchen an der Oberfläche auf. Damit man als Fahrdienstleiter dennoch etwas damit anfangen kann, lassen sich an insgesamt 16 mal fünf Steckbuchsen Weichen, Signale und Leuchtanzeigen eines externen Gleisbildstellpults, das der Handel in unterschiedlichen Varianten anbietet, anschließen. Dank der flachen Bauweise können ein oder gleich mehrere „Switchboards" auf Wunsch komplett unter dem Gleisbildstellpult verschwinden.

Beim neuen „Decoder k 84" kombinierte Märklin die Funktion des „k 83" mit der von gleich vier „Universalfernschaltern", den beliebten multifunktionalen Relais, die schon seit langem zum Märklin-Programm gehören. Auf digitalem Weg lassen sich so vier dreipolige Schalter (Umschalter) betätigen. Diese können Funktionsmodelle, wie beispielsweise Windmühlen, ein- und ausschalten, den Fahrstrom unterbrechen, ein Lichtsignal ohne Antrieb von Rot auf Grün stellen oder auch alles gleichzeitig. Eine digitale Startpackung richtete sich vor allem an den Modellbahnnachwuchs.

Als Besonderheit enthielt sie neben dem „Transformer" ein als „Central Control" bezeichnetes Steuergerät. Äußerlich unterscheidet sich dieser Fahrregler kaum vom „Control 80", vereinigt aber, wenn auch in abgespeckter Form, die Eigenschaften von „Central Unit", „Control 80" und „Keyboard" in sich.

Mit Hilfe eines Planungsbogens werden auf dieser H0-Anlage die Fahrstraßen für die Ein- und Ausfahrten festgehalten. Anschließend erfolgt die Programmierung am Memory.

| 1850 | 1860 | 1870 | 1880 | 1890 | 1900 | 1910 | 1920 |

Besonders beliebt sind die Zusatzfunktionen, mit denen viele Lokomotiven aufwarten können. Neben einer zuschaltbaren Stirnbeleuchtung wird auch der zurüstbare Rauchsatz zum echten Blickfang. Es macht richtig Freude, gleich mehrere der vor ihren Zügen stehenden Dampfloks dezent rauchend im Blickfeld zu haben.

Bereits im Hinblick auf die Digital-Premiere hatte Märklin 1985 sein bis dato gültiges Credo revidiert, dass man Gleichstromantriebe besser der Konkurrenz überlasse. Den brandaktuellen ICE brachte 1985 ein Faulhaber-Antrieb – aus dem Haus eines Göppinger Unternehmens – auf Touren und im „Roten Pfeil" nach SBB-Vorbild drehte ein kleiner Bühler-Motor seine Runden. Beide Maschinen hatten eines gemeinsam: Sie vertrugen ausschließlich Gleichstrom, den eine komplexe Elektronik aufbereitete. Das Jahr 1988 brachte weitere Umwälzungen in der Antriebstechnik. Nach den guten Erfahrungen mit zugekauften Motoren entwickelte Märklin seinen hauseigenen Trommelkollektor-Motor weiter. Neben den Loks mit den Stammnummern 30**, 31** und 33**, die einen dreipoligen Motor hatten,

drehte in den Loks mit einer 35er Stammnummer nun ein Fünfpoler seine Runden. Um diesen, offiziell als „Fünf-Sterne-Antrieb" bezeichneten Motor auch elektronisch regeln zu können, ersetzte ein Permanentmagnet die bisher übliche fremderregte Feldspule. Eine spezielle elektronische Anfahrverzögerung erlaubte seidenweiches Anfahren, die Höchstgeschwindigkeit ließ sich elektronisch begrenzen – und der Clou des Ganzen war: Die neuen Loks hielten bei Berg- und Talfahrt immer konstant ihr vorgegebenes Tempo ein. Im Digital-System war der neuartige Fahrgenuss vorerst aber nicht möglich. Dass das Digital-System noch nicht ausgereizt ist, bewies das neue Fahrgerät „Control 80 f", das im Gegensatz zum bisherigen „Control 80" erlaubte, vier weitere Funktionen in der Lok zu schalten.

Der passende „Decoder c 85" blieb wegen seiner Größe aber nur den Märklin-1-Freunden vorbehalten.
Überzeugte Zweischienen-Gleichstrom-Fahrer aller Baugrößen bekamen 1988 ihr eigenes komplettes Digital-System aus dem Hause Märklin, das gegenüber dem System für die Mittelleiterbahner ein anderes Datenformat aufwies. Fast sämtliche Komponenten für die Signal- und Weichensteuerung waren aber für beide Systeme identisch. Statt der Decoder „c 81" und „k 83" fuhren und schalteten Gleichstromer mit den Decodern „c 82" und „k 87", die im Prinzip die gleichen Funktionen wie ihre Geschwister aus dem anderen Lager aufwiesen. Neben der abweichend konstruierten „Central Unit" und dem geänderten „Booster" kannte das System zusätzlich noch den „Programmer", mit dem man, ohne ins Innenleben der Loks vorzudringen, ihre Adresse einfach via „Control 80" ändern konnte. Unangefochtener Star des Digitaljahrgangs 1988 war aber zweifellos der Panoramawagen nach dem Vorbild des ehemaligen Rheingold-Domecars, in dessen Oberdeck auf Knopfdruck an der neuen „Control 80 f" ein livrierter Kellner mit Tablett das Spalier der Reisenden abschritt.
Das Modelljahr 1989 bescherte den Digitalbahnern zwei weitere Startpackungen, welche, ausgestattet mit der kompakten „Central Control", einem breiten Publikum den preisgünstigen Einstieg in die Digitalwelt schmackhaft machten. Ab 1990 gelang mit der gegenüber den Einzelkomponenten vereinfachten „Central Control 40" sowie mit der bereits 1987 vorgestellten „Central Control" der preiswerte Einstieg in das Digital-System für Zweileiterbahnen. Analog zum „k 84" schaltete künftig bei allen anderen Fabrikaten der „k 74" dauerhaft die benötigten Ströme. Gleichzeitig schaffte es der schon damals rund fünfzigjährige Drehkran ins digitale Zeitalter. Während die Funktionstasten an der „Control 80 f" dafür sorgen, dass sich der Kran dreht, der Lasthaken senkt oder hebt, der elektromagnetische Heber aktiviert ist oder das Licht im Haus des Kranführers brennt, regelt der Drehknopf die Geschwindigkeiten sämtlicher Bewegungen.
Neue Spieldimensionen versprach 1991 die „Infra Control 30 f", die vom Prinzip her mit den gleichen Eigenschaften wie die gewöhnliche „Control 80 f" aufwarten konnte, der gesamte Fahrbetrieb ließ sich aber mit bis zu vier Infrarot-Handsendern mit der Bezeichnung „IR Control" drahtlos fernsteuern. Dass sich

Zu nächtlicher Stunde im Bw: Neben der funkelnagelneuen V 200 wartet die wegen des Ruhefeuers rauchende S 3/6 auf ihren nächsten Einsatz.

| 1850 | 1860 | 1870 | 1880 | 1890 | 1900 | 1910 | 1920 |

Für den Mehrzugbetrieb kleiner Anlagen wurde das Delta-System entwickelt. Hier ließen sich zunächst vier Lokomotiven unabhängig voneinander steuern. Später wurden die Möglichkeiten erweitert.

die neue Drehscheibe auch mit digitalen Steuerbefehlen bewegte, verstand sich fast von selbst. Der passende Digitaldecoder für den 1988 vorgestellten „Fünf-Sterne-Antrieb" beschäftigte die Märklin-Entwickler bis 1992. Erst mit dem neuen Decoder „c 90" gelang die Synthese aus Fünf-Sterne-Technik und digitalem Fahrkomfort. Und wem seine Märklin-Lok gar zu flott unterwegs war, der konnte den Vorwärtsdrang mit Hilfe der einstellbaren Höchstgeschwindigkeit etwas begrenzen. Außerdem ließ sich die Anfahr- und, im Gegensatz zum bisherigen "Fünf-Sterne-Antrieb", die Bremsverzögerung individuell einstellen.

■ Märklin Delta — kleiner Digitalbruder

Parallel zum immer weiter verfeinerten Digital-System, stellte Märklin ebenfalls 1992 seinen Digitalableger Delta vor. Herzstück des Delta-Systems war die „Delta Control" mit ihrem markanten Drehschalter, der insgesamt sechs Positionen kennt. Zwischen den Positionen „Stop" jeweils am rechten und linken Ende des Drehbereichs lagen die Positionen „Dampflok (1)", „Diesellok" (2), „Triebwagen" (3) und „E-Lok" (4). Sie waren, das sei gleich vorweggenommen, mit den Digitaladressen 78, 72, 60 und 24 belegt. An den zwei unscheinbaren grauen Buchsen auf der Rückseite des Geräts fand bei Bedarf der zusätzliche Fahrregler „Delta-Pilot" seinen Platz; er steuerte Loks, die auf die Adresse 80 hörten. Der Anschluss der „Delta Control" geschah in ähnlicher Weise wie beim Digital-System. Im Gegensatz zu Märklin Digital steuert beim Delta-System allerdings ein klassischer Regeltransformator den Fahrbetrieb. Die „Delta Control" fungiert dabei als Mittler zwischen Trafo und den Delta-Loks. Sie schickt wie die „Central Unit" eine konstante Spannung von 16 Volt zum Gleis, übersetzt aber zusätzlich noch die Bewegungen am Drehknopf des klassischen Trafos, der normalerweise die Fahrspannung zwischen vier und 16 Volt ändert, in digitale Daten. Vom Regeltrafo führen deswegen nicht nur zwei sondern drei Kabel in den Farben Rot, Braun und Gelb zur „Delta Control". Zwischen Gleis und Delta-Steuergerät verlaufen wie beim Digital-System nur zwei Kabel in Rot und in Braun, die auch wieder als Datenleitungen dienen. Zu höherem berufene Delta-Fahrer brauchen ihre „Delta Control" beim Aufstieg zu Märklin Digital nicht im hintersten Schrankwinkel zu verstecken. Klemmt man das rote Kabel der „Delta Control" statt am Fahrtrafo am roten Ausgang einer „Central Unit" an, dreht man dann noch den Knopf ganz nach rechts auf „Stop" und überbrückt die beiden grauen Buchsen für den „Delta-Pilot", wird die „Delta Control" zum vollwertigen „Booster" für einen separaten Stromkreis. Zum Delta-System gehörte von Anbeginn ein vereinfachter Digitaldecoder. Dieses so genannte „Delta-Modul" steuerte in den Loks einerseits Fahrtrichtung und Lichtwechsel im Analogbetrieb, reagierte aber auch auf digitale Steuerbefehle. In den ersten Loks, die serienmäßig mit einem „Delta-Modul" ausgerüstet waren, legten kleine Lötbrücken die Adressen gemäß dem Wahlschalter der „Delta Control" auf die Adressen 78, 72, 60 und 24 fest. Mit etwas Geschick konnte man die Lötbrücken ändern und erhielt so zwölf weitere Digitaladressen. Nach einem digitalen Moratorium im Jahr 1993 begann 1994 ein neues Digitalzeitalter. Die neue „Control Unit" vereinte die bisherigen Komponenten „Central Unit" und „Control 80", die beide ersatzlos wegfielen. Die „Control Unit" konnte neben Daten im bisherigen Motorola-Format auch Daten im weiterentwickelten erzeugen. Ein vierfacher Dip-Schalter auf der Rückseite erlaubte mit den drei ersten Schaltern, die beiden Motorola-Formate separat oder eine Mischung aus beiden zu wählen. Schalter 4 reduzierte die Ausgangsspannung um etwa 25 Prozent. Rasende H0-Loks lassen sich damit etwas einbremsen. Für die bisherigen Digital-Systeme für H0-Gleichstromanlagen und Märklin 1 bedeutete dies aber, dass sie „nicht mehr weiterentwickelt und ergänzt" werden, wie der Neuheitenprospekt von 1994 lapidar meldete.

■ Software zum Steuern und Schalten

Eigentlich für Märklins 1 entwickelt, aber durchaus auch für H0 tauglich, entschädigte die neue „Delta Station" die Großspur-Fahrer etwas für die Turbulenzen bei der Wahl des richtigen Digital-Systems. In Kombination mit bis zu vier Handreglern „Delta Mobil", an denen sich per Schiebeschalter die schon vom Delta-System her bekannten Adressen einstellen ließen, konnte man nicht nur im Garten in Gesellschaft trefflich fahren und rangieren. Märklin-1-Fahrer, die lieber gleich voll einsteigen wollten, bekamen mit dem „c 95" einen Decoder mit dem gleichen Spektrum, wie es der „c 90" für die Halbnuller aufwies. Am „Delta-Modul" entfielen die umständlichen Lötbrücken zugunsten eines vierstelligen Mäuseklaviers. Als kleiner Wehrmutstropfen erkannte das Modul jedoch nicht mehr automatisch die Betriebsart. Digital adressiert, tat sich im Analogbetrieb nichts mehr. Umgekehrt kannte das „Delta-Modul" im Analogmodus auf digitalen Gleisen nur den ungestümen Vorwärtsdrang.

Seit 1996 liefert Märklin auch die Software für ein elektronisches Gleisbildstellwerk, mit dem sich Drucktastenstellpulte wie beim Vorbild auf den Bildschirm zaubern lassen. Als Sommerneuheit des Jahres 2003 wurde ein neues Computerprogramm zur Anlagensteuerung im Märklin-Sortiment vorgestellt. Diese Modellbahn-Software trägt die Bezeichnung „Steuern und Schalten". Sie ermöglicht die manuelle und automatische Zugsteuerung, bildet ein Gleisbildstellpult ab und erlaubt das manuelle und automatische Schalten von Magnetartikeln. Ebenso ist ein kombinierter Betrieb zwischen beiden Steuerungsarten möglich. Ferner kann mit dieser Software der

| 1850 | 1860 | 1870 | 1880 | 1890 | 1900 | 1910 | 1920 |

Oben und Mitte: Der Eisenbahnkran „Goliath" ist ein wunderbares Spielzeug. Mit der Control Unit lassen sich interessante Situationen gestalten.

Digital-Kran gesteuert und ein fahrplanmäßiger Anlagenbetrieb organisiert werden. Das Programm eignet sich nicht nur für Märklin Digital, sondern steuert ebenso Selectrix-Digitalanlagen.

■ Immer mehr Funktionen

1997 zündete Märklin abermals ein digitales Feuerwerk: Statt bislang einer schaltbaren Zusatzfunktion konnte der aus dem „c 90" weiterentwickelte „c 90-1" jetzt vier Funktionen mit den Tasten „function", „f 1", „f 2" und „f 4" schalten. Neben der zuschaltbaren Beleuchtung gehörten bald Rauchsatz, Telex-Kupplung, zusätzliche Beleuchtungseinrichtungen aber auch Sound-Module und der wahlweise verfügbare Rangiergang zu den Spezialitäten des weiterentwickelten „c 90-1". Gegenüber den bisherigen Decodern sind die mit den Tasten „function" und „f 1" belegten Funktionen auch im konventionellen Betrieb nutzbar. Den gleichen Sprung vollzog der „c 95" für Märklins 1 und Märklins Maxi zur namenlosen Maxi-Hochleistungs-Elektronik. Im gleichen Jahr bekam das „Delta-Modul" auch einen großen Bruder mit Zusatzfunktion. Ähnlich wie die Telex-Kupplung im Analogbetrieb ließ sich durch zweifachen Linkstipp am Trafo mit Hilfe des Steuergeräts „Delta Control" eine Zusatzfunktion — vornehmlich natürlich eine Telex-Kupplung — schalten. Der rein als Funktionsdecoder konzipierte „c 96" ergänzte vorhandene Decoder älterer Bauart um die immer beliebter werdenden Zusatzfunktionen. Ein spezieller Unterflurdecoder für das neue C-Gleis beschränkte den Verdrahtungsaufwand erstmals tatsächlich auf nur noch zwei Drähte, die zum Gleis führen. Märklin-Digitalbahner, zwischenzeitlich von den hervorragenden Fahreigenschaften des „c 90" verwöhnt, wollten, dass ihre Züge auch vor Signalen gemächlich herunterbremsen. Die Lösung dieses Problems bot das neue „Signal-Modul", das mit Hilfe dreier isolierter Gleisabschnitte die Geschwindigkeit bis auf Null hinunterregelte.

1998 rollte letztmals eine neue Märklin-Lok mit einem konventionellen Fahrtrichtungsschalter in den Handel. Seit 1999 sind alle

Unten: Der Klassiker Telex-Kupplung wird auch im digitalen Zeitalter zu den beliebten Zusatzfunktionen zählen.

neuen Loks digitaltauglich. Für das Modelljahr 2002 modifizierte Märklin das große „Delta-Modul" abermals. Statt bislang lediglich 16, lassen sich nunmehr, wie bei den normalen Digitaldecodern, 80 Adressen einstellen. Und das „Delta-Modul" erkennt wie einst in der Pionierzeit die Betriebsart — konventionell oder digital — automatisch.

Startpackungen mit hohem Spielwert

2003 sind weitere Startpackungen erschienen, die den Einstieg in die Digitalwelt erleichtern sollen. Der „Premium-Start, Folge II" enthält einen Güter- und einen Personenzug, ausgestattet mit einer Elektro- bzw. Dampflok, einer C-Gleisanlage, einer Digital-Zentraleinheit und einem Transformator. Die zweite Premium-Packung „Swiss Start" wartet ebenfalls sowohl mit einem Güter- als auch Personenzug auf. Mit dabei sind die E-Loks der SBB-Baureihen 460 und Re 4/4 II. Die dritte Startpackung „Premium-Start Digital — USA" zeichnet sich durch außergewöhnliche Fahrzeuge aus: Im Set mit enthalten sind der „Big Boy", die größte gebaute Dampflokomotive der Welt, mit einem „Caboose"-Güterbegleitwagen sowie sieben verschiedenen, gedeckten Güterwagen. Als zweite besondere Lok ist eine EMD F 7 mit drei Schnellzugwagen, so genannten Streamliners, mit dabei. Die Dampf-, Diesel- und Elektrolokomotiven in den genannten Startpackungen sind alle mit einem geregelten Hochleistungsantrieb ausgestattet. Zu den vielfältigen Funktionen zählen beispielsweise das Pfeifsignal sowie ein Geräusch- und Rauchgenerator bei den US-Modellen oder eingebaute Fernscheinwerfer bei der SBB-460. Die E 40 des Premium-Starts, Folge II kann zwei verschiedene Pfeifgeräusche ertönen lassen und die Dampflok verfügt, neben den typischen Rauch- und akustischen Funktionen, auch über eine digital schaltbare Glocke.

Es sind vor allem die Funktionen der Digital-Loks, mit denen sich ein lebendiger und kurzweiliger Fahrbetrieb auf der heimischen Anlage inszenieren lässt. Märklin Digital wird sicherlich noch weitere ungeahnte Spieldimensionen erschließen. Bleibt abzuwarten, was die Zukunft noch bringt. ▲

Oben: Der Tunnelrettungszug wartet mit zahlreichen digitalen Zusatzfunktionen auf.

Unten: Zahlreiche Startpackungen vermitteln von Anfang an die unbegrenzten Möglichkeiten des digitalen Fahrens. Ein besonderer Kaufanreiz sind auch die Fahrzeuge, die oft ausschließlich in diesen Packungen angeboten werden.

Der Schienengigant Goliath

Wenn die Rede auf das Digital-System kommt, wird meist nur von den schaltbaren Funktionen der Loks gesprochen. Unter den Digital-Modellen, die Märklin im Laufe der Zeit herausgebracht hat, sind aber auch Eisenbahnkräne und andere Funktionsmodelle. Ob Dreh-, Portal- oder Schienenkran — mit diesen Funktionsmodellen sind nicht minder faszinierende Spielabläufe möglich als mit den digital steuerbaren Lokomotiven. Der Schienenkran „Goliath" der Deutschen Bundesbahn (DB) bereicherte ab Ende der 90er Jahre das Märklin-Sortiment. Das H0-Modell war mittels Tastendruck über die Control Unit 6021 steuerbar und verblüffte mit zahlreichen vorbildgetreuen Funktionen. Als dreiteilige Einheit, bestehend aus dem achtachsigen Kranwagen mit einer Tragfähigkeit von 150 Tonnen im Vorbild sowie einem Kranschutzwagen und einem Gegengewichtswagen, brachte er es über die Puffer gemessen auf eine Gesamtlänge von 55 Zentimetern. Das Vorbild des Märklin-Schienenkrans heißt nicht umsonst — wie auch das Modell — „Goliath",

Oben: Der Schienenkran Goliath ist mit vorbildgetreuen Seiltrommeln bestückt.

Rechte Seite oben: Ist die Funktion „f 2" an der Control Unit aktiviert, lässt sich der Ausleger mit Hilfe des Drehknopfes heben und senken.

Rechte Seite unten: Zum Lieferumfang des Kran-Sets gehören auch Imitate der Schwellenstapel, die der Kran zur Stabilisierung benötigt.

Unten: Das Hebegut ist am Haupthaken fixiert. Nun kann es angehoben (f 2) und in einer Drehbewegung (f 1) aus dem Güterwagen gehoben werden.

1930　　1940　　1950　　1960　　1970　　1980　　**1999**　　2000

benannt nach einer biblischen Gestalt, einem riesenhaften Krieger der Philister. Ein wahrhaftiger Riese ist auch dieser größte deutsche Eisenbahnkran. 1977 von Krupp erbaut, wird er bei der Errichtung von Eisenbahnkunstbauten, im Brückenbau oder zur Bergung von entgleisten Lokomotiven und Wagen eingesetzt. Das Vorbild „Goliath" entstand in drei Exemplaren. Sie sind jeweils in Dortmund, Hannover und Würzburg stationiert. Das größte Gewicht, das der Goliath bewältigen kann, beträgt 150 Tonnen. Dabei darf der Kranausleger aber nicht mehr als acht Meter weit ausgefahren sein. Bei einem Aktionsradius von 18,5 Metern hebt der Goliath sogar noch 32 Tonnen. Wenn der Kran ausrückt, rollt er mit einer Höchstgeschwindigkeit von 100 km/h zum Einsatzort. Bei jeder Fahrt ist ein festes

| 1850 | 1860 | 1870 | 1880 | 1890 | 1900 | 1910 | 1920 |

Verschwenken des Kranhauses samt Ausleger: Diese Funktion ist möglich, sobald die Taste „f 1" gedrückt wurde.

Spezialistenteam mit dabei. Diese Truppe ist in der Lage, den Schienenkran rasch und reibungslos startklar zu machen. Zur dreiteiligen, einsatzfähigen Grundeinheit gesellen sich bei länger dauernden Operationen noch ein Seil-/Gerätewagen sowie ein Werkstatt- und ein Wohn-/Schlafwagen für die Mannschaft dazu. Auch von Märklin wurden diese drei Hilfswagen im Set als Ergänzung zum Goliath angeboten.

■ Standfläche vorbereiten

Wenn der Modell-Goliath zu seinem Einsatzort fährt, ist der riesige Ausleger abgesenkt und ruht wie beim Vorbild auf dem vierachsigen Ausleger-Schutzwagen. In dieser Stellung ist der Ausleger ausgekuppelt und seitenbeweglich. Dies verhindert, dass der Zug in engen Radien das Lichtraumprofil überschreitet oder der Kranwagen durch den Ausleger von den Gleisen geschoben wird. Diese mechanischen Funktionen wirken in ähnlicher Weise auch beim Vorbild-Goliath. Am Einsatzort muss der Kran zuerst stabil abgestützt werden, bevor an das Heben von irgendwelchen Gewichten gedacht werden kann. Zu diesem Zweck zieht man mit der Hand die vier Stützfüße heraus und setzt sie auf die zuvor auf dem Untergrund platzierten Stützsockel. Als Sockel dienen Beton-Schwellenstapel. Die entsprechenden, zusammensteckbaren Schwellenimitate gehören zum Lieferumfang des Kran-Sets. Sie werden, ebenso wie die Haken, auf dem Kranschutzwagen mitgeführt. Anschließend müssen die Gewichte vom Gegengewichtswagen abgenommen und mit ihren Zapfen in die kleinen Löcher an der Rückseite des Kranaufbaus eingehängt werden. Nun kann der Ausleger-Schutzwagen von einer der beiden im Einsatz befindlichen

Die Hebefunktion des Kran-Auslegers ist aktiviert (f 2) worden. Die Seile spannen sich, der Hilfs- und Hauptausleger bewegen sich nach oben.

Lokomotiven abgezogen werden, damit er den Aktionskreis des Kranes nicht behindert. Muss die Position des Kranwagens verändert werden, schiebt oder zieht ihn die zweite Lok, da er sich wie sein Vorbild nicht aus eigener Kraft auf der Schiene bewegen kann.

■ Digitale Steuerung

Auf einer digital betriebenen Modellbahnanlage kann der Goliath über die Control Unit gesteuert werden. Durch Drücken der Tasten „f 1", „f 2" und „f 3" kann wahlweise der Antrieb des Kranhauses, des Auslegers oder des Haupthakens ausgelöst werden. Die Geschwindigkeit der Senk-, Hebe- und Drehbewegungen bestimmt der Modellbahner — mit etwas Fingerspitzengefühl — am Fahrregler der Control Unit. Doch zuallererst muss die Adresse des Goliath an der zentralen Steuereinheit, der Control Unit, eingegeben werden, damit diese die angewählten Funktionen auch diesem Modell zuordnen kann.

Nun kann der Goliath zum Leben erweckt werden: Ist die Funktion „f 2" aktiviert, lässt sich mit dem Fahrregler der Hauptausleger leicht anheben, um den Kranhaken einhängen zu können. Die Auslegerhöhe richtet sich nach dem zu bewältigenden Gewicht. Je größer dieses ist, desto höher muss der Hauptausleger aufgerichtet sein. Zudem ist dann auch der Hilfsausleger ausgefahren. Je nach Position des Hebeguts ist oftmals eine seitliche Drehbewegung des gesamten Kranaufbaus samt Führerhaus nötig. Auslösen lässt sich diese Aktion mit Hilfe der Funktion „f 1". Die Seilwinde des Haupthakens arbeitet, sobald die Taste „f 3" gedrückt wurde. Das einfache Steuerungsprinzip ist schnell durchschaut und so stellt sich recht bald die Freude am Spiel mit dem interessanten Märklin-Modell ein. ▲

Insider, Profis und Fans

Drei vollkommen unterschiedliche Nenngrößen sind bei Märklin zu Hause: 1, H0, Z. Sie lassen sich nur schwer auf einen Nenner bringen, möchte man meinen. Trotzdem ging Märklin 1993 dieses Wagnis ein und kreierte den Märklin-Insider-Club, der heute mit mehreren zehntausend Mitgliedern zweifelsfrei der größte Modelleisenbahnerverein des Landes, wenn nicht gar Europas ist. Von Beginn an legte Märklin großen Wert darauf, einen echten Club zu schaffen, nicht nur eine weitere Handelsplattform mit exklusiven Modellen. Die Mitglieder sollten mitreden können. Dank der konsequenten Umsetzung dieses Konzeptes gelang es, die Erfolgsgeschichte des Göppinger Unternehmens um ein weiteres Kapitel zu bereichern.

■ Der Märklin-Insider-Club

Zwei Monate vor der Clubgründung im Januar 1993 präsentierte Märklin seine Initiative auf der Internationalen Modellbahn-Ausstellung in Köln der Öffentlichkeit. Die Geschäftsführung wusste um die hohen Erwartungen der langjährigen und treuen Kunden. Sie wusste natürlich auch, dass sich nicht alles Wünschenswerte sofort realisieren lässt. Doch „bereits die ersten Reaktionen auf der Ausstellung zeigten uns, daß wir mit dem Angebot richtig liegen. Denn der überwiegende Teil der interessierten Besucher begrüßte die ‚längst überfällige' Schaffung eines Clubs, der von Märklin betreut wird", resümierte das Mitgliedermagazin Insider-Club-News in seiner ersten Ausgabe. „Umfangreiches und aktuelles Wissen rund um Märklin und die Produkte", versprach das im Laufe der Jahre immer professioneller gestaltete Exklusivmagazin. Märklin wäre nicht weltweit zum Marktführer geworden, hätte man Ankündigungen wie diese nicht in die Realität umgesetzt. Natürlich spielten für viele Clubmitglieder die eigens für Insider gefertigten Modelle eine wichtige Rolle bei der Entscheidung für den Beitritt. Der Fachmann unterscheidet dabei zwischen den Jahreswagen und den Insider-Modellen. Jedes Mitglied erhält einmal im Jahr kostenfrei einen eigens gefertigten Wagen in H0 oder Z. Bislang wuchs der Fuhrpark ausschließlich um Güterwagen. Die ersten Jahreswagen waren 1993 ein Fasswagen in H0 und ein gedeckter Güterwagen in Z, beide selbstverständlich mit exklusiver Beschriftung. Im Laufe der Jahre folgten Besonderheiten wie der Kesselwagen „Persil" und der Colonialwarenwagen „Dallmayr" in H0 sowie ein Niederbordwagen mit Feuerwehrauto und der Klappdeckelwagen „Heinrich Frank" in Z. 2003 überraschte Märklin die Insider mit einem Weinfasswagen, dessen Vorbild in beiden Baugrößen mit gleicher Präzision nachgebildet wurde.

■ Exklusive Modelle

Die Insider-Modelle sind etwas größeren Kalibers, weshalb sie einzeln in den Verkauf kommen. Eine Dampflokomotive wie der Big Boy, eines der beiden Insider-Modelle des Jahres 2001 in H0, kann schließlich nicht im überaus

Der ICE-S ging als erster Vertreter einer neuen Generation von Modellen mit C-Sinus-Motor an die Mitglieder des Insider-Clubs. Ihre Meinung zu diesem Modell war der Geschäftsleitung wichtig.

Oben: Einen Volltreffer landet offensichtlich nicht nur der dynamische Basketball-Spieler auf diesem Werbefoto. Der Big Boy, eines der beiden Insider-Modelle des Jahres 2001, war unter den Insider-Mitgliedern heiß begehrt.

günstigen Mitgliedsbeitrag von 72,90 Euro enthalten sein. Zudem gehen, wie es sich für ein individuelles Hobby gehört, die Wünsche der Mitglieder stark auseinander. Der eine begeistert sich für Dampflokomotiven und braucht keinen Dieseltriebzug im Fuhrpark, der andere bevorzugt die elektrische Traktion und hat wenig Interesse an Dampfrössern. Exquisite Fahrzeuge rollten in der Vergangenheit aus den Göppinger Werkshallen. Neben dem Big Boy war mit der Elektrolok X 995 der Amtrak ein weiteres US-amerikanisches Modell unter den Auserwählten. Die Lok, die keineswegs zufällig an die Rc-Familie der schwedischen Staatsbahnen erinnert, bot 1994 denjenigen eine kleine Entschädigung, denen es nicht gelungen war, einen ICE im Amtrak-Farbkleid zu ergattern, den es als Sonderserie im gewöhnlichen Märklin-Programm gegeben hatte. In H0 begeisterte Märklin die Modellbahnfreunde mit der Schnellzugdampflok der Baureihe 10 oder dem Versuchszug ICE-S als erstem Vertreter einer neuen Generation Modelle mit dem C-Sinus-Motor. In Z machten eine 18.1, die für die Olympischen Spiele 1936 warb, und der Dieseltriebzug VT 04 Furore, ein Vertreter der Bauart Hamburg. Im Jahr 2003 erhielten die Insider mit der 103.1 ein technisch besonders wertvolles Modell. Dank des Einbaus eines Piezo-Motors konnte die Maschine ihre Stromabnehmer vorbildgerecht heben und senken. In der Nenngröße H0 überraschte

Unten: Auf vielen Messen steht den Mitgliedern der Märklin-Kundenclubs ein separater Stand als Anlaufstelle zur Verfügung.

| 1850 | 1860 | 1870 | 1880 | 1890 | 1900 | 1910 | 1920 |

Oben: Ebenfalls nur für die Mitglieder der Kundenclubs war die Schlepptenderlok der Baureihe 45 erhältlich.

Märklin 2002 mit einer Güterzuglokomotive der Franco-Crosti-Baureihe 42.90.

Insider-Beirat

Das erste Insider-Modell erschien aber weder in H0 noch in Z, sondern in 1. 1993 lieferte Märklin einen gedeckten Güterwagen mit Bremserhaus, der Köllnisch Wasser transportierte. Schöne Wagenpackungen, beispielsweise zum Thema Kohletransport, und exklusive Güterwagenmodelle ergänzten den Insider-Park in der Königsspur, zuletzt 2002 ein mit einem Lanz-Bulldog beladener Flachwagen. Vor der Auswahl der Modelle befragt Märklin selbstverständlich die Insider nach ihren Wünschen, wobei natürlich nicht alle auf einmal zu Wort kommen können. Deswegen installierte das Unternehmen den Insider-Beirat. In diesem sitzen repräsentativ ausgewählte Mitglieder, die über ein gewaltiges Fachwissen verfügen, in Sachen Modelleisenbahn, aber auch in Sachen Vorbild. Schließlich soll die Modellbahn die große Bahn im kleinen Maßstab nachbilden. Regelmäßig treffen die Mitglieder des Beirates zusammen, um über die künftige Arbeit des Clubs zu beraten und Fragen rund um das Märklin-Sortiment zu erörtern. Ehrensache, dass der Beirat bei der Geschäftsführung immer auf offene Ohren stößt. „Unsere Clubmitglieder sind Markenkenner und nachhaltig an der Entwicklung des Modellbahnhobbys durch Märklin beteiligt", erklärte diese anlässlich des zehnjährigen Bestehens des Clubs. Das Management um Paul Adams weiß, dass die Mitglieder des Insider-Clubs das breite Spektrum des Hobbys verkörpern wie keine andere Gruppierung. Unter den Insidern finden sich Erbauer von Großanlagen ebenso wie Perfektionisten, die Dioramen vorziehen, Sammler alter Lokomotiven ebenso wie Modellbauer, die jedes Modell nach ihren Vorstellungen

Unten: Insider-Modell des Jahres 2002 in der Baugröße H0 war die Güterzuglokomotive der Baureihe 42.90 Franco-Crosti.

verfeinern. Gerade diese Vielfalt unterscheidet den Insider-Club von anderen Vereinigungen. Daneben bietet er ein Leistungspaket, das auch Kritiker vollends überzeugt.

Trix-Profi-Club

Einmal im Jahr erhalten die Clubmitglieder das Erste-Klasse-Video „Ein Jahr mit Märklin". Allein das Band kostet im Einzelhandel 19,95 Euro. Es stellt die Märklin-Aktivitäten des Vorjahres vor und präsentiert die aktuellen Neuheiten. Moderator des 70-Minutenfilms ist niemand anderes als Hagen von Ortloff, dessen Eisenbahn-Romantik Woche für Woche mehr als eine Million Zuschauer vor den Fernseher lockt. Auf diversen Messen und Modellbahnschauen erhalten Clubmitglieder ermäßigten Eintritt, wenn sie ihre Clubkarte vorlegen. An eigenen Insider-Ständen werden sie beispielsweise bei den Messen in Köln und München bevorzugt bedient. Auch bei verschiedenen Musicals brauchen sie nicht den vollen Preis zu entrichten, wenn sie bei der Buchung die Clubkarte vorlegen. Diese wird Jahr für Jahr neu gestaltet und ist zu einem Sammlerobjekt der besonderen Art geworden. Sechsmal jährlich finden die Clubmitglieder zudem einen dicken Umschlag im Briefkasten. Dieser liefert aktuelle Informationen rund um das Märklin-Angebot, die exklusiv für Clubmitglieder produzierten Zeitschriften Insider-News und Mini-Club-Brief sowie das aktuelle Märklin-Magazin frei Haus. Welcher andere Club bietet ein so vielfältiges Angebot? — Natürlich der Trix-Profi-Club. Nach der Übernahme des zweiten H0-Pioniers durch Märklin kam natürlich schnell der Gedanke auf, auch den H0-Freunden, die auf das Zweileiter-Gleichstromsystem sowie auf Trix Express schwören, und den Liebhabern der Nenngröße N ein spezielles Angebot zu unterbreiten. Im letzten Jahr des vorigen Jahrhunderts, also 2000, startete der Trix-Profi-Club und fand schnell mehrere Tausend Freunde, welche die umfangreichen Leistungen von der Clubkarte mit allen Vorteilen über ein eigenes, ebenfalls von Hagen von Ortloff moderiertes Trix-Video bis hin zum Trix-Magazin genießen wollen. Trix-Bahner gehören zu den Spezialisten unter den Modelleisenbahnern. Daher legte die Redaktion des Trix-Magazins, das ausschließlich an die Clubmitglieder versandt wird, von Beginn an großen Wert auf ein besonders hohes Niveau in der Berichterstattung. Von der Alterung über den Landschaftsbau bis hin zum Zurüsten von Modellen reicht die Palette der Artikel im Modellteil. Exzellente, namhafte Modellbauer wie Jörg Chocholaty und Rolf Knipper präsentieren in ausführlichen Beiträgen ihr Schaffen. Dabei verraten sie zahlreiche Tricks, die selbst Profis auf neue Ideen bringen. Stets suchen sie nach neuen Materialien, um

Oben: Ein weiteres Exklusiv-Modell für die Mitglieder des Insider-Clubs erschien in Gestalt der Baureihe 10, einer teilweise stromlinienverkleideten Dampflokomotive.

Unten: Mitglieder des Insider-Clubs und des Trix-Profi-Clubs erhalten jedes Jahr kostenlos jeweils eine Jahresfilmchronik.

| 1850 | 1860 | 1870 | 1880 | 1890 | 1900 | 1910 | 1920 |

Oben: Die Kundenzeitschrift „News" erhalten die Mitglieder des Märklin-Insider-Clubs zusammen mit dem Märklin-Magazin sechsmal im Jahr kostenlos.

das Vorbild noch realistischer in den Maßstäben 1:87 und 1:160 nachbilden zu können. Schon nach drei Jahren kann man ohne Weiteres sagen, dass das Trix-Magazin Maßstäbe für den gehobenen Modellbau setzt, ohne sich aber in die Sphären des Extremen zu flüchten. Die Beschäftigung mit der Modelleisenbahn soll ein Hobby bleiben — ein liebenswertes Hobby.

Dazu gehört natürlich auch die genaue Beobachtung des Vorbildes. In jedem Heft des Trix-Magazins finden sich Exklusivbeiträge, in denen ausgewählte Fahrzeuge porträtiert oder nennenswerte Aspekte der Eisenbahngeschichte durchleuchtet werden. Der Bezug zu den Trix-Modellen und somit die Einheit von großer und kleiner Bahn bleibt dabei grundsätzlich gewahrt. Schließlich möchte niemand, der für die Mitgliedschaft im Club Geld auf den Tisch legt, Berichte über Lokomotiven lesen, die auf seiner Trix-Anlage nicht fahren können. Kurzmeldungen zum aktuellen Bahngeschehen runden die Berichterstattung des Trix-Magazins ab, in dessen Mitte eine besonders attraktive Beilage eingeheftet ist. Abwechselnd erscheinen ein Poster und ein Bastelbogen. Letzterer gibt fotorealistisch sehenswerte Gebäude wieder, die am Streckenrand stehen oder auf andere Weise das Interesse der Modelleisenbahner wecken. In der Regel fertigt Andreas Stirl, Schöpfer auch

Unten: Den Mitgliedern des Trix-Profi-Clubs wird ebenfalls eine Kundenzeitschrift zugestellt. Diese kommt kostenlos zusammen mit dem Trix-Magazin ins Haus.

der bekannten Stipp-Bastelbögen, die Bauten in beiden Trix-Nenngrößen. Lediglich die Big-Boy-Halle nach US-amerikanischem Vorbild erschien nur für die Baugröße H0.
Das Poster zeigt herrliche Landschaftsaufnahmen, die von erstklassigen Fotografen geschossen und in bester Qualität reproduziert werden. Von Zeit zu Zeit ziert ein Aquarell die Titelseite, das exklusiv für das Trix-Magazin von Peter Bomhard geschaffen wurde. Obwohl es zu den jüngsten Zeitschriften auf dem Eisenbahnmarkt zählt, ist das Trix-Magazin schon zu einem gesuchten Sammlerobjekt geworden. Zu spät Beigetretene suchen in Kleinanzeigen in der Fachpresse nach älteren Heften. Diese stellen Raritäten dar, da sich die Auflage des Trix-Magazins streng nach der Anzahl der Mitglieder richtet.

1. FC Märklin

Eine große Zahl Mitglieder verzeichnet auch der Dritte im Bunde der Märklin-Clubs. „Ein weiterer Club?", wird sich jetzt so mancher Leser fragen. „Welche Nenngröße, welches System, welche Modellbahnmarke repräsentiert dieser?" Alles, was mit Märklin zusammenhängt. Der 1. FC Märklin ist der Club für die Jüngsten der Modellbahnergemeinde. Er richtet sich in erster Linie an acht- bis vierzehnjährige Märklin-Freunde. Viermal im Jahr,

ab 2004 sogar sechsmal, erscheint ein professionell gestaltetes Magazin, das die Eisen- und Modellbahn aus kindlicher Perspektive aufarbeitet. Basteltipps für verregnete Wochenenden finden sich im Heft genauso wie Porträts besonderer Lokomotiven. Großen Wert legen die Mitarbeiter von Märklin auch auf die Vermittlung von nicht nur in der Schule nützlichem Wissen. Dabei greifen Modellbahn- und Allgemeinbildung oftmals ineinander. Schließlich gilt für Modelleisenbahner jeden Jahrganges, dass dieses Hobby die verschiedenen Bereiche des Lebens in einer Weise verknüpft, wie kaum ein anderes Steckenpferd.
Der Modellbahner ist Architekt und Landschaftsplaner, Lokomotivführer und Fahrdienstleiter, Schreiner und Elektriker und so manches mehr in einer Person. Gerade dies macht den besonderen Reiz dieser rundum wertvollen Freizeitbeschäftigung aus. In den drei Märklin-Clubs bekommen Modellbahner jeden Alters das notwendige Rüstzeug. ▲

Oben: Mini-Trix-Modell des Jahres 2003 für die Mitglieder des Trix-Prof.-Clubs.

Unten links: Märklin-Insider konnten sich 2003 über das Exklusiv-Modell der 103.1 freuen. Dank des Piezo-Antriebs hebt und senkt die Lok ihre Pantographen selbsttätig.

Unten rechts: Beide Abbildungen zeigen Teilnehmer der beliebten Märklin-Modellbauseminare. Diese stehen allen Interessierten offen. Mitglieder der Kundenclubs zahlen für die Teilnahme an einem der Kurse einen günstigeren Preis.

Trix kommt zu Märklin

Unten: Modellbau auf allerhöchstem Niveau: In Zusammenarbeit zwischen Märklin und Trix entstand 1992 die Schlepptenderlok B VI mit dem schönen Namen „Tristan".

Mitte: Auch der „Glaskasten" ist eine Koproduktion der beiden Traditionsmarken.

Zum 1. Januar 1997 wurde der Nürnberger Modellbahn-Hersteller Trix von Märklin übernommen und in eine neugegründete Holding-Gesellschaft eingebracht. Beide Firmen hatten bereits seit Ende der 80er Jahre kooperativ zusammengearbeitet. Höhepunkte waren dabei die gemeinsam entwickelten Zuggarnituren „König Ludwig-Zug" (1992) und der „Kaiser Wilhelm-Zug" (1996).

Durch den Zusammenschluss haben nun beide Marken Zugriff auf alle bereits vorher separat entwickelten H0-Fahrzeugmodelle. Neukonstruktionen werden gemeinsam entwickelt und, wenn es sinnvoll ist, von beiden Marken genutzt. Mit dem Erwerb von Trix verfügt Märklin unter der Marke Minitrix über ein komplettes N-Bahnsortiment sowie über das digitale System Selectrix. In den vergangenen Jahren wurden für die Marke Minitrix erhebliche Investitionen getätigt, um die Bahn beispielsweise durch den Einsatz von Glockenankermotoren und die Fertigung von Lokomotivgehäusen aus Zinkdruckguss den Ansprüchen der Gegenwart und Zukunft anzupassen.

Durch die Marke Trix H0 wurde das bisher von Märklin für den Zweischienen-Zweileiter-Sektor angebotene Sortiment unter dem Namen „Hamo" gegenstandslos. Soweit das wirtschaftlich sinnvoll war, wurde in den vergangenen Jahren auch ein begrenztes Sortiment für die Freunde des Trix-Express-Systems angeboten. Mit der Produktion von H0-Fahrzeugmodellen unter der Marke Trix H0 für den amerikanischen Markt mit den in den USA üblichen Radsätzen nach UMRA-Empfehlung RP 25 und Fahrzeugkupplungen nach System Kadee haben nun auch europäische Modellbahnfreunde Zugriff auf derartige Fahrzeuge.

■ Vorbild-Themen für den Anlagen- und Dioramenbau

Eine ursprünglich in Amerika geborene Idee wurde vor einigen Jahren erstmals unter der Marke Trix auf europäische Gegebenheiten übertragen: Spezial-Themen zur Integration in die Modellbahnanlage oder als separates Motiv für ein Diorama. Mit Industrieanlagen unter dem Motto „Vom Erz zum Stahl" und „Feuer und Wasser" hat die Serie begonnen. Im Jahr 2003 wurde sie u. a. mit den Themen „Tor zur Welt" und „Rübenkampagne" fortgesetzt. Weitere Themen werden folgen. Alles, was für die Darstellung dieser Themen an Gebäudemodellen und technischen Anlagen benötigt wird, liefert Trix in Form von Bausätzen. Diese können entweder genau nach Vorlage oder in variabler Abwandlung zusammengebaut und, falls gewünscht, fachgerecht gealtert werden. Wobei das Altern durch Betriebsspuren insbesondere bei Industriebauten unbedingt erfolgen sollte. Auch zum Thema passende Wagenmodelle werden von Trix dafür produziert und, wo es sinnvoll erscheint, auch die dazugehörigen Lokomotiven. Schließlich ist man doch in der Hauptsache Hersteller von Modelleisenbahnen, sprich Zuggarnituren, aller Art.

■ Vom Erz zum Stahl — Feuer und Wasser

Trix produzierte bzw. produziert diese im Prinzip zusammengehörenden Themen in H0. Bestimmte Modelle sind auch in der Baugröße N

Oben und Mitte: Mit dem Digital-System Selectrix steht ein ausgereiftes Mehrzugsystem für die Baugrößen N und H0 zur Verfügung.

Unten: Ausgewählte Modelle werden für die Fangemeinde des Trix-Express-Systems gefertigt.

| 1850 | 1860 | 1870 | 1880 | 1890 | 1900 | 1910 | 1920 |

Oben: Der Torpedopfannenwagen wirkt am besten, wenn er vorbildgerecht gealtert ist. Seit 2003 wird zudem ein solcher Wagen mit digitalen Funktionen angeboten.

Rechts: Der Hochofen entsteht aus einem anspruchsvollen Bausatz.

1930　　1940　　1950　　1960　　1970　　1980　　1990　　**2000**

Oben: Der gealterte und effektvoll beleuchtete Hochofen.

Links: Thermohaubenwagen.

Unten links: Vorbildgerecht eingereihte Schutzwagen bei der Fahrt über die Anlage.

Unten rechts: Perfektes Detail.

275

| 1850 | 1860 | 1870 | 1880 | 1890 | 1900 | 1910 | 1920 |

Oben: Der vielfältige Themenbereich „Vom Erz zum Stahl" verlangt einfach nach kräftiger Alterung aller Gebäude und Fahrzeuge.

erhältlich. Insgesamt geht es darum, wie Eisenerz und Kohle für die Stahlgewinnung in Spezialgüterwagen oder Lastrohrkähnen zu den Stahlwerken transportiert werden. Der im Modell-Schmelzofen gewonnene, imaginäre Stahl wird in „flüssiger" Form innerbetrieblich in speziellen Roheisentransportwagen oder, falls die Weiterverarbeitung in einem externen Stahlwerk ansteht, in Schwerlastwagen, ausgerüstet mit so genannten Thermohauben, oder in einem 18-achsigen Torpedopfannenwagen befördert.

Für den Transport schwerster Lasten, wie zum Beispiel eines Wandertransformators, steht ein Tragschnabelwagen zur Verfügung. Mit ihm kann der Trafo vom Hersteller zum E-Werk und umgekehrt zur fälligen Überholung befördert werden. Mit seinen 32 Achsen ist

der Trix-Wagen der wohl längste serienmäßig gebaute Modellgüterwagen in H0. Der Abtransport der bei der Stahlgewinnung anfallenden Schlacke zur Halde geschieht mittels spezieller Schlackenwagen. Dieser Reststoff kann gegebenenfalls für den Straßenbau genutzt werden. Für die beschriebenen Betriebsabläufe hält Trix alle nötigen Gebäude und Wagenmodelle bereit.

So war von Anfang an ein Hochofenmodell dabei. Der 410 Teile umfassende Bausatz lässt sich zu einem 70 Zentimeter langen und 55 Zentimeter hohen Industriegebäude zusammensetzen, das mit seinen Dimensionen einen imposanten Mittelpunkt auf der Modellbahnanlage bilden kann. Wer das Umfeld des Hochofens vorbildnah gestalten möchte, sollte für die Ausdehnung noch einmal fast die

1930   1940   1950   1960   1970   1980   1990   2000

Oben links und rechts: Güterwagen nach Vorbildern der Stahlindustrie bereichern das Sortiment.

Mitte: Schlackenpfannenwagen und Roheisenwagen.

Unten: Wagenset „Amphibischer Verkehr".

Links: Der größte Güterwagen von Trix ist mit einer maßstäblichen Länge von 720 mm der Tragschnabelwagen mit seinen 32 Achsen.

277

| 1850 | 1860 | 1870 | 1880 | 1890 | 1900 | 1910 | 1920 |

Ganz gleich, ob der Hochofen als Anlagenelement oder Thema eines Dioramas gebaut wird, er wirkt allein schon durch seine Dimensionen. Vor allem die vorbildgetreuen Lichteffekte machen das Bauwerk zu einem Blickfang.

doppelte Länge einplanen, damit die Gleisanlagen für die Erzbrücke und die Schlackenkippen Platz finden. Reizvolle Effekte lassen sich durch das Beleuchten des Eisen- und Schlackenkanals erzielen. Durch das Licht entsteht der Eindruck, hier flöße wirklich eine glühend heiße Masse. Die Industrieanlage kann mit Hilfe weiterer Bausätze zu einem gigantischen Komplex erweitert werden, der allerdings das Raumangebot einer durchschnittlichen Zimmeranlage ausfüllen dürfte. Als Ergänzung zum Hochofen ist eine Kokerei erschienen. Im Vorbild dient diese Industrieanlage als Spezialofen zur Gewinnung von Koks aus Steinkohle. Zwischen der Kokerei und dem Hochofen kann der Modellbahner Transportfahrten mit entsprechenden Güterwagen und beispielsweise einer Dampfspeicherlokomotive durchführen. Als weiteres themenspezifi-

Oben und links: Ein weiterer Industriekomplex der von Trix als Bausatz angeboten wurde, ist die Kokerei. Passende Fahrzeuge, wie diese Dampfspeicherlok und die Kokswagen, ergänzen das Sortiment.

| 1850 | 1860 | 1870 | 1880 | 1890 | 1900 | 1910 | 1920 |

Rechts: Blick in die Kokerei, deren komplexe Betriebsabläufe realistisch nachempfunden werden können.

Mitte und unten links: Die Behälter des Lastrohrwagens für den „Amphibischen Verkehr" sind voll beweglich. Mit ihnen werden Koks, Kohle oder Erz transportiert.

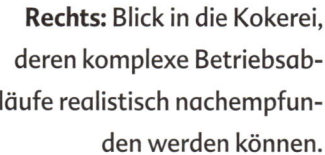

| 1930 | 1940 | 1950 | 1960 | 1970 | 1980 | 1990 | **2002** |

sches Modell erschien auch der Bausatz einer Werkhalle zur Darstellung einer Gießerei oder eines Walzwerkes. Selbstverständlich gehört auch eine Zechenanlage zum Programm „Vom Erz zum Stahl". Für die Fortführung dieses Themas, der Serie „Feuer und Wasser", erschienen äußerst interessante Fahrzeuge, die nicht zum alltäglichen Inventar einer Modellbahnanlage gehören dürften. Dabei handelt es sich um das Lastrohrwagen-Set „Amphibischer Verkehr", das aus vier Lastrohrwagen mit je zwei Lastrohrbehältern besteht. Die abnehmbaren und schwimmfähigen Behälter haben die Fahrzeuge zum Vorbild, die Ende der 50er Jahre im Auftrag des „Arbeitskreises Amphibischer Verkehr" in einem Modellversuch eingesetzt wurden. In dieser Kommission waren unter anderem die Hoesch- und Salzgitter-Werke vertreten. Insbesondere die deutschen Hüttenwerke hatten das Problem, dass sie nicht unmittelbar an einer Wasserstraße lagen. Daher favorisierten sie eine Verbindung von Wasser- und Schienenweg als rationelle Transportlösung. Hierfür waren in den 40er Jahren und Ende der 50er seitlich kippbare Behälter entwickelt worden, die paarweise wie Flöße schwimmen und darüber hinaus, auf einem Fahrgestell verankert, wie Schienenfahrzeuge verkehren konnten. Zu Entladezwecken in speziellen Ladeanlagen ließen sich die Behälter seitlich wegkippen. Beim Vorbild konnten sich die Lastrohre nicht durchsetzen. Bis 1991 wurden sie nach und nach alle verschrottet. Dank der Trix-Modelle kann der „Amphibische Verkehr" auf der Mo-

Unten Mitte: Im Themenbereich „Feuer und Wasser" ist das Binnenschiff angesiedelt. Der Bausatz kann in zwei Längen (770 oder 400 mm) zusammengebastelt werden.

Links: Die Zeche Zollverein ist heute ein museal erhaltener Industriekomplex. Trix hat das Objekt teilweise ins Modell umgesetzt.

| 1850 | 1860 | 1870 | 1880 | 1890 | 1900 | 1910 | 1920 |

Reichlich Betrieb herrscht auf dem Zechengelände. Passende Güterwagen sind bei Märklin und Trix in großer Auswahl vorhanden.

dellanlage eine Wiederauferstehung erleben. Zu den weiteren, nicht minder faszinierenden Modellen gehören auch der Bausatz eines Binnenschiffes sowie zwei Kühltürme und ein imposanter Getreidespeicher.

Der Schiffsbausatz erlaubt die Nachbildung eines 67 Meter langen Wasserfahrzeugs, das für das Erscheinungsbild der Rheinschifffahrt charakteristisch ist. Das Binnenschiff kann je nach Belieben entweder als 770 oder 400 Millimeter langes Modell gefertigt werden. Der ebenfalls zum Thema „Feuer und Wasser" gehörende Bausatz eines Getreidespeichers ist zwar in erster Linie als Ausstattungselement eines Binnenhafens gedacht. Alternativ können derlei Silogebäude aber genauso gut

| 1930 | 1940 | 1950 | 1960 | 1970 | 1980 | 1990 | **2002** |

auch auf ländlichen Bahnanlagen stehen. Gerade auf dem flachen Land finden sich immer wieder Getreidespeicher mit dazugehörenden Lade- und Abstellgleisen für die entsprechenden Güterwagen. Im Modell kann ein Ensemble, bestehend aus dem Silogebäude und den Gleisanlagen, schon vielfältige Spielszenen ermöglichen: Wagen werden mit einer Streckenlokomotive herbeigebracht und abgehängt. Eine Rangierlok übernimmt dann den Verschub des leeren Getreidewagens zum Gebäude hin, wo der Ladevorgang erfolgt. Danach wird der Wagen wieder fortgezogen, auf ein Abstellgleis geschoben oder in einen Zug eingereiht. Die Realitätsnähe der Szenerie ergibt sich vor allem dann, wenn sowohl der Getrei-

Im Oxygenstahlkonverter wird aus flüssigem Roheisen Rohstahl erzeugt. Dieses Werk entsteht aus einem Bausatz, der mit einer Innenbeleuchtung ausgerüstet werden kann.

despeicher als auch die Wagen sorgfältig gealtert, also mit Alltagsspuren versehen wurden. Der Speicher ist sowohl in der Baugröße H0 als auch in N erhältlich.

Was die Verwendung und Lieferfähigkeit dieser und weiterer Bausätze sowie Fahrzeugmodelle anbelangt, so geben die jährlich erscheinenden Trix-Kataloge unter Hinweis auf die jeweiligen Themen Auskunft.

Tor zur Welt

Der Transport von Rohstoffen und Fertigprodukten auf dem Wasserweg war praktisch schon die Überleitung zum Thema „Tor zur Welt", das im Jahr 2003 realisiert wurde. Mit dem „Tor zur Welt" ist die Freie und Hansestadt Hamburg gemeint, die mit ihren umfangreichen Hafen- und Industrieanlagen eine Nachbildung im Modell — wenn auch in bescheidenerem Rahmen, versteht sich —

Linke Seite und oben: Getreidespeicher finden sich in Häfen oder am Rande der Güterbahnhöfe. Trix hat sowohl in H0 als auch in N Bausätze aufgelegt. Passende Getreidetransporter gibt es ebenfalls in beiden Baugrößen Märklin bietet das Getreidewagen-Set darüber hinaus mit unterschiedlichen Betriebsnummern an. Somit lassen sich lange Ganzzüge zusammenstellen.

Unten: „Das Tor zur Welt", in perfekten Gebäuden aus drei unterschiedlichen Bausätzen gefertigt. Passende Güterwagen und Ausschmückungsdetails, wie Autos und Figuren, ergänzen das Angebot.

| 1850 | 1860 | 1870 | 1880 | 1890 | 1900 | 1910 | 1920 |

Oben: Im Rahmen des Themas „Tor zur Welt" wird das Güterwagen-Set „Schiffsausrüstung" von Trix hergestellt. Neben zwei gedeckten Güterwagen für den Transport bayerischen Bieres werden noch ein Flachwagen mit einem Schiffsanker und ein offener Güterwagen, beladen mit Schiffstauen, offeriert.

geradezu herausfordert. Wer Hamburg kennt, weiß, dass zwischen historischer Altstadt und dem umfangreichen Hafengebiet mit den Kais, Lagerschuppen und Krananlagen die historische Speicherstadt angesiedelt ist. Früher gehörte sie zum Freihafengebiet — ein Ambiente ziegelgemauerter Lagerhäuser für den Umschlag von beispielsweise Kaffee, Tee, Tabak, exotischen Gewürzen und Teppichen, die mittels außen liegendem Lastenaufzug ins Innere der Gebäude gelangten. In der Speicherstadt wurden die Waren zwischengelagert, sortiert und abgefüllt. Der Weitertransport erfolgte per Eisenbahn, Pferdefuhrwerk oder Lastwagen.

Heute befinden sich in dem mittlerweile unter Denkmalschutz stehenden Ensemble ein Museum, Büros und Ausstellungszentren. Zu letzteren zählt beispielsweise das weit über die hanseatischen Grenzen hinaus bekannte „Miniatur-Wunderland", eine Modelleisenbahnanlage der Superlative, die auf einer

Unten: Ebenfalls im Rahmen des Themas „Tor zur Welt" wird das Güterwagen-Set „Kaffee-Transport" produziert. Zum Set gehören auch Nachbildungen von Kaffeesäcken, die auf Echtholzpaletten abgesetzt sind.

2003

Mit der Nachbildung des Bahnhofs Hamburg Dammtor fertigt Trix einen der schönsten Bahnhöfe Deutschlands in perfekter Ausführung. Aus zwei Bausätzen entsteht ein Ensemble mit einer Länge von 1340 mm. Verwenden kann es der Modellbauer auf Anlagen ab der Epoche I.

Hallenfläche von fast 2000 Quadratmetern zu besichtigen ist. Dort fahren die H0-Züge über Punktkontaktgleise sicher durch die reichhaltig ausgeschmückten Modelllandschaften. Trix hat 2003 im Maßstab 1:87 die ersten drei Gebäude der Speicherstadt in Bausatzform herausgebracht. Durch die variablen Elemente der Wandfassaden, Dach- und Gaubenausführungen lässt sich daraus eine Vielzahl unterschiedlicher Gebäude erstellen. Da Trix bei der Konzeption der Speicherstadt an alles gedacht hat, lassen sich die Ladeszenen durch Holzpaletten, Kaffeesäcke, Teekisten, Schiffsausrüstungsteile und vieles mehr realistisch gestalten. Güterwagen-Sets und typische Automodelle, deren Originale in den sechziger Jahren in Hamburg – teilweise mit entsprechenden Aufschriften – zu finden waren, sind ebenfalls verfügbar. Und weil die mittels Schiff im Hafen angekommenen Güter zur Speicherstadt in der Regel mit Frachtkähnen, so genannten Schuten, befördert wurden, gibt es einen entsprechenden Modellbausatz, der dazu noch in der Länge variiert werden kann.

Last not least befindet sich auch der obligatorische Hafenschlepper im Trix-Sortiment.

■ Hamburg Dammtor

Das Thema „Tor zur Welt" umfasst natürlich nicht nur den Frachtumschlag im Hamburger Hafen, sondern betrifft auch den Personenverkehr. In Bezug auf einen passenden Personenbahnhof fiel die Wahl auf den Bahnhof „Hamburg Dammtor".

Neben dem Hauptbahnhof und den Bahnhöfen Altona und Harburg ist der 1903 erbaute Dammtor-Bahnhof eine wichtige Haltestation im Citybereich. Grundlegend renoviert, bildet die viergleisige Bahnhofshalle zusammen mit dem repräsentativen Empfangsbereich ein nicht allzu häufig anzutreffendes Vorbild für den Modellbahnhof einer Großstadt. In voller Länge misst der Trix-H0-Bahnhof 1,34 Meter, kann aber auch kürzer gebaut werden. Jeweils zwei Gleise in der Halle dienen dem Fern- und dem S-Bahn-Verkehr. Fast alle Züge halten

| 1850 | 1860 | 1870 | 1880 | 1890 | 1900 | 1910 | 1920 |

Oben: Mit dem „Zubehörset Zuckerfabrik" lassen sich realistische Szenen gestalten.

Mitte: Die Produkte für das Thema „Rübenkampagne" auf einen Blick.

hier. In der Vergangenheit waren so wohlklingende Namen, wie TEE „Blauer Enzian" und „Helvetia" dabei. Heute sind es neben den IC die ICE, die hier einen Halt einlegen. Weichen sind nicht vorhanden.

Der Korpus des Trix-Handmusters wurde bereits vor 30 Jahren von Benno Wiesmüller gebaut, einem bekannten Eisenbahn- und Modelleisenbahnfachmann. Rolf Knipper, allseits bekannter Anlagen- und Dioramenbauer, hat das Bauwerk, das schon auf Messen- und Ausstellungen zu bewundern war, kürzlich vollendet. Es diente auch als Grundlage für die Konstruktion der Kunststoff-Spritzform des Bausatzes. Das wirkungsvolle Empfangsgebäude des Trix-Bahnhofs kann in maßstäblicher Länge oder verkürzt gebaut werden. Es

besteht natürlich auch die Möglichkeit, die Halle abweichend vom Vorbild noch weiter zu verlängern, für den Fall, dass längere Züge in der Halle halten sollen. Die Deutsche Bahn AG behalf sich beim Vorbild mit verlängerten, überdachten Bahnsteigen. Für eine Nachbildung dieser Situation im Modell stehen im Handel entsprechende Bahnsteige zur Verfügung.

■ Rübenkampagne

Autofahrer in ländlichen Gegenden konnten bis Ende der 80er Jahre ein Lied davon singen: Vor ihnen ein langsam fahrender Traktor mit zwei voll beladenen Rübenanhängern auf dem Weg zur nächsten Verladestelle auf dem

Unten: Für den Abtransport der Rüben ist gesorgt. Zwei Sets, die jeweils drei bzw. vier werkseitig gealterte O-Wagen enthalten, sowie die V 200 werden dafür gefertigt.

Güterbahnhofsteil eines Landbahnhofs — und keine Überholmöglichkeit. Doch die angesprochenen Verkehrshindernisse waren ja nur saisonbedingt unterwegs. Zudem sorgten sie für ein nicht unerhebliches Frachtaufkommen bei der Bahn.

An den Verladestellen wurden die Zuckerrüben mittels Schüttanlagen oder Transportbändern auf offene Güterwagen umgeladen, die ihre Fracht wiederum zu den über das Land verteilten Zuckerrübenfabriken transportierten. Ein interessantes Thema, das im Jahr 2003 als Modell umgesetzt wurde. Die „Rübenkampagne" von Trix kann mit folgenden Modellen realistisch nachgestellt werden: mit dem Bausatz „Zuckerfabrik", dem „Zubehörset Zuckerfabrik", zu dem diverse Förderbänder und ein Traktor mit zwei Anhängern gehören, und dem Wagenset „Zuckerrübentransport", das farblich gealtert und mit Zuckerrüben en miniature beladen ist. Die DB benutzte hierfür in den späteren Jahren ältere offene Güterwagen mit den Aufschriften „Nur für Zuckerrüben, darf den Bereich der DB nicht verlassen". Diese Aufschriften sind natürlich auch an den werkseitig gealterten Modellen zu lesen.

Mit all den beschriebenen Themen und den dazugehörigen, vorbildgetreuen Nachbildungen will der Hersteller den Modelleisenbahner wieder zum Ursprung seines Hobbys, der Beschäftigung mit der Modelleisenbahnanlage, zurückbringen. Zur angepeilten Käuferschicht, das hat die Reaktion aus dem Fachhandel bereits gezeigt, zählen die Besitzer unterschiedlicher Modellbahnfabrikate. Denn die Art von Zubehör, wie sie Trix zu den beschriebenen Themen anbietet, genießt den Vorteil, nicht systemgebunden zu sein. ▲

Oben: Ziel der Rüben-Güterzüge ist die Zuckerfabrik. Sie entsteht aus einem Bausatz, der ein Produktionsgebäude sowie ein Lager- und Kesselhaus beinhaltet.

Unten: Noch ein Basteltipp: Modellgerechte Zuckerrüben lassen sich aus Sesamkörnern herstellen, die der Modellbauer zuvor sorgsam im heimischen Backofen anröstet.

Die Märklin-Replikate

Mitte: Güterwagen-Set im Stil der 30er Jahre. Die Replikate wurden in Verpackungen angeboten, die den Märklin-Schachteln der Originalmodelle nachgestaltet wurden.

Unten: Das berühmte historische Märklin-Krokodil als Replikat aus dem Jahr 1996. Es wurde exklusiv den Insider-Club-Mitgliedern zum Kauf angeboten.

Seit 1985 bringt Märklin turnusmäßig Nachbildungen alter Original-Modelle heraus. Sie erinnern zum einen auf reizvolle Art an das Spielzeug längst vergangener Zeiten, zum anderen bieten sie den jüngeren Generationen die Möglichkeit, sich an denselben Erzeugnissen des Hauses zu erfreuen, mit denen schon ihre Großväter und -mütter gespielt haben.

■ Die Eisenbahn-Replikate

Erstmals wurden Replikate im Hause Märklin gefertigt, als die 00(H0)-Bahn, die 1935 als Miniatur-Tischbahn ihren Anfang nahm, 50 Jahre alt wurde. Zwei Züge, den Vorbildern des Jahres 1935 nachgestaltet, hatte man diesem Jubiläum gewidmet: ein Personenzug mit einer zweiachsigen Schlepptender-Dampflokomotive und drei Plattform-Personenwagen sowie ein Güterzug, bespannt mit einer elektrischen Lokomotive der gleichen Achsanordnung und drei verschiedenen Güterwagen. Im Inneren der Lokomotive verbarg sich jedoch moderne Technik, was Motor und Fahrtrichtungsumschalter anbelangt. Trotzdem strahlten die beiden Lokomotiven den unverwechselbaren Flair ihrer Vorgängerinnen von einst aus. Gegenüber den Originalen von 1935 spendierte man den Plattform-Personenwagen diesmal Fensterscheiben und eine Inneneinrichtung aus Kunststoff. Bei den Güterwagen hatte man den offenen mit

Oben: Diese beiden Züge brachte Märklin 1985 als Replikate der historischen Modelle von 1935 heraus.

einem Kohleneinsatz bestückt. Was die Kupplungen der Fahrzeuge betrifft, hatte man sich gegen die Nachbildung der einstigen Klauenkupplung entschieden und die automatische Bügelkupplung von 1939 in der Ausführungsform von 1950 angebracht. Es bestand somit die Möglichkeit, mit anderen Märklin-Fahrzeugen zu kuppeln, die millionenfach mit der gleichen Kupplung ausgerüstet sind. Leider hatte man damals auf die — von den Märklin-Enthusiasten erhofften — Ergänzungen zum 60-jährigen 00(H0)-Jubiläum 1995 verzichtet.

■ Berühmte Loks als Replikate

Eine freudige Überraschung für die Mitglieder des Märklin-Insider-Clubs gab es 1996: Die Wiederauflage der berühmten H0-Krokodil-Lokomotive 3015 (CCS 800), die man von 1947 bis 1975/76 im Programm hatte. Im Gegensatz zum früheren Modell, das grün lackiert war, wählte Märklin für dieses einmalige Sondermodell ein braunes Farbkleid, wie es das große Vorbild in der Schweiz während der zwanziger Jahre getragen hatte. Technisch entsprach das Modell seinem Vorgänger. Eine mit Federwerk angetriebene Lokomotive in der Nenngröße I, die man wegen ihrer eigenartigen Achsanordnung als „Storchenbein" bezeichnete, war Bestandteil einer Kollektion zum 140-jährigen Firmenjubiläum im Jahr 1999. Ihre Urahnin, welche sie zum Vorbild hatte, war die erste Lokomotive, mit der Märklin 1891 den Beginn der Systembahn einläutete. Im Jahr 2000 griff der Leiter des Märklin-Museums, Roland Gaugele, eine Idee aus dem Märklin-Insider-Kreis auf. Es wurden drei Güterwagen gefertigt, die es in dieser Lackierungs- und Beschriftungsform im Märklin-00(H0)-Sortiment früher nicht gegeben hatte. Diese drei Wagen, verpackt in Einzelschachteln und bedruckt mit dem roten Rautenmuster, wie es für Märklin in den 30er und 50er Jahren typisch war, wurden als Set nur im Märklin-Museum angeboten. Gedacht waren sie für Liebhaber alter Märklin-Sammlungen für die Vitrine oder zum Betrieb auf Märklin-Nostalgie-Anlagen.

Unten: Historisches Spielzeug aus der Märklin-Fabrikation als Replikate: Neben der Puppe mit Puppenwagen sind zwei Postautos, ein Fahrzeug der Märklin-Werksfeuerwehr, ein Tankwagen („Standard") und ein Rennwagen zu sehen.

Oben: Originalkatalog von 1936 und das Replikat eines Modells der dreimotorigen JU 52. Das neu aufgelegte Modell mit Uhrwerkmotor wurde 1996 ausgeliefert.

■ Die Automobil-Replikate

Mit einer schraubmontierten Serie von Automodellen im Maßstab von ca. 1 : 12 ließ man Erinnerungen an die Märklin-Autobaukästen wieder aufleben.

Den Anfang machte 1990 ein Post-Paketauto nach einem Unikat der 30er Jahre. Bis 1999 folgten verschiedene Feuerwehr-Fahrzeuge, Lieferwagen mit unterschiedlichen Beschriftungen und diverse Personenkraftwagen nach alten Vorlagen. Im Jahr 2001 erschien das vorerst letzte Modell, ein „Clorodont"-Lieferwagen der Leo-Werke in Dresden.
Mit einem ebenfalls montierten Rennwagen für den Verkauf im Märklin-Museum hatte man 1988 begonnen.
Ein Jahr später konnte man das Modell in der Ursprungsausführung als Baukasten über den Fachhandel erwerben.

Unten: Replikat des Dampfschiffs „Victoria". Der Antrieb der Schiffsschrauben geschieht mittels Uhrwerkmotor. Das Original-Modell entstand in den 20er Jahren.

| 1930 | 1940 | 1950 | 1960 | 1977 | 1980 | 1990 | **2000** |

■ Luftfahrzeug-Replikate

In den 30er Jahren waren Flugzeuge der Firma Junkers als Baukästen erhältlich. 1996 entstand aus neuen Werkzeugen ein verschraubtes Fertigmodell, dem drei Jahre später noch eine schweizerische Variante des gleichen Typs, eine JU 52, folgte.

Ein weiteres Glanzstück unter den Replikaten war 1999 das berühmte Luftschiff „Graf Zeppelin". Mit seiner pulverbeschichteten silberfarbenen Oberfläche war es ein Hingucker besonderer Art.

■ Die Spielzeug-Replikate

Bei den Nachbildungen allgemeiner Spielwaren aus dem Hause Märklin ging man bei der Auswahl geeigneter Vorbilder aus dem riesigen firmeneigenen Fundus bis zu 100 Jahre zurück. Begonnen wurde 1995 mit einem Kochherd für „Puppenmütter" und einem Puppenwagen mit Puppe.

Einem weiteren, ähnlichen Wagen folgte 1997 eine komplett ausgestattete Puppenküche. Bei diesen — wie früher — mit Liebe zum Detail geschaffenen Replikate handelte es sich um einst typisches Mädchenspielzeug.

Wohl mehr zum Anschauen als zum Spielen geeignet war die Nachbildung einer Kalesche mit Porzellanpferden, Kutscher und weiblichem Fahrgast.

Im Milleniumsjahr fand ein Karussell nach einem Vorbild aus der Anfangszeit des 20. Jahrhunderts innerhalb kürzester Zeit seine Liebhaber. Das detailreiche, kunstvoll verzierte Modell ließ zu den Drehbewegungen noch entsprechende Musikklänge ertönen.

Im selben Jahr, 2000, erschien ein im Vergleich zum Karussell eher nüchterner wirkender, aber nicht minder reizvoller Zeitungskiosk, seinerzeit ein beliebtes Zubehör für die Spielzeugeisenbahnen in 0 und I der 30er Jahre. Es ließ sich mit entsprechenden Minizeitungen bestücken.

■ Das Dampfschiff-Replikat

Als Krönung der Replikat-Produktion dürfte zweifellos das 2002 erschienene „Traumschiff", der schwimmfähige und mit Federwerk angetriebene Passagierdampfer „Victoria" gelten. Das fast 100 Zentimeter lange Dampfschiff nach einer Vorlage aus dem Märklin-Katalog der frühen 20er Jahre kann, falls vom Käufer gewünscht, sogar mit einer Schiffsdampfmaschine ausgerüstet werden. ▲

Dieses hübsche, aus Metall gefertigte Karussell erschien erstmals im Jahr 1900. Das Replikat des 45 Zentimeter hohen und 53 Zentimeter breiten Karussells wurde 2000 neu aufgelegt.

Wege in die Zukunft

Seit es die H0-Modellbahn gibt, entwickelt sie sich stetig weiter. Nachdem anfänglich die verschiedenen Systeme und deren wachsende Zuverlässigkeit im Zentrum der Entwicklung standen, folgte eine längere Phase, in der primär die Maßstäblichkeit, die Detaillierung sowie die zunehmende Vielfalt der Fahrzeuge und des Zubehörs Priorität genossen. Auf dem technischen Sektor bewegte sich die Branche hingegen eher nach dem Motto „Eile mit Weile" vorwärts.

Erst die von Märklin Mitte der 80er Jahre forcierte Digitalsteuerung löste wieder einen technischen Quantensprung aus. Damit stellten sich die Göppinger ihrer Verantwortung als Marktführer. Zudem wagten sie damit in pionierhafter Art und Weise einen großen Schritt in Richtung digitaler Modellbahnzukunft — deutlich bevor die anderen großen Hersteller den Mut dazu aufbrachten. Seither hat sich die Modellbahnwelt grundsätzlich gewandelt. Nicht verändert blieb hingegen die Tatsache, dass Märklin weiterhin maßgeblich und tonangebend für die Entwicklung des Hobbys verantwortlich zeichnet. Wobei die Verdienste der Mitbewerber nicht geschmälert werden sollen, gilt doch auch in diesem Wirtschaftszweig, dass Konkurrenz das Geschäft belebt — zum Wohle des Konsumenten, in unserem Falle des Modellbahners. Ohne den Anspruch auf Vollständigkeit zu erheben, wollen wir an Hand einiger Beispiele diese Aussage unterstreichen und belegen.

■ USA-Programm seit 1961

Seit 1961 bestand die „Amerika-Abteilung" der Märklin-Kataloge aus den ständig gleichen Modellen: der altehrwürdigen F-7-Diesellokomotive und einigen Güterwagentypen. Höchstens Farbgebung und Beschriftung ließen die Göppinger etwas variieren. Nach-

Unzählige Varianten legten die Göppinger von der F 7 auf. Mit einigen digitalen Zusatzfunktionen kann die wohl schönste Ausführung — als Lok der Eisenbahngesellschaft Santa Fe — aufwarten.

haltig zu ändern begann sich das gut 35 Jahre später. Seit 1997 stellt Märklin endlich passende Reisezugwagen bereit: die berühmten silbrigen Streamliner, deren Wagenkasten aus einer Aluminium-Legierung, also aus Metall, besteht. Was aber immer noch fehlte, war eine neue Lokomotive. Vom süddeutschen Traditionsunternehmen erwartete man nämlich mehr als die seit über 35 Jahren im Programm befindliche F 7. Glücklicherweise hat sich das in der Zwischenzeit geändert — und wie!

Big Boy — made in Germany

Mit einem Paukenschlag setzte Märklin im Jahre 2001 dazu an, sich auch auf dem amerikanischen H0-Markt endgültig einen gewichtigen Platz zu erobern. Und weil die richtige Strategie den halben Erfolg ausmacht, ließen sich die Marketing-Fachleute etwas Außergewöhnliches, etwas wirklich Gewichtiges, einfallen: den legendären „Big Boy", die bekannteste Dampflokomotive der USA, als H0-High-Tech-Modell. Die gleichermaßen formschöne wie riesige Maschine schlug im Markt wie eine Bombe ein. Selbst Märklin-Freunde, welche jahrzehntelang die Fahrzeuge nach überseeischen Vorbildern keines Blickes gewürdigt hatten, traf man nun mit glänzenden Augen vor oder im Fachgeschäft an. Der legendäre Koloss auf 38 Rädern wurde auch im guten alten Europa zum Renner. American-Railroading schaffte es mit einem Schlage, in breiten Kreisen salonfähig zu sein. Dazu beigetragen hat sowohl das überwiegend aus edlem Metall gefertigte Modell des rund 1,2 Kilogramm schweren Union-Pacific-Giganten als auch sein aufwändiges Innenleben. Genügte bis anhin ein einziger Decoder, um aus einer normalen Märklin-Lokomotive etwas Besonderes zu machen, sorgen im digitalen Big Boy gleich zwei Elektronik-Bausteine für absoluten Spielspaß. Die von der Control Unit aus schaltbaren technischen Funktionen des Big Boys lauten: geregelter Hochleistungsantrieb auf alle acht Treibachsen, schwungmassebestückter Glockenankermotor, geschwindigkeitsabhängiges und synchronisiertes Dampflokgeräusch, Läutewerk und Pfeifsignale, Scheinwerfer und Abblendlicht, Nummerntafeln- und Führerstandsbeleuchtung sowie Anfahr- und Bremsverzögerung. Vorbereitet ist der Big Boy für den Einbau zweier Rauchsätze. Modellbahnerherz, was willst du mehr!

Oben: Ein absolutes Spitzenmodell ist der Big Boy mit seinen zahlreichen Zusatzfunktionen, die dank zweier Decoder ausgelöst werden können.

Unten: Blick auf das Führerhaus des Big Boy.

Oben: Die perfekte Lackierung und eine authentische Beschriftung sind weitere Merkmale des legendären Schienengiganten.

Unten: Steuerung und Vorlaufachsen des Big Boy.

■ PA-1, die passende Diesellok zum Big Boy

Das Experiment Big Boy zeigte auf, dass Märklin-Fahrzeuge nach amerikanischen Vorbildern geschätzt werden – weltweit. Und weil der Hunger bekanntlich mit dem Essen kommt, ist es nur folgerichtig, dass dem erfolgreichen Modell weitere folgten und folgen werden.

Nur ein Jahr nach der Ankündigung des Big Boys stellte Märklin auf der Nürnberger Spielwarenmesse 2002 eine weitere gewichtige Triebfahrzeug-Neuheit vor: die sechsachsige PA-1 in den Farben der Union Pacific, eine Maschine, die von zahlreichen Kennern als die schönste nordamerikanische Diesellokomotive bezeichnet wird. Im Gegensatz zum Big Boy stellte die PA-1 in der 1:1-Realität keine gelungene Neukonstruktion dar, entpuppte sich der mächtige 16-Zylinder-Turbo-Dieselmotor doch als unausgereifte Neukonstruktion. Das äußere Erscheinungsbild der PA-1 war davon aber nicht betroffen. In Göppingen wollte man jedoch nicht die gleichen Fehler machen und hat alles dafür getan, dass der 87-fach verkleinerten PA-1 ein besserer Ruf anhaften wird als dem Original. Anstelle eines störungsanfälligen 16-Zylinders arbeitet im Märklin-Modell deshalb ein erprobter und geregelter H0-Hochleistungsantrieb. Das Modell dankt dies sowohl mit hervorragenden Fahreigenschaften als auch mit zahlreichen digital schaltbaren Zusatzfunktionen wie Blinklicht, Dieselmotorgeräusch, Signaltönen und Anfahr-/Bremsverzögerung – in sprichwörtlicher Märklin-Qualität natürlich.

Investiert hat man in Göppingen aber nicht nur in die Konstruktion neuer US-Lokomotiven, sondern genauso in die Entwicklung passender Güterwagen. Aber auch vor Reisezügen können und dürfen die zur Union Pacific

gehörenden Big Boys und PA-1' eingesetzt werden, zum Beispiel vor den silbrig glänzenden Streamliner-Wagen.

US-Modelle haben Zukunft

Weil bei Märklin seit jeher die Devise gilt, dass man „Nägel mit Köpfen macht", folgte 2003 eine weitere US-Neuheit: die 1'D1'-Schlepptender-Dampflokomotive Reihe H 6. Das Modell hat die „Light Mikados" der berühmten New York Central zum Vorbild. Auch diesmal bestehen sowohl das 1:1-Original als auch die 1:87-Nachbildung weitestgehend aus Metall. Mit Big Boy, PA-1, Light Mikado (siehe Seite 303) und den zahlreichen Wagen lässt sich nun vortrefflich American Railroading betreiben — auch in Europa.

High-Tech-Loks — auch für europäische Modellbahner

Märklin will aber nicht nur den Amerika-Fans etwas bieten. Nach wie vor richten sich die meisten Neuheiten deshalb an Modellbahner, die deutschen, schweizerischen, österreichischen, niederländischen, luxemburgischen, belgischen, französischen, schwedischen oder anderen europäischen Vorbildern den Vorzug geben. Neuentwicklungen oder die Verbesserung bereits bestehender H0-Fahrzeuge gab und gibt es deshalb jedes Jahr zu bewundern. Einige Beispiele gefällig?

Oben: Vorzügliches H0-Metallmodell der FA.

Mitte: Caboose-Güterzugbegleitwagen der Union Pacific, der sehr gut zu den übrigen US-Güterwagen passt.

Unten: Als „Bügeleisen" sind diese urig anmutenden Lokomotiven der SNCF bekannt. Die Umsetzung ins Modell ist ausgezeichnet gelungen.

Oben: Mehrere US-Güterwagensets entstanden sowohl für Märklin als auch für Trix. Dabei bietet letztere Firma die Wagen auch mit feinen RP-25-Rädern an.

Rechts: Für den Transport von Kohle sind diese Hopper Cars (Trichterwagen) bestens geeignet.

Rechts: Box Cars sind die wohl verbreitetsten US-Güterwagen. Verschiedene, reich detaillierte Wagen finden sich im Sortiment. Teilweise verfügen sie über Kadee-Kupplungen.

Unten: Eine schöne Nachbildung gelang den Konstrukteuren mit dem Modell des Seetal-Krokodils, der De 6/6 der SBB.

■ Elektrolokomotive BB 12000 der SNCF: Das Modell des „Französischen Krokodils" stellte eine Neukonstruktion dar. Neben der eigenwilligen, aber gefälligen äußeren Form zeichnet sich die Lok durch den Antrieb aller vier Achsen sowie durch die weitgehende Verwendung metallischer Werkstoffe aus.

■ De 6/6 der SBB: Für das putzige „Seetal-Krokodil" gelten die gleichen Aussagen wie für das französische Reptil — mit Ausnahme der Zahl angetriebener Achsen: Bei der De 6/6 sind es nicht vier, sondern derer sechs.

■ **45 020 der DB:** Das Modell der stärksten deutschen Dampflokomotive wurde exklusiv nur für die Märklin-Insider gefertigt, wie im Jahr zuvor der Big Boy mit der Betriebsnummer 4013. Der „Deutsche Big Boy", wie die Baureihe 45 gelegentlich auch genannt wird, besticht durch eine exzellente Detaillierung sowie in der Digital-Ausführung durch diverse Zusatzfunktionen wie das Fahrgeräusch und das Flackern der Glut — beides selbstverständlich auspuffsynchron zur jeweiligen Geschwindigkeit. Fast vergessen hätten wir den Hinweis, weil bei derartigen Märklin-Modellen beinahe eine Selbstverständlichkeit, dass die 45 020 über weite Strecken aus Metall besteht (Abbildung siehe Seite 262).

■ **VT 11.5 der DB:** Nicht nur für Insider, sondern für jedermann war die zweite große Deutschland-Neuheit des Jahres bestimmt. Um dem noblen Trans-Europ-Express (TEE) das entsprechende Gewicht zu verleihen, griff Märklin auch für dieses Highlight mehrheitlich auf den Zinkdruckguss zurück. Neben den zwei kugelgelagerten Spezialmotoren weist der deutsche TEE-Triebzug als weitere Spezialität zwei Soundquellen auf — in jedem Triebkopf eine.

■ Seit 2001 belebt die Taurus-Familie das Sortiment. Zunächst erschien der „Urstier" in Form der Reihe 1016 der ÖBB. Bald folgte die Ausführung als Privatlok des Siemens Dispolok in gelbem Anstrich. Inzwischen sind auch die silberne Variante der Hupac und natürlich der DB-Cargo-Ableger als Baureihe 182 sowie die 1116 der ÖBB auf dem Markt.

■ **Baureihe 38:** Die einstige preußische P 8 erscheint als völlige Neukonstruktion.

Oben und Mitte: Der VT 11.5 ist ein Superzug in feinster Modellausführung. Zu der vierteiligen Grundausstattung, bestehend aus den beiden Triebköpfen und zwei Mittelwagen ist ein dreiteiliges Ergänzungsset aufgelegt worden.

Unten: Dank einer speziellen Konstruktion der Faltenbalgübergänge ergibt sich auch in engen Radien stets ein geschlossenes Zugbild.

Oben: Einsatz auf einer eingleisigen Rampenstrecke nach Motiven der Tauernbahn. Ein „Taurus-Tandem", so nennen die Österreicher im Fachjargon die Doppeltraktion, führt einen schweren Güterzug bergwärts.

Unten: Verschiedene Ausführungen des Taurus: in Gestalt einer Maschine der Siemens Dispolok, der Hupac, der ÖBB mit Ungarnpaket (erkennbar durch die drei Stromabnehmer auf dem Dach) und als DB-Version mit der Baureihenbezeichnung 182.

Oben: Moderne Güterwagen: der Eanos, ein Containertragwagen und ein Taschenwagen für Wechselaufbauten.
Links: Güterzugbegleitwagen (Neukonstruktion 2003).

Mitte oben: Silowagen für den Getreidetransport. Das Dreierset wird von Trix und Märklin mit jeweils verschiedenen Betriebsnummern angeboten. Somit lassen sich vorbildgerechte Ganzzüge bilden.

Gegenüber dem mittlerweile etwas betagten Oldtimer aus dem Jahr 1967 zeigt sich das neue Modell weitgehend aus Metall gefertigt und rundum maßstäblich. Dies wurde möglich, weil der Glockenankermotor mitsamt Schwungmasse und Getriebe deutlich weniger Platz benötigt und locker im korrekt nachgebildeten Kessel Platz findet. Wie bei Märklin-Lokomotiven üblich, ist der Tender frei von allen mechanischen Antriebskomponenten. Dieses Konzept macht es möglich, dass die filigrane Bauweise der Drehgestelle voll zur Geltung kommt. Im Inneren des Tenders ist der Digital-Decoder untergebracht. Er stellt sich automatisch auf die jeweils aktuelle

Mitte: Eine Neukonstruktion aus dem Modelljahr 2003/2004 ist der Drehschieber-Seitenentladewagen.

Betriebsart ein — konventionell, Delta oder Digital.

■ Dampflokomotivchen „Rhein" der Schweizerischen Nordostbahn (NOB): Das Fahrzeug mit der Achsfolge 2'B stellt sowohl eine Ergänzung als auch eine Erweiterung der 1997/1998 angebotenen Spanisch-Brötli-Bahn-Komposition dar. Obwohl die „Rhein" vergleichsweise winzige Ausmaße aufweist, befindet sich auch hier der Antrieb nicht im Tender, sonder dort, wo er hingehört, in der Lokomotive. Dass dieses Konzept tatsächlich funktioniert, haben die Ingenieure bereits früher bewiesen: Auch die Spanisch-Brötli-Bahn-Lokomotive „Limmat" wurde nach diesem Prinzip gebaut — und sie weist sogar eine Treibachse weniger auf (Achsfolge 2'A).

■ Kleine Motorenkunde

Welches ist der beste Motor für eine H0-Lokomotive? Diese Frage kann in dieser Form nicht beantwortet werden — oder können Sie sagen, welcher Motor ideal für das Auto ist? In einem kleinen Stadtwagen werkelt unter der Kühlerhaube mit Bestimmtheit ein anderes Aggregat als in einem riesigen Sattelschlepper oder einem pfeilschnellen Sportwagen. Genauso unterschiedlich schaut es bei den Modellbahn-Lokomotiven aus. Während der gewaltige Big Boy für das Schleppen seiner überlangen Güterzüge Bärenkräfte benötigt, genügt dem zweiachsigen, solo über eine Nebenstrecke zuckelnden deutschen „Schweineschnäuzchen" ein winziger Bruchteil davon. Und bereits im frühen Konstruktionsstadium gesellt sich ein weiteres, die Motoren-Entscheidung maßgeblich beeinflussendes Element hinzu: der maximal zur Verfügung stehende Platz — wobei die Definition „der nicht zur Verfügung stehende Platz" den tatsächlichen Rahmenbedingungen oftmals besser entsprechen würde ...

Aus all diesen Gründen sind die Modellbahnhersteller gezwungen, unterschiedliche Motoren zu verwenden. Märklin verfolgt deshalb mehrere Wege:

● Die Weiterentwicklung des klassischen Motors: Dass er nach wie vor über ein großes Potential verfügt, machen die nachrüstbaren Hochleistungsantriebe, die Artikelnummern 60901 und 60904, deutlich.

● Die Anwendung von Gleichstrommotoren, insbesondere von Glockenankermotoren diverser Leistungsklassen.

Rechte Seite: Die Mikado ist eine Neukonstruktion des Modelljahrs 2003/2004.

Mitte rechts: In zahlreiche Lokomotiven wird nach und nach der C-Sinus-Motor serienmäßig eingebaut, wie hier bei der Baureihe 460 der SBB.

Unten rechts: Der Glockenankerantrieb des Big Boy verleiht der Lok bärenstarke Kräfte.

Unten links: Nach Abnahme des Metallgehäuses zeigt sich das hochmoderne Innenleben des Taurus mit C-Sinus-Motor und Digitaldecoder.

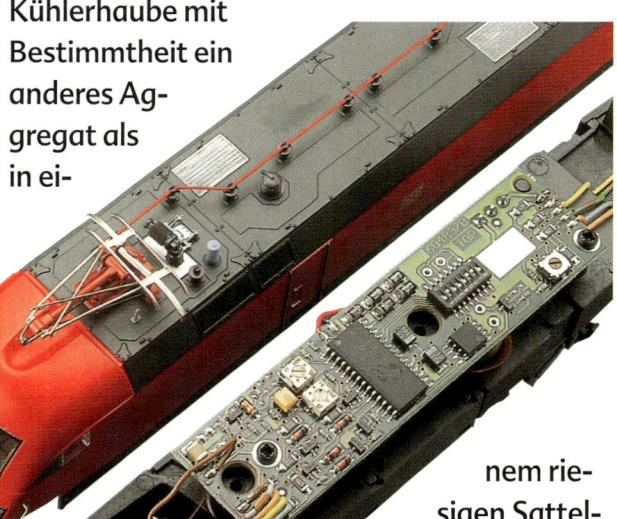
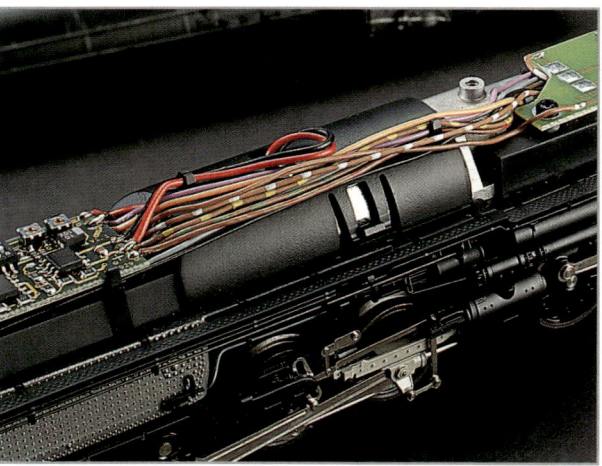

Von oben nach unten: Der kleine Piezo-Motor sorgt dafür, dass sich der Stromabnehmer der 103 auf Knopfdruck an der Control Unit vorbildgetreu hebt und senkt.

Unten: Der Drehkran hilft den Cargofans unter den Märklinisten beim Umschlag.

Zudem — und in diesem Punkt ist Märklin einzigartig — hat man viel Entwicklungsarbeit in einen speziellen und völlig neuartigen Motorentyp gesteckt — den C-Sinus-Antrieb. Für ihn sprechen unter anderem sein immens größerer Wirkungsgrad, seine deutlich niedrigere Stromaufnahme, sein über den gesamten Drehzahlbereich hohes Drehmoment, sein seidenweiches Laufverhalten sowie seine exzellenten Langsamfahreigenschaften. Zudem gilt der C-Sinus-Antrieb als nahezu wartungsfrei. Alles Dinge, die den Fahrspaß für uns H0-Modellbahner entscheidend verbessern. Seit einiger Zeit werden deshalb ausgewählte Märklin-Fahrzeuge mit diesem innovativen Motor ausgerüstet.

Trotz C-Sinus-Antrieb ist die Entwicklung aber noch nicht abgeschlossen. Wunschtraum eines jeden Herstellers bleibt nach wie vor ein Motor, der alle positiven Eigenschaften in einem einzigen Typ vereint: günstig in der Herstellung, klein, extrem kräftig, über einen sehr großen Drehzahlbereich fein und einfach regelbar, hoher Wirkungsgrad, unterhaltsarm und Langlebigkeit sind nur einige der Ansprüche, die dieser Wundermotor erfüllen müsste. Solange er aber noch nicht erfunden respektive entwickelt ist, werden Modellbahnhersteller und -konsumenten damit leben müssen, dass diverse unterschiedliche Motoren in ihren Triebfahrzeugen am Arbeiten sind. Für Spannung, sowohl am Motoranschluss des Fahrzeugs als auch in den Köpfen der Entwicklungsingenieure, ist somit gesorgt.

■ Fernsteuerbare Dachstromabnehmer

Richtige Elektrolokomotiven heben oder senken ihren Dachstromabnehmer nur dann, wenn der Lokführer im Führerstand die richtige Taste drückt oder den passenden Schalter umlegt. In der H0-Welt herrschte diesbezüglich tiefste Steinzeit, war der Modellbahner doch gezwungen, den Stromabnehmer von Hand an die Fahrleitung anzulegen oder aufs Dach zu drücken — in der Realität hätte dies lebensgefährliche Verbrennungen, wenn nicht gar den Tod zur Folge! Damit aber auch in 1 : 87 alles seinen vorbildmäßig geordneten Gang nehmen kann, haben die Märklin-Ingenieure den per digitalem Signal heb- und senkbaren Stromabnehmer entwickelt. Serienmäßig kommt diese Neuheit erstmals 2003 bei der H0-Lokomotive der deutschen Baureihe 103.1 zur Anwendung. Damit nähert sich die Modelleisenbahnwelt dem Vorbild einen weiteren Schritt an und der Spielwert erfährt eine zusätzliche Steigerung. Man denke

nur an die Inbetriebnahme einer 1:87-Elektrolokomotive im Bahnbetriebswerk – in der Schweiz nennt man das Depot, bei der Deutschen Bahn derzeit Betriebshof – oder an den Wechsel des Stromabnehmers in einem Sack- oder Wendebahnhof.

■ Lichtsignale – wie beim Vorbild

Wer zu den glücklichen Modellbahnern gehört, die eine Anlage besitzen, kommt in der Regel nicht um die Anschaffung von Signalen herum. Deutsche Modellbahner haben es seit dem Frühling 2003 besonders gut, kündigte Märklin doch eine neu geschaffene Produktlinie vorbildgerechter H0-Lichtsignale an:
● Lichtsignale, um die sie alle ausländischen Kollegen beneiden werden. Zu den wichtigsten Pluspunkten des Systems zählen:
● Die Lichtsignale sind maßstäblich, sie entsprechen also weitestgehend ihren großen deutschen Vorbildern.
● Die Stromzuführung ist unsichtbar in die filigranen Masten integriert.
● Die Farben der Lichter orientieren sich ebenfalls am Vorbild: „kräftiges" Rot, „warmes" Gelb, „kaltes" Grün und „richtiges" Weiß.
● Die Lichter werden beim Wechsel der Signalbilder nicht abrupt ein- oder ausgeschaltet, sondern blenden sanft auf oder ab – wie beim Vorbild!
● Das zum jeweiligen Signal gehörende Steuermodul findet im Bett des C-Gleises Platz oder kann getrennt unter der Anlagenplatte montiert werden.
● Die Signale eignen sich für alle H0-Gleissysteme.
● Die Steuerung des Signals kann konventionell über ein Stellpult respektive über einen Schaltkontakt oder digital erfolgen.
● Im Märklin-Digitalbetrieb und bei der Verwendung des C-Gleises ist der Anschluss dermaßen einfach, dass die Montage eines neuen Signals mit ganz wenigen Handgriffen erledigt werden kann.

■ Modellbahn und PC

Mittlerweile dürfte es bekannt sein, dass sich die Modellbahn per PC bedienen und steuern lässt. Die Frage allerdings, ob dies sinnvoll ist, kann nicht einfach mit Ja oder Nein beantwortet werden. Die Antwort muss differenzierter ausfallen und hängt hauptsächlich von den Wünschen, den Vorstellungen und den finanziellen Möglichkeiten des Betreibers ab. Fakt ist allerdings, dass sowohl die Software als auch die Schnittstellen zwischen digitaler Anlage und PC laufend verbessert werden. Das Fachwissen holt sich der interessierte Modellbahner durch das Studium von Fachliteratur, durch den Austausch mit Gleichgesinnten, durch den Besuch von Kursen sowie durch das weltbekannte, aber nicht sehr effiziente Try-and-Error-Verfahren. Neue Software wird von Märklin seit Herbst 2003 angeboten.

■ Kompetenz-Zentrum

Im Hause Märklin kann das Zinkdruckgussverfahren auf eine lange Tradition zurückblicken, wurden damit doch bereits vor dem Zweiten Weltkrieg H0-Loks hergestellt. Dementsprechend groß ist der Erfahrungsschatz, den das Traditionsunternehmen rund um den Zinkdruckguss aufweisen kann. Dass sich der Aufwand lohnt, beweist allein schon die Tatsache, dass Märklin bis heute die Vorreiterrolle einnimmt. Einige Mitbewerber sind ebenfalls ins Lager der Zinkdruckguss-Anwender umgeschwenkt – ein schöneres Kompliment kann man Märklin eigentlich nicht machen. Beim besten Willen nicht!
Weitere Kompetenzen sammelt Märklin zudem laufend dadurch, dass das Unternehmen nicht nur im Maßstab 1:87 tätig ist. Von Z (Mini-Club, 1:220), über N (Minitrix, 1:160) bis zur Spur 1 (Maxi und Märklin 1, 1:32) sind die Göppinger überall vorn mit dabei. Zahlreiche H0-Märklinisten betreiben einfach nebenbei zusätzlich eine Z- oder eine 1-Anlage. Aber das wäre eine neue Geschichte ... ▲

Von oben nach unten: Perfekt gemachte Lichtsignale weisen den Zügen die Fahrt über die Anlage. Vor allem der weiche Lichtwechsel und die filigrane Ausführung machen die Signale zu einem Blickfang.

Viele Blickwinkel

Der Reiz der historischen wie aktuellen Märklin-Modelle erhöht sich ungemein, wenn sie in einem bestimmten Ambiente gezeigt werden. Hierfür bieten sich verschiedene Möglichkeiten an. Zum einen kann man die edlen Stücke in Vitrinen zeigen, wo sie auf einem Stück Gleis verharrend, von mildem Kunstlicht effektvoll bestrahlt, stumm und regunslos die interessierten Blicke auf sich ziehen. Zum anderen vermag ein Modell auch auf Gleisanlagen, die ohne ausgestaltete Landschaft auf einer nüchternen Platte ausgelegt sind, den Betrachter allein durch seine Bewegungsaktion zu faszinieren. Eine weitere Alternative besteht darin, die Modelle in einer durchgestalteten, realitätsnahen Anlagenlandschaft zu zeigen.

Für die Ausstellung „Mythos Modellbahn" in der Kunsthalle Tübingen beabsichtigte die Firma Märklin ebenfalls, eine geeignete „Schaubühne" für die Modellpräsentation anfertigen zu lassen. Dabei wurde letztere Darstellungsform gewählt.

■ Lange Paradestrecke

Gefertigt wurde die Schauanlage von Roland Schum, versierter Anlagenbauer im Hause Märklin. Tatkräftig unterstützt durch Mitglieder des 1. Modellbahnclub Märklin, ließ er eine Großanlage entstehen, die mit Paradestrecken, auf der auch lange Züge eine gute Figur machen, sowie vielen kleinen Einzelszenen und Schauplätzen eine realitätsnahe Welt in H0 zeigt.

Der Betrachter ist dank des durchdachten Anlagengrundrisses, der etliche Einbuchtungen, Ecken und Sichtfenster mit sich bringt, in der Lage, viele verschiedene Blickwinkel

Oben: Roland Schum installiert einen Sendemast — untrügliches Merkmal der Epoche V.

Unten: Bei der für die Tübinger Ausstellung „Mythos Modellbahn" gebauten Anlage gibt es viele Schauplätze zu entdecken, auf die der Erbauer Roland Schum hinzuweisen versteht.

einnehmen und Schattenbahnhöfe sowie andere, unterirdische Gleisanlagen beobachten zu können. Auf diese Weise präsentieren sich die Anlagenlandschaft sowie Lokomotiven und Züge immer wieder von einer neuen, interessanten Seite.

Grob gesagt, ist die Märklin-Schauanlage in U-Form angelegt, wobei einer der beiden Schenkel länger ist als der andere. Zuviel Symmetrie ist vermieden worden, das Auge des Betrachters soll ruhig ein wenig länger brauchen, um die Gegebenheiten auf dieser Anlage zu erfassen.

Oben: Der IC „Südwind", gezogen von einer Serien-103, überquert den Fluss auf einer Märklin-Gitterbrücke-Konstruktion.

Unten: Drei Verkehrswege treffen sich: Wasser, Schiene, Straße. Die Straßenfahrzeuge überqueren den Fluss auf einer Stahlbetonbrücke, die in einen Tunnel mündet.

Oben: Die P 8 (Baureihe 38), Märklin-Neuheit des Jahres 2003, fährt mit ihrem Museumszug am idyllischen Flussufer entlang.

Mitte: Die 101 kommt nach ihrer Tunnelfahrt wieder ans Tageslicht. Rechts im Bild: eines der Lichtsignale aus dem Märklin-Neuheiten-Programm des Jahres 2003.

Unten rechts: Auf der Burgruine der Firma Gipsmodellbau Luft haben sich Wanderer zu einer Rast niedergelassen.

Die elegante Streckenführung gelang durch die konsequente Verwendung des C-Gleises mit seinen schlanken Weichen. Insgesamt wurden etwa 100 Meter dieses Schienenmaterials verlegt. Der Rahmen der am längeren Schenkel 12,30 Meter und in der Breite fünf Meter messenden Anlage entstand aus 12 Millimeter starkem Sperrholz zumeist in der offenen Rahmenbauweise, um möglichst Gewicht einzusparen — angesichts des anstehenden Transports nach Tübingen eine nachvollziehbare Maßgabe. Als Stützen fungieren stabile Stahlfüße. Geht die Anlage auf Reisen, kann sie an mehreren Nahtstellen in Einzelsegmente zerlegt werden.

Um den gewaltigen Materialbedarf der Großanlage einschätzen zu können, sollte man sich vor Augen halten, dass etwa 270 Kilogramm Gips zur Geländegestaltung verbraucht wurde. Die Bauzeit betrug sechs Monate.

■ Vielfältiges Zubehör

Das Thema der Anlage könnte etwa mit den Worten „Berg und Tal" umschrieben werden. Abwechslungsreich zeigen sich die Geländeformen: von der Hochgebirgsregion, in der sich interessante Bauwerke, wie die Bietschtalbrücke des Zubehörherstellers Faller, präsen-

tieren, bis in die Niederungen, die von einem Fluss mit täuschend echt wirkendem Wasserimitat, ebenfalls von Faller, durchzogen sind. Interessante Ausschmückungselemente, wie ein halb verfallener Holzbau in einem stillgelegten Steinbruch, Bauern bei der Mäharbeit oder eine Burgruine, die von Wanderern eingenommen wurde, ziehen die Blicke auf sich. Die zahlreichen Einzelschauplätze wurden liebevoll gestaltet. Das Flussufer ist mit kleinen Steinchen eingesäumt. Markant ragen die aus Gips modellierten Felsen empor. Baumgruppen bilden hier und da kleine Wäldchen, durchzogen von schmalen Feldwegen, auf denen ein Landwirt mit seinem Traktor unterwegs ist.

Ein Detail regt besonders zum erstaunten Schmunzeln an. Es handelt sich um eine Aus-

Oben: Die lange Faradestrecke auf dem 12,30 Meter langen Anlagenschenkel erlaubt es, so elegante Fahrzeuge wie den Triebzug VT 11.5 wirkungsvoll in Szene zu setzen.

Unten links: Der VT 11.5 passiert ein großes Brückenbauwerk, das sich aus mehreren Märklin-Einzelbrücken zusammensetzt.

Oben: Verkehr auf mehreren Ebenen. Rechts im Bild ist ein Museumszug mit der blauen S 3/6 auf der Fahrt.

Unten: Die imposante Eisenfachwerkbrücke von Faller ist der Bietschtalbrücke an der Schweizer BLS Lötschbergbahn nachempfunden. Sie fungiert hier als Schaubühne für einen ÖBB-Zug, gezogen von einem „Taurus".

grabungsstätte, auf der gerade Dinosaurier-Knochen zu Tage gefördert werden. Die Gestaltungselemente für diese Szenerie stammen vom Anbieter Gipsmodellbau Luft. Innerhalb des großen, in der Mitte der U-förmigen Anlage aufragenden Bergmassivs ist ein Durchgang geschaffen worden, der es dem Publikum gestattet, hindurchzutreten oder „im Berg" zu verharren und durch die Guckfenster ins Innere der Anlage zu blicken. Somit kann auch das Schauspiel der Züge auf den normalerweise verdeckten Strecken betrachtet werden. Oberirdisch kann die Anlage mit neuem Zubehör aus dem eigenen Haus auf-

Oben: Die stabile Märklin-Fahrleitung erlaubt einen zuverlässigen Oberleitungsbetrieb. Auch hier wieder im Bild: eines der 2003 neu erschienenen Lichtsignale.

Unten: In Doppeltraktion durchfahren zwei der modernen Hochleistungslokomotiven der SBB-Baureihe 460 die Hochgebirgsregion. Sie ziehen einen Güterzug, der u. a. Container geladen hat.

Oben: „Freie Fahrt erwarten" zeigen die grünen Lichter des Vorsignals.

Mitte: Moderne Gebäude und ebensolche Fahrzeuge deuten zwar auf die Epoche V hin. Dennoch darf der VT 11.5 vorüberziehen.

Unten: Eine der vielen Einzelszenen: In die vorbildgetreu gestaltete Felswand sind einige Miniatur-Klettermaxe eingestiegen.

warten. Die Rede ist von den ab 2003 gefertigten, maßstabsgerechten Lichtsignalen mit den Artikelnummern 76***. Sie zeichnen sich insbesondere durch ihr filigranes Erscheinungsbild aus, das durch keinerlei sichtbare Kabel gestört wird. Die Steuerung erfolgt über ein winziges Signalsteuermodul, welches im Anlagenuntergrund oder im Bettungskörper des C-Gleises eingebaut werden kann. Das Modul weist Anschlüsse für die Zugbeeinflussung auf. Die Signal-Konfiguration auf den Gleisen und eine spezielle Signaladresse können vor dem Einbau festgelegt werden.

■ Treffpunkt der Schienenstars

Was die Ausrichtung auf bestimmte Epochen anbelangt, so weist sich die Schauanlage anhand der Straßenfahrzeuge und einzelner Gebäude eindeutig als Neuzeitszenerie aus. Die Ausrichtung auf die Epoche V bedeutet aber noch lange nicht, dass nun ausschließlich die modernsten Eisenbahnfahrzeuge, wie sie auch gegenwärtig auf Deutschlands Gleisen unterwegs sind, die Anlagenlandschaft bereisen dürfen.

Alt trifft Neu lautet die Devise, zumal etliche, äußerst beliebte Schienenstars im Märklin-Sortiment vorhanden sind, die — auch auf der heimischen Anlage — gerne zur Schau gestellt werden möchten. Was spricht außerdem dagegen, Sonderzüge mit Museumslokomotiven auf die Strecke zu schicken? Also freut sich der Betrachter, wenn die schnittige 103 mit eleganten Schnellzugwagen (IC „Südwind") ihrer Epoche vor ihm über die Anlage zieht. Und da! Schon wieder ein alter, äußerst sympathischer Bekannter! Der Zug mit dem aerodynamischen Frontprofil, der VT 11.5, hat eben seinen Auftritt. Bei diesem Anblick ist die Wehmut angesichts der schwindenden „Artenvielfalt" auf den Vorbildschienen schnell vergessen. Wenigstens auf der Modellbahn ist die Welt der Eisenbahn noch völlig in Ordnung. Die Nostalgiker kommen voll auf ihre Kosten — schließlich ist sogar eine altehrwürdige P 8 im Einsatz, ebenfalls eine Neuentwicklung des Jahres 2003.

Oben: Auf einem der Feldwege ist ein Bauer mit seinem Traktor unterwegs. Gleich muss er der Kuh samt Begleitung ausweichen.

Mitte: Die P 8, Neuheit des Jahres 2003, in bester Pose.

Unten: Durch Herausschnitzen typischer Gesteinsstrukturen ist eine naturgetreu wirkende Landschaft entstanden.

313

Oben: Landwirte bei der Mäharbeit. Diese kleine Szenerie besticht vor allem durch die naturgetreu wirkende Anordnung der Apfelbäume.

Mitte: Das Anlagengeschehen präsentiert sich aus diesem Blickwinkel wieder ganz neu: Im Vordergrund begegnet der VT 11.5 einer E 94 samt Güterzug.

Unten: Dank entsprechendem Zubehör der Firma Gipsmodellbau Luft konnte hier eine Dinosaurier-Ausgrabungsstätte angelegt werden.

Doch nicht nur die Vergangenheit wird am Leben gehalten. Die Moderne soll nicht unter den Tisch fallen, schließlich hat die Neuzeit auch durchaus gefällige Maschinen hervorgebracht, die ob ihrer Mehrsystemfähigkeit auch über die Landesgrenzen hinaus unterwegs sein können. Als Beispiel sei hier die Reihe 1016/1116 der Österreichischen Bundesbahnen genannt – beim Vorbild kommen diese Maschinen bis nach Köln, deren Vertreter zusätzlich den anschaulichen Namen „Taurus" (=lat. Stier) tragen. Was würde auch besser für die Loks mit der runden, massigen Stirnpartie passen? Und auch die übrigen Eigenschaften des namengebenden Tieres, wie

Oben: Halb verfallener Holzbau auf dem Gelände einer ehemaligen Kiesgrube.

Unten: Eine Güterzuglokomotive der Baureihe 151 ist für DB-Cargo mit entsprechenden Güterwagen unterwegs.

Im Bw am Rande der Kleinstadt sind auch einige Paradepferde des örtlichen Vereins der Dampffreunde untergebracht. Auf der Drehscheibe wird eben die S 3/6 gewendet.

kräftig, temperamentvoll und wohl proportioniert, lassen sich problemlos mit der rot lackierten Hochleistungslokomotive assoziieren. Das Märklin-Modell des Taurus beeindruckt — auf die Modellwelt übertragen — mit nicht minder beeindruckenden Eigenschaften.

Die Digital-Lokomotive zieht mühelos lange Wagenverbände und verfügt über Digitalfunktionen, die ihr vorbildgetreues Erscheinungsbild verstärken.

Nach dem virtuellen Rundgang auf der Anlage, fällt eine Bewertung der drei eingangs

Oben: Kleine Detailszene am Rande. In Anbetracht des auf der Modellbahnanlage stets schönen Wetters haben sich diese Miniatur-Menschlein zu dauerhaftem Baden entschlossen.

Unten: Spaziergang in H0. Mit den Augen kann man die vielen Wanderwege ablaufen und dabei die vielfältige Landschaft betrachten. Oben im Bild sind Weinstöcke zu sehen.

genannten Präsentationsformen nicht schwer: Eine ausgestaltete Landschaft vom Niveau der hier gezeigten bietet das würdigste Ambiente für die kleinen Schienenstars aus dem Hause Märklin. Denn das Auge will alles andere als sich schnell sattsehen. ▲

Glossar

Adresse: Jedes Fahrzeug und jeder Magnetartikel benötigt im Digitalbetrieb eine eigene A. Über diese nimmt die Control Unit mit den Decodern Kontakt auf und erteilt die Befehle. Das Märklin-Digital-System kann 80 Lokomotiv-A. und 256 Magnetartikel-A. erkennen. Sie lassen sich, bis auf einige Ausnahmen (z. Bsp. E 69), an den Decodern frei wählen.

Alterung: Im Laufe der Zeit verändern sich auch Lokomotiven, Wagen und Bauten werden alt bzw. zeigen Betriebsspuren, „setzen Patina an", wie der Fachmann sagt. Der anspruchsvolle Modelleisenbahner stellt deshalb weder Fahrzeuge noch Gebäude schachtelfrisch auf die Anlage, sondern versetzt sie mit etwas Farbe in einen absolut vorbildgerechten Zustand.

Booster: Wer mehrere Züge oder Züge mit beleuchteten Wagen auf seiner Anlage einsetzt, braucht mehr Strom, als ein einzelner Transformator abzugeben vermag. Auf der Digitalanlage darf man aber in keinem Fall einen zweiten Transformator über das gelbe und das braune Kabel an die Control Unit anschließen. Auch die Versorgung der Anlage über zwei Control Units, die jeweils an eigenen Transformatoren hängen, ist strikt untersagt. Stattdessen bietet Märklin den B. an, der von einem eigenen Transformator mit Strom und von der Control Unit mit Daten gefüttert wird. Jeder B. versorgt einen eigenen Anlagenabschnitt, der von benachbarten Abschnitten isoliert sein muss.

Control Unit: Die C. übersetzt die Anweisungen für Fahrzeuge und Magnetartikel in die digitale Sprache. Daher braucht jede digitalisierte Märklin-Anlage eine C., auch wenn sie von einem über das Interface angeschlossenen Computer gesteuert wird.

Decoder: D. übersetzen die digitalen Befehle, welche die Control Unit versendet, in die Sprache der Lokomotiven und Magnetartikel. Sie versorgen Motoren, Lampen und Stellmagnete mit Strom. Märklin bietet für verschiedene Lokomotivbauarten passende D. an, die der Fachhändler einbaut. In keinem Fall sollte man D. selbst einbauen, da diese beispielsweise durch statische Aufladung zerstört werden können. Magnetartikel, die kurze Stromstöße benötigen, hängen am D. k 83, Dauerstromverbraucher am k 84.

Digitalbetrieb: Dank D. wuchsen in den vergangenen Jahren die Spielmöglichkeiten mit der Modellbahn deutlich. Ohne komplizierte Verdrahtung ist vorbildgerechter Mehrzugbetrieb möglich — es genügen theoretisch zwei Kabel zwischen Control Unit und Anlage. Auch die Magnetartikel lassen sich digital steuern. Bei den Lokomotiven bietet das Märklin-Digital-System eine Vielzahl von Funktionen, beispielsweise den Einsatz einer Geräuschelektronik, das Ein- und Ausschalten der Fernlichter oder der Führerstandsbeleuchtung.

Drehscheibe: Zu den markantesten Einrichtungen des Bahnbetriebswerkes zählte zu Zeiten des Dampfbetriebes die D. mit anschließendem Ringlokschuppen. Die D. diente nicht nur dazu, die Lokomotiven ihrem Unterstand näher zu bringen. Schlepptendermaschinen, die rückwärts nur mit verringerter Geschwindigkeit fahren durften, nutzten sie auch zum Drehen in die Fahrtrichtung. Neben D. mit 360°-Winkelmaß, die eine volle Umrundung ermöglichten, gab es auch so genannte Segment-D., die nur wenige Abstellgleise erschlossen. Auf ihnen war ein Drehen von Schlepptenderlokomotiven nicht möglich, weshalb sie nur an den Endpunkten von Nebenbahnen standen, auf denen ausschließlich Tenderlokomotiven fuhren. D. sind auch heute noch in einigen Bw im Einsatz (Bsp. Nürnberg, Salzburg, Brig).

Einschottern: Von Ausnahmen wie der festen Fahrbahn abgesehen, ruht das Bahngleis auf Schwellen in einem Schotterbett. Dieses sollte der Modellbahner nachbilden. Verschiedene Hersteller bieten ein großes Sortiment an vorbildgerechtem Modellschotter an. Das C-Gleis verfügt zwar bereits über ein sehr gut gelungenes Schotterbett, lässt sich durch zusätzliches E. aber weiter verfeinern.

Fahrstraße: Ganz gleich, ob auf den Weichen im Vorfeld eines Bahnhofs oder auf freier Strecke, jeder Zug bewegt sich grundsätzlich in einer F. Sie garantiert, dass kein anderer Zug seinen Weg kreuzt. Auf freier Strecke kann sie aus mehreren Blockabschnitten bestehen. Beim

Märklin-Digital-System lassen sich F. über das Memory schalten.

Flexibles Gleis: Die gewöhnlichen Gleisjoche des K-Gleissystems von Märklin haben ein durchgehendes Schwellenband, das die Stabilität des Schienenstrangs gewährleistet. Beim F. ist das Schwellenband an zahlreichen Stellen durchtrennt. Daher kann der Modelleisenbahner das Gleisstück verbiegen, um zum Beispiel möglichst weite Bogenradien zu schaffen.

Geräuschelektronik: Mit einer G. ausgerüstete Märklin-Digitalloks geben über eingebaute Lautsprecher Fahrgeräusche wieder. Auch das Pfeifen des Signalhorns kann über die G. erklingen.

Hochleistungsantrieb: Märklin-Lokomotiven der neueren Generation (Artikelnummern mit 37***) verfügen über einen H., der das Einstellen der Höchstgeschwindigkeit sowie Anfahr- und Bremsverzögerung erlaubt.

Interface: Wer das Anlagengeschehen mit dem Märklin-Computerprogramm „Steuern und Schalten" kontrollieren möchte, kann den Computer weder direkt an die Anlage noch an die Control Unit anschließen. Er braucht einen „Übersetzer", das I., das auf der rechten Gehäuseseite der Control Unit angeschlossen wird.

Keyboard: Digitalgerät, das als Stellpult für die Magnetartikel dient.

Kontaktgleis: Beim Märklin-System fließt der Strom gewöhnlich über die elektrisch miteinander verbundenen Außenschienen zum Transformator zurück. Eine Ausnahme bildet das K., bei dem die Schienen elektrisch gegeneinander isoliert sind. Nur wenn ein Fahrzeug mit Metallradsätzen über das K. rollt, fließt zwischen beiden Gleisen Strom. Diesen registriert das Rückmeldemodul, das dem Interface oder dem Memory meldet, dass das Gleis besetzt ist. K. dürfen niemals direkt mit Digitalgeräten verbunden sein.

Leistung: Mit zunehmender Zahl an Fahrzeugen, Magnetartikeln und Dauerstromverbrauchern wächst der Strombedarf einer Anlage. Im konventionellen Betrieb braucht man zusätzliche Transformatoren, welche die nötige L. bereitstellen. Im Digitalbetrieb versorgt der Booster eigene Abschnitte. Für die meisten Heimanlagen reicht der Einsatz eines Märklin-Transformators mit einer L. von 52 VA (Volt-Ampere, entspricht Watt) vollkommen aus.

Memory: Mit dem M. lassen sich im Digitalbetrieb die am Keyboard eingegebenen Fahrstraßenschaltungen speichern und abrufen.

Replikat: Nachbildung eines Originals. Seit 1985 bringt die Firma Gebr. Märklin turnusmäßig R. als Neuauflagen ihrer Eisenbahnen und Spielwaren aus weit zurückliegenden Produktionsepochen heraus.

Übergangsgleis: Mitunter ist es notwendig, auf einer Anlage beide Gleissysteme von Märklin zu verwenden. Die Drehscheibe beispielsweise eignet sich nur für das K-Gleis, nicht aber für das C-Gleis. Auch auf Stahlfachwerkbrücken sollte man in jedem Fall K-Gleise verlegen. Für den Übergang zwischen K- und C-Gleis bietet Märklin ein 180 Millimeter langes Ü. an.

Unikat: Ein U. ist nur in einem einzigen Exemplar erhalten. In früherer Zeit fertigte man bei Märklin für jede Neuentwicklung ein Handmuster an. Kam es nicht zur Serienproduktion, blieb das Handmuster ein U.

Weichenantrieb: Märklin bietet für seine Weichen elektromagnetische W. an. Sie verfügen über eine Endabschaltung, damit die empfindlichen Spulen nicht durchbrennen, wenn sie versehentlich unter Dauerstrom stehen. Der W. des C-Gleises verschwindet unter dem Schotterbett. Für den W. des K-Gleises bietet Märklin einen Unterflur-Zurüstsatz an. Der W. verschwindet dann unter der Grundplatte.

Zugbildung: Prinzipiell kann jede Lokomotive Züge jeder Art schleppen. Doch macht sie dabei nicht immer eine gute Figur. Schon früh stellten die Bahngesellschaften spezialisierte Lokomotiven für die einzelnen Zuggattungen in Dienst.

Zusatzfunktionen: Märklin-Digitalloks beherrschen eine Vielzahl an Disziplinen. Sie können ihr Spitzenlicht und das Fernlicht ein- und ausschalten, mit dem Typhon Signal geben oder mit Hilfe der Geräuschelektronik ihr Motorenbrummen ertönen lassen. Moderne Digitaldecoder ermöglichen gleich mehrere Zusatzfunktionen, die alle an der Control Unit aktiviert werden. ▲

Register

Adler 123, 190
Anhalter Bahnhof, Berlin 228
Autos 128 f, 232 f
Bang-Kaup, Otto 78, 92, 102 f, 135, 142, 147, 168
Big Boy 13, 295, 299
C-Gleis 151, 153, 157, 305
Club 1. FC Märklin 269
Cock o' the North 100
Commodore Vanderbilt 83, 97, 127
C-Sinus-Antrieb 304
Dampfmaschinen 44 ff, 51, 59
Echtdampflokomotive 45 ff
Ehmann, Carl G. 36, 70, 95, 115, 135, 150
Export 87, 93, 134, 140, 146, 16, 179
Federwerk-Motor/-Antrieb 30, 53, 57, 89, 99, 112 f, 123, 158, 291
Fernschalter 81, 87
Fernsteuersystem 85
Flugzeug 53, 293
Friz, Emil 26, 55, 167
Glockenankermotor 302
Goliath 258 ff
Grand Prix 31, 126
Hamburg-Dammtor 287
Henschel-Wegmann-Zug 96
Heusinger-Steuerung 84, 93, 163, 228
Hochleistungsantrieb 195, 302
K-Gleis 150, 155, 172
Kilian, Helmut 168, 180, 187
Klauen-Kupplung 190, 291
Kreisel 51
Krokodil 94 ff, 117, 119 f, 134, 140, 173, 190, 217, 223, 291
Kurzkupplung 179
Lichtsignale 305
Liliput-Eisenbahn 39, 56
LMS-Dampflok 87 f
Lutz, Ludwig (Firma Lutz) 24, 55, 68
M-Gleis 148 ff, 171
Märklin, Berta 22, 55
Märklin, Carl 18, 55
Märklin, Caroline 18 f
Märklin Digital 238 ff, 305
Märklin, Eugen 18, 24, 55
Märklin, Fritz 135, 140
Märklin-Insider-Club 264 f
Märklin-Katalog 41, 68 ff, 135, 143
Märklin-Museum 60 ff
Märklin, Richard Albert 98
Märklin, Theodor Friedrich Wilhelm 18
Maxi-Bahn 200 f
Metallbaukasten 104 ff
Minex 202 f
Miniatur-Tischbahn 39, 80 f, 127, 148
Mini-Club 204 ff
Minitrix 206
Mitropa-Speisewagen 102
Mittelschiene 31, 56, 148, 150
MOROP 43
Mustermacher 78, 116 ff
NEM 41 f
Perfektschaltung 800 87
Piezo-Antrieb 304

Plattform-Personenwagen 146, 176, 290
Portalkran 117, 258
Pullman-Wagen 85, 87
Punktkontakt 152 ff, 161
Puppenküche(-zubehör) 50, 293
Puppenwagen 51, 293
Replikate 290 ff
Rheingold 181
Rieker, Friedrich 78, 123
Safft, Herbert 135, 147, 150, 166 f, 168
Safft, Richard 26, 89
Schauanlagen 31 ff, 127, 211 ff, 306 ff
Scheerer, Max 114, 135
Schienenzeppelin 173, 222
Schiff 52, 293
Schürzenwagen 85, 146
Staudenmayer, Siegfried 89, 160
Stuttgarter Bahnhof 110 f
Taurus 299
Telex-Kupplung 163, 171, 201
Tret-Roller 54 f
Trix 83, 272 ff
Trix-Profi-Club 267 f
Umbauwagen 171
Umschaltung 81, 87
Unikate 116 ff
Vollbahntyp 93 f
Werbemodelle 220 f

Abkürzungen

DB	Deutsche Bundesbahn
DB AG	Deutsche Bahn AG
DR	Deutsche Reichsbahn
DRG	Deutsche Reichsbahn Gesellschaft
DSB	Danske Statsbaner (Dänische Staatsbahnen)
FS	Ferrovie dello Stato Italiane (Italienische Staatsbahnen)
K.Bay.Sts.B.	Königlich Bayerische Staatseisenbahn
KPEV	Königlich Preußische Eisenbahn-Verwaltung
K.W.St.E.	Königlich Württembergische Staatseisenbahn
MOROP	Verband der Modelleisenbahner und Eisenbahnfreunde Europas
NEM	Normen Europäischer Modellbahnen
NS	Nederlandse Spoorwegen (Niederländische Staatsbahnen)
NSB	Norges Statsbaner (Norwegische Staatsbahnen)
ÖBB	Österreichische Bundesbahnen
SBB	Schweizerische Bundesbahnen
SJ	Statens Järnvägar (Schwedische Staatsbahnen)
SNCB	Société Nationale des Chemins de fer Belges (Belgische Staatsbahnen)
SNCF	Société Nationale des Chemins de fer Français (Französische Staatsbahnen)
VDE	Verband Deutscher Elektrotechniker